0	11	12	13	14	1				族
									周期
								2 He ヘリウム	1
			5 B ホウ素	6 C 炭素	7 N 窒素	8 O 酸素	9 F フッ素	10 Ne ネオン	2
			13 Al アルミニウム	14 Si ケイ素	15 P リン	16 S 硫黄	17 Cl 塩素	18 Ar アルゴン	3
Ni ケル	29 Cu 銅	30 Zn 亜鉛	31 Ga ガリウム	32 Ge ゲルマニウム	33 As ヒ素	34 Se セレン	35 Br 臭素	36 Kr クリプトン	4
Pd ジウム	47 Ag 銀	48 Cd カドミウム	49 In インジウム	50 Sn スズ	51 Sb アンチモン	52 Te テルル	53 I ヨウ素	54 Xe キセノン	5
Pt 金	79 Au 金	80 Hg 水銀	81 Tl タリウム	82 Pb 鉛	83 Bi ビスマス	84 Po ポロニウム	85 At アスタチン	86 Rn ラドン	6
Ds タチウム	111 Rg レントゲニウム	112 Cn コペルニシウム	113 Nh ニホニウム	114 Fl フレロビウム	115 Mc モスコビウム	116 Lv リバモリウム	117 Ts テネシン	118 Og オガネソン	7

典型元素

ハロゲン

貴ガス

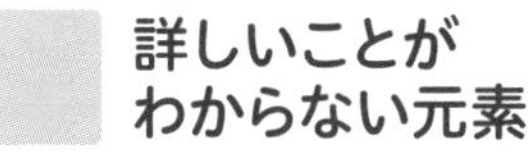
詳しいことが
わからない元素

と含めない場合がある。

【大学受験】

名人の授業

鎌田の化学基礎をはじめからていねいに

【改訂版】

東進ハイスクール・
東進衛星予備校 講師

鎌田真彰（かまた まさてる）

はじめに

本書『化学基礎をはじめからていねいに』は、化学を初めて学習する人や化学が苦手な人を対象に、化学基礎の内容をしっかりと理解して、知識を身につけ、知識どうしを結びつけて考えられるようになってもらうことを目的としています。そのため、タイトルにあるように、できるだけ“ていねいに”順を追って説明しようと心がけ、平易な表現で執筆しました。

ただ、世代や学習経験の違いによって共有できる言葉や表現が限られてしまいますし、読書習慣のない人にとっては文章を目で追うだけで精いっぱいとなり、内容が頭に入らず途中で挫折してしまうかもしれません。

そこで、次のような工夫をすることにしました。

①ページ下にReading Hintsとして化学以外の用語も簡単に説明する。
②改行を多くし、会話口調の文体にする。
③前後の文章の内容を端的に表した図や表を掲載する。

人によっては、くどいと感じるかもしれません。しかし、「どこがわからないかすらわからない」という人も含めて一人でも多くの人に最後まで読み通してほしいという思いから、このような形をとっています。

化学が苦手な人や初学者の人は、第1章から気軽に読んでください。問題演習はあとにまわしていただいてけっこうです。ただし、**元**

素名と元素記号、物質名と化学式だけはできるだけ最初の段階で覚えることをおすすめします。第2章まで読み進めた段階でこれらをまとめて記憶すると、第3章以降もすんなりと読み進めていけることでしょう。

もしかしたら、途中すぐには理解できない内容があるかもしれませんが、まずは気にせず最後まで読んでください。読み進めていくうちに慣れていく部分も多々あります。それから、もう一度“ていねいに”読んでください。問題演習をしてみるのもいいと思います。おそらく「あっ、ここがわかってなかった」と気づき、勉強を始めた頃より進歩している自分に自信がもてることでしょう。その段階までくると、なんとなく自分なりに化学基礎の全体像を理解できるようになっているのではないでしょうか。

ある程度学習が進んでいるという人は、自分に必要な章から読んでください。問題演習から手をつけてみるのもよいかもしれません。もし、すぐに理解できない場合は最初の章から読んでください。おそらく、理解が不十分なところがみつかるのではないでしょうか？　みなさんが化学基礎を学習する際、本書が手助けになれば幸いです。

最後になりましたが、本書の刊行にあたっていろいろな工夫と遊び心のある編集をしていただいた㈱ナガセ出版事業部の中島亜佐子氏には心より感謝いたします。

2024年3月

鎌田 真彰

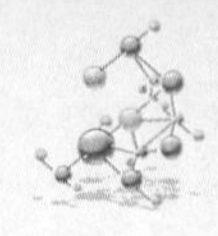

本書の使い方

1 授業

① 赤字の用語

本文中の赤文字は、入試で頻出の最重要事項です。赤シートで隠すことができるので、確実に覚えましょう。

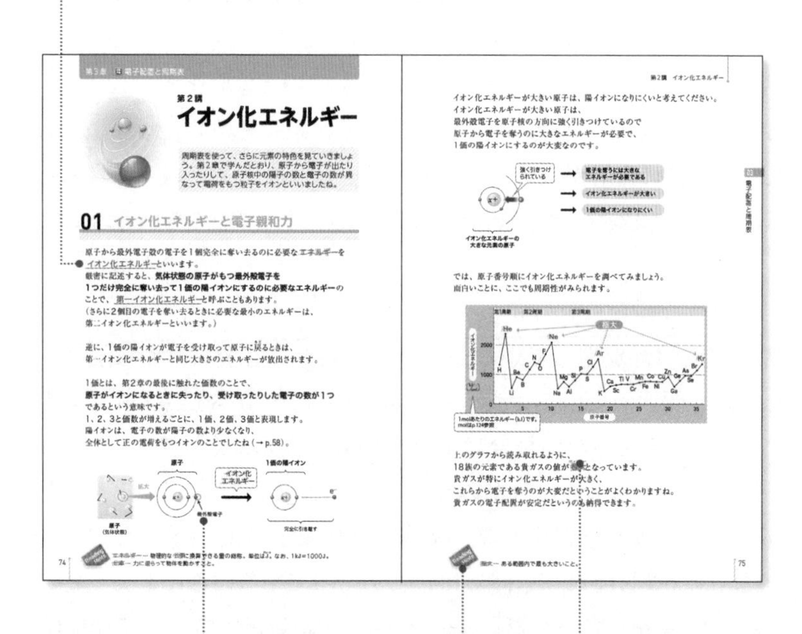

第2講

イオン化エネルギー

周期表を使って、さらに元素の特色を見ていきましょう。第2章で学んだとおり、原子から電子が出たり入ったりして、原子核中の陽子の数と電子の数が異なって電荷をもつ粒子をイオンといいましたね。

01 イオン化エネルギーと電子親和力

原子から最外電子殻の電子を1個完全に奪い去るのに必要なエネルギーをイオン化エネルギーといいます。
厳密に記述すると、**気体状態の原子がもつ最外殻電子を1つだけ完全に奪い去って1価の陽イオンにするのに必要なエネルギー**のことで、第一イオン化エネルギーと呼ぶこともあります。
(さらに2個目の電子を奪い去るときに必要な最小のエネルギーは、第二イオン化エネルギーといいます。)

逆に、1価の陽イオンが電子を受け取って原子に戻るときは、第一イオン化エネルギーと同じ大きさのエネルギーが放出されます。

1価とは、第2章の最後に触れた価数のことで、**原子がイオンになるときに失ったり、受け取ったりした電子の数が1つ**であるという意味です。
1、2、3と価数が増えるごとに、1価、2価、3価と表現します。
陽イオンは、電子の数が陽子の数より少なくなり、全体として正の電荷をもつイオンのことでしたね(→ p.58)。

イオン化エネルギーが大きい原子は、陽イオンになりにくいと考えてください。
イオン化エネルギーが大きい原子は、最外殻電子を原子核の方向に強く引きつけているので原子から電子を奪うのに大きなエネルギーが必要で、1価の陽イオンにするのが大変なのです。

では、原子番号順にイオン化エネルギーを調べてみましょう。
面白いことに、ここでも周期性がみられます。

上のグラフから読み取れるように、
18族の元素である貴ガスの値が極大となっています。
貴ガスが特にイオン化エネルギーが大きく、
これらから電子を奪うのが大変だということがよくわかりますね。
貴ガスの電子配置が安定だというのも納得できます。

② 図版

見やすさ・わかりやすさを追求したカラー図版。前後の文章の内容を端的に表しているので、じっくり読んで理解を深めましょう。

③ Reading Hints

本文を読むときに理解の手助けとなるよう、少し難しい言葉を「**Reading Hints**」として、ページ最下部で簡単に説明しています。

本書は、化学基礎の分野を7章に分け、それぞれの章について「授業」→「まとめ・練習問題」という形式で、「はじめからていねいに」進めていくことができます。化学基礎を初めて学習する人も、しっかりと理解でき、力がついていく構成になっています。

2 まとめ・練習問題

④まとめ

各章で学習した事項を、1ページに「まとめ」として掲載しました。豊富な図版で説明しているので、必ず読んで、学習内容を整理しましょう。

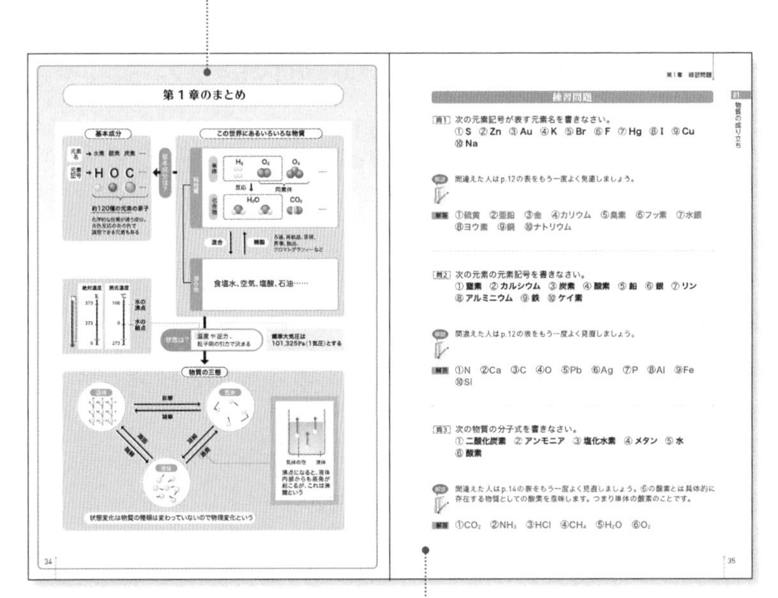

第1章のまとめ

34

第1章 練習問題

練習問題

問1 次の元素記号が表す元素名を書きなさい。
①S ②Zn ③Au ④K ⑤Br ⑥F ⑦Hg ⑧I ⑨Cu ⑩Na

間違えた人はp.12の表をもう一度よく見直しましょう。

解答 ①硫黄 ②亜鉛 ③金 ④カリウム ⑤臭素 ⑥フッ素 ⑦水銀 ⑧ヨウ素 ⑨銅 ⑩ナトリウム

問2 次の元素の元素記号を書きなさい。
①窒素 ②カルシウム ③炭素 ④酸素 ⑤鉛 ⑥銀 ⑦リン ⑧アルミニウム ⑨鉄 ⑩ケイ素

間違えた人はp.12の表をもう一度よく見直しましょう。

解答 ①N ②Ca ③C ④O ⑤Pb ⑥Ag ⑦P ⑧Al ⑨Fe ⑩Si

問3 次の物質の分子式を書きなさい。
①二酸化炭素 ②アンモニア ③塩化水素 ④メタン ⑤水 ⑥酸素

間違えた人はp.14の表をもう一度よく見直しましょう。⑥の酸素とは具体的に存在する物質としての酸素を意味します。つまり単体の酸素のことです。

解答 ①CO_2 ②NH_3 ③HCl ④CH_4 ⑤H_2O ⑥O_2

01 物質の成り立ち

35

⑤練習問題

共通テストや各大学の入試問題から、良問を厳選して収録しました（オリジナル問題含む）。解答は赤シートで隠しながら学習することもできます。

目次

第3章 電子配置と周期表

第4章 化学結合

第5章 化学量論

第6章 酸と塩基

第7章 酸化還元

第1章
物質の成り立ち

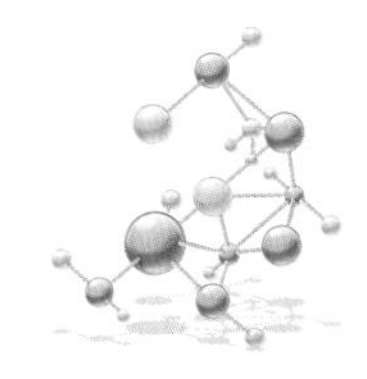

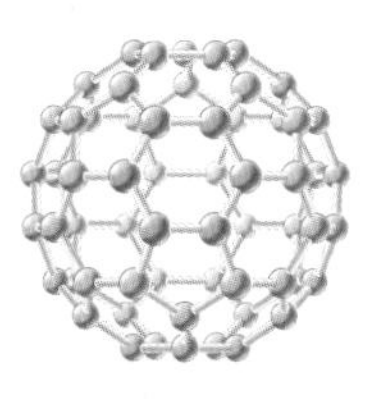
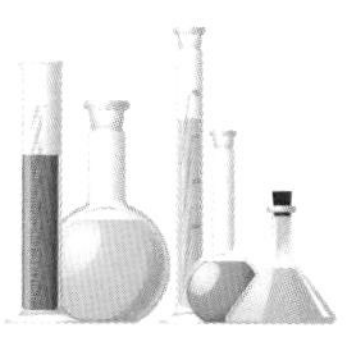

第1講
物質の構成と化学変化

化学は、空気・水・鉄など、この世界のあらゆる物質の性質や変化について探究する自然科学です。はじめに、物質を構成する最も基本的な成分などについて学習しましょう。

01 元素

私たちの周りには、たくさんの**物質**があります。
物質を**構成**する最も基本的な成分を**元素**（げんそ）といいます。
古代ギリシャ時代の哲学者は、水、空気、火、土の4つを
元素と考えていました。
中世に錬金術（れんきんじゅつ）がさかんになり、
19世紀に入ってから電池が発明され、電気分解が行われるようになると
元素と考えられる成分も変わり、その数も増えていきました。

現在では天然のものだけで約**90**種類、
人工的につくられたものを合わせると、
なんと約**120**種類の元素が見つかっています。

化学のあゆみ

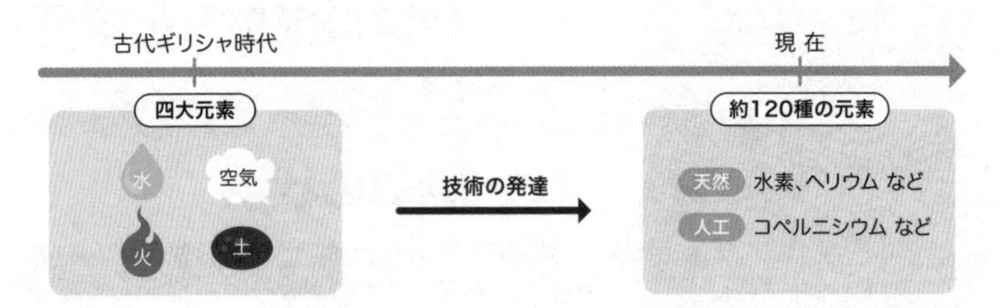

元素は、**アルファベット大文字1文字、または大文字と小文字の2文字で表す**ことが国際的に決められています。
これを**元素記号**（げんそきごう）といいます。

物質 … 空間・時間の中に存在し、大きさや形・質量（→ p.27）などをもつもの。
構成 … いくつかの要素を組み立てて1つのものをつくること。

たとえば鉄(てつ)は英語ではironですが、フランス語ではfer、
イタリア語ではferroといいます。
これらは**ラテン語**で鉄を意味するferrumがもとになっています。
鉄の元素記号はラテン語をもとにして**Fe**と決められています。

元素記号の成り立ち

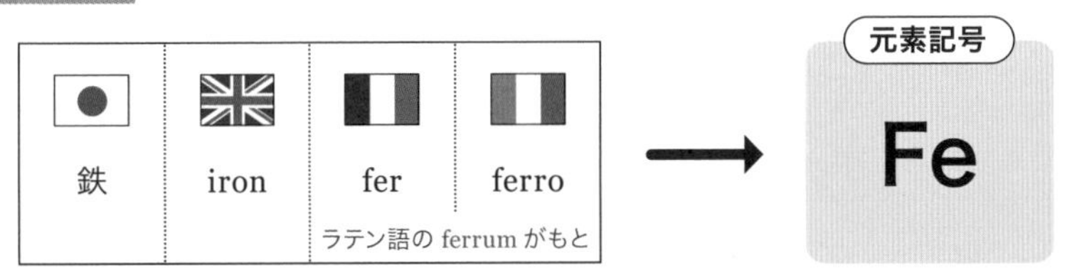

それぞれの元素は**固有**(こゆう)の**粒子**(りゅうし)の形をとっています。
これを**原子**(げんし)といいます。
1つの元素記号で、その元素に分類される原子1個を表しています。

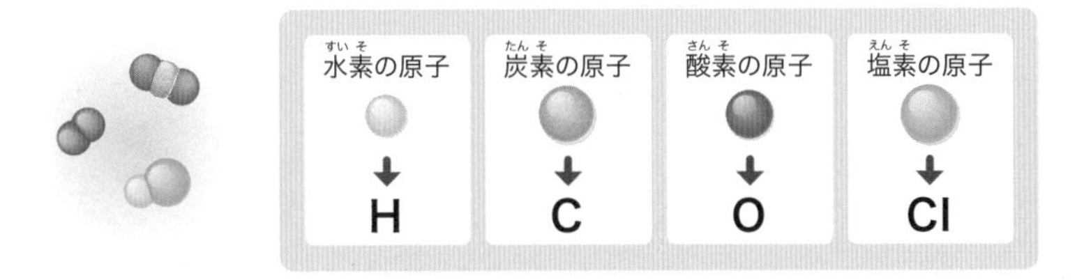

化学の勉強を始めるには、
まず元素記号と元素名をいくつか記憶しなければなりません。

そこで次のページに、みなさんに記憶してほしいものを表にして紹介しました。
初めて化学を学習する人は、まず**色字**のものだけでも記憶してくださいね。

Reading Hints
ラテン語 … 古代ローマ帝国の公用語。
固有 … もともともっていること。
粒子 … 小さなツブ。

元素記号の1文字目	元素記号と元素名							
A	Al アルミニウム	Ar アルゴン	As ヒ素	Ag 銀	Au 金			
B	Be ベリリウム	B ホウ素	Br 臭素	Ba バリウム				
C	C 炭素	Cl 塩素	Ca カルシウム	Cr クロム	Co コバルト	Cu 銅	Cd カドミウム	Cs セシウム
F	F フッ素	Fe 鉄						
H	H 水素	He ヘリウム	Hg 水銀					
I	I ヨウ素							
K	K カリウム	Kr クリプトン						
L	Li リチウム							
M	Mg マグネシウム	Mn マンガン						
N	N 窒素	Ne ネオン	Na ナトリウム	Ni ニッケル	Nh ニホニウム			
O	O 酸素							
P	P リン	Pt 白金	Pb 鉛					
S	Si ケイ素	S 硫黄	Sc スカンジウム	Sr ストロンチウム	Sn スズ			
T	Ti チタン							
U	U ウラン							
V	V バナジウム							
W	W タングステン							
Z	Zn 亜鉛							

異なる元素からできた物質は違った性質を示します。
例として、目にも鮮(あざ)やかな炎色反応(えんしょくはんのう)を紹介しましょう。
特定の元素を含む物質をガスバーナーの炎の中に入れると、
下図のように特有な炎の色に変わる場合があります。
夏の夜空を彩る花火の色は、これを利用したものですね。

炎色反応

含む元素	リチウム Li	ナトリウム Na	カリウム K	銅 Cu	カルシウム Ca	バリウム Ba	ストロンチウム Sr
炎色	赤	黄	赤紫	青緑	橙赤	黄緑	紅(深赤)
覚え方	リアカー Li 赤	無き Na 黄	K村 K 紫	動力 Cu 緑	貸りとう Ca 橙	馬力に Ba 緑	するべに Sr 紅

02 化学式と化学反応式

原子1個で存在している物質はまれで、
ほとんどの場合、物質はいくつかの原子が集まってできています。
物質を構成する基本単位を元素記号で表した式を、
化学式(かがくしき)といいます。

たとえばCO_2という二酸化炭素(にさんかたんそ)の化学式を、
環境問題のニュースなどで目にしたことはないでしょうか？
特に「シーオーツー（CO_2）削減(さくげん)」というフレーズは、
あちこちで耳にします。

リアカー … リヤカーのこと。自転車のうしろにつないで荷物を運搬するための車。
橙 … だいだい。ミカン科の植物。ここでは、その実の色。
紅 … くれない。深い赤色。

CO_2という化学式で、二酸化炭素を構成する基本粒子の1つ。
炭素原子1個と酸素原子2個が結びついた**複合**的な粒子が
二酸化炭素の基本粒子なのですね。

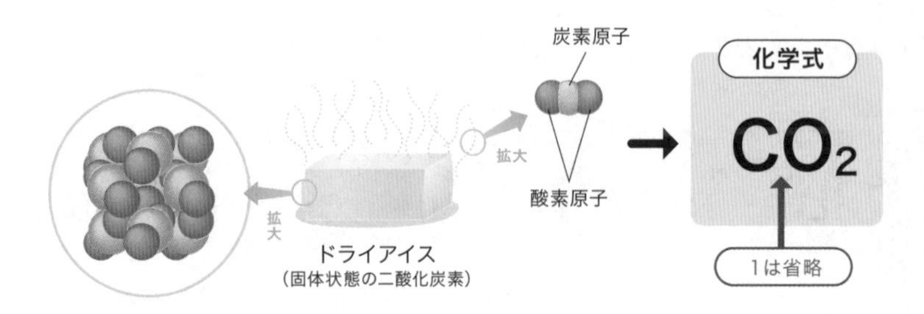

このように、**いくつかの原子からなる複合的な粒子**を分子(ぶんし)といい、
分子を表す化学式を分子式(ぶんししき)といいます。

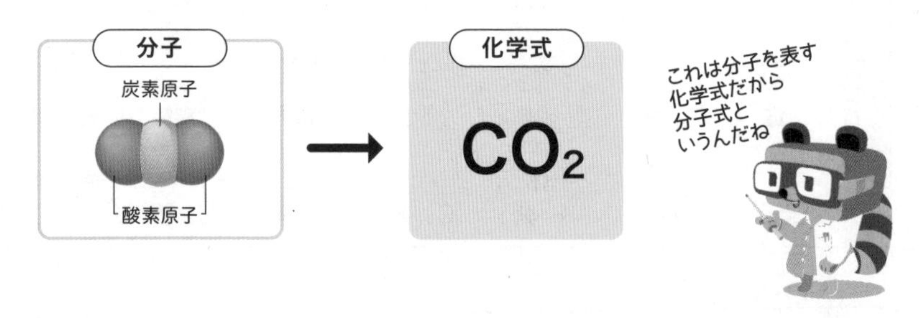

原子がどうやって分子をつくるのかと疑問に思う人もいるでしょうが、
その話はあとの章にまわします。
まずは、次の物質の分子式だけ記憶して読み進めてください。

物質名	水素	窒素	酸素	塩素	メタン	アンモニア
分子式	H_2	N_2	O_2	Cl_2	CH_4	NH_3
物質名	水	塩化水素(えんかすいそ)	一酸化炭素(いっさんかたんそ)	二酸化炭素	硝酸(しょうさん)	硫酸(りゅうさん)
分子式	H_2O	HCl	CO	CO_2	HNO_3	H_2SO_4

Reading Hints
複合 … 2つ以上のものがくっついて1つになること。

さて、**物質どうしが反応して別の物質ができる場合、**
原子の数は変わらず、組み合わせが変化します。
化学式を用いて粒子の変化を表した式を**化学反応式**(かがくはんのうしき)といいます。

化学反応式では、
→の左辺側が反応する物質、右辺側が生成する物質です。
それぞれの化学式の前にある数字を**係数**(けいすう)といい、
化学式で表した粒子の数を表しています。
水素と酸素から水が生じる変化なら次のように表します。

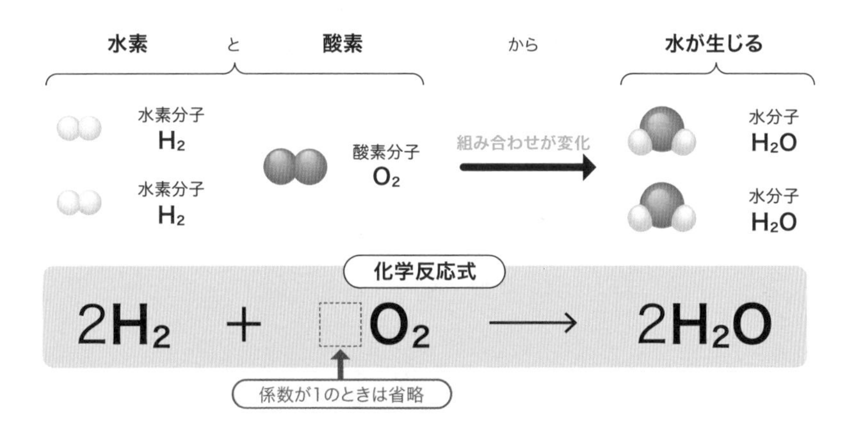

これから学習を進めていくと化学反応式の係数を
求めなければならない場面に出会います。
係数を決める方法はいろいろありますが、
まずは連立方程式を立てて係数を決める**未定係数法**(みていけいすうほう)を紹介しましょう。

未定係数法

(反応例)
メタンが酸素と完全に反応し、二酸化炭素と水が生じる。

(1) 反応前後の物質をすべて化学式で表す

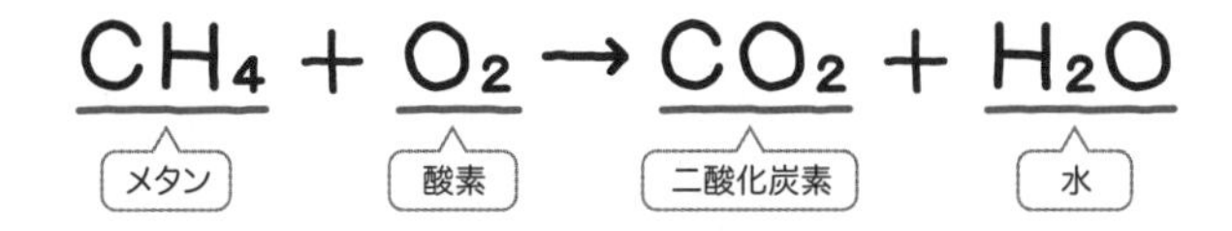

⑵ 係数を仮に文字で表す

$$aCH_4 + bO_2 \rightarrow cCO_2 + dH_2O$$

化学反応は原子の組み合わせの変化です。
反応前後で各元素の原子の数は同じでしたね。
この点に注意して、係数を決めていきましょう。

⑶ 左辺と右辺で各元素の原子の数が同じであることから等式をつくる

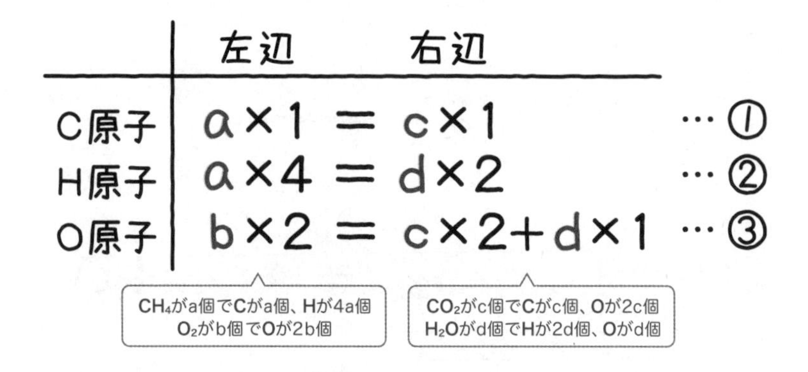

	左辺		右辺	
C原子	$a \times 1$	=	$c \times 1$	…①
H原子	$a \times 4$	=	$d \times 2$	…②
O原子	$b \times 2$	=	$c \times 2 + d \times 1$	…③

⑷ 適当にどれかの文字の値を1とおいて、残りの値を求める

$a=1$とすると、①より$c=1$、②より$d=2$。
これらを③に代入すると、
$2b=1\times2+2\times1$となり$b=2$

化学反応式が完成!!

$$CH_4 + 2O_2 \rightarrow CO_2 + 2H_2O$$

慣れてくれば次のように決めるほうがラクかもしれません。

$$CH_4 + O_2 \rightarrow CO_2 + H_2O$$

(1) 登場回数の少ない元素の原子の数を左辺と右辺で合わせる

$C \rightarrow CO_2$　$H \rightarrow H_2O$に注目

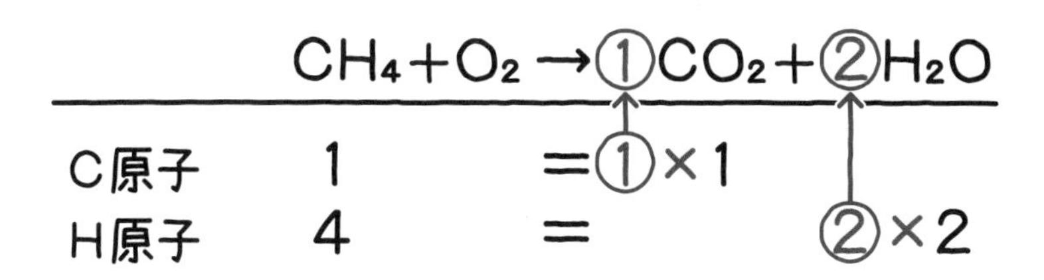

(2) 登場回数の多い元素の原子の数を最後に合わせる

右辺のO原子の数を左辺のO_2と合わせる

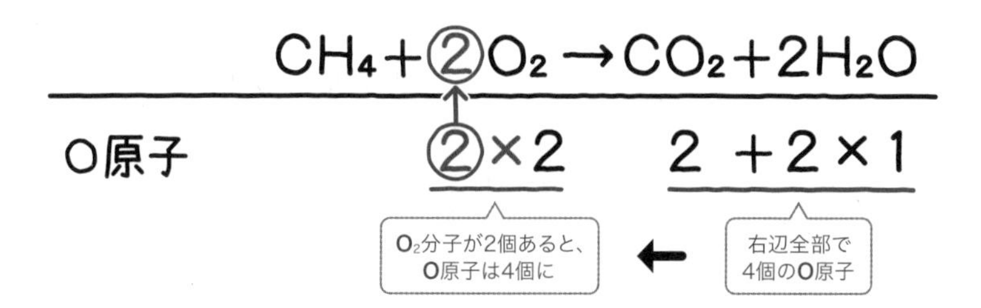

これらの方法を知っているだけで、
すべての化学反応式が書けるようになるわけではありませんが、
まずはこの2つの方法に慣れることが第一歩です。

第2講
物質の状態

水を冷やすと氷になり、熱すると水蒸気になりますね。このような状態の変化は、構成粒子の運動や集まり具合が変化しただけです。物質そのものは変化していないので、こうした変化を物理変化といいます。

01 熱運動と温度

分子のような物質を構成する粒子は、それぞれが**無秩序**（むちつじょ）な運動をしています。
このような運動を**熱運動**と呼んでいます。
物質の温度が高いほど粒子の熱運動は全体的に激しくなり、
低いほど穏（おだ）やかになります。

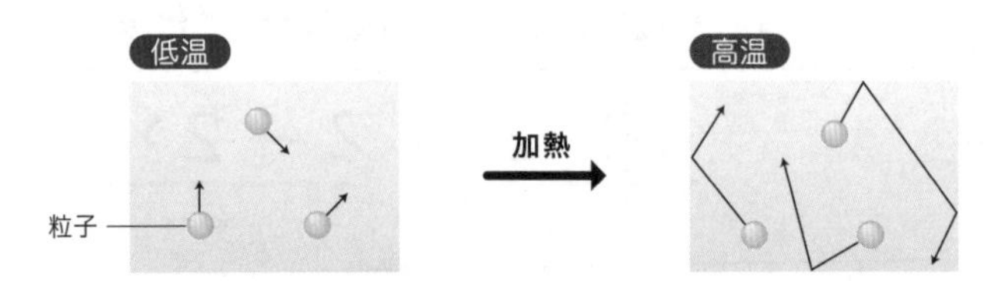

物質を構成する粒子の運動エネルギーの値は一定ではなく、
衝突（しょうとつ）を通じて大きくなったり小さくなったりします。
物質は無数の粒子からできているので、
高温になると相対的に大きな運動エネルギーをもつ粒子が増えていきます。
それに伴って、運動エネルギーの平均値も大きくなるのですね。

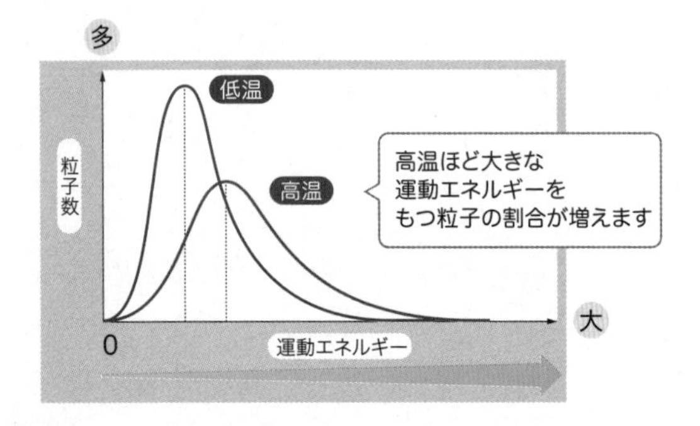

無秩序 … 決まった方向や筋道をもたないこと。
相対的 … 他と比較することで成り立っているさま。

私たちは普段、摂氏（セルシウス）温度（単位は℃）という温度を使って生活していますね。
摂氏温度は、**標準大気圧**のもとで、
氷が水になる温度（融点）を0〔℃〕、
水が沸騰して水蒸気になる温度（沸点）を100〔℃〕
として決めた温度です。

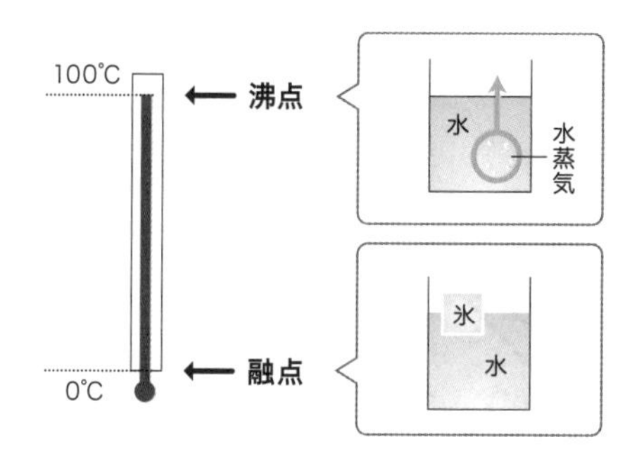

一方、自然科学では
絶対温度（単位はK）という温度のほうがよく使われます。
理論上、**物質を構成する粒子がすべて運動を停止してしまう温度**を
絶対零度といい、0Kと表します。
0Kは摂氏温度で約−273℃に相当します。
そこで、摂氏温度t〔℃〕は絶対温度で$t+273$〔K〕と表します。
気温27℃だと、絶対温度は300Kになるということですね。

摂氏温度と絶対温度は原点が異なるだけで温度の間隔は同じです。
つまり、**1℃温度が上がることと1K温度が上がることは同じ。**
覚えておいてください。

02 物質の三態と状態変化

物質を構成する粒子どうしの間には、
化学結合や分子間力といった引力が働いています。
これらについては、第4章で話します。
いまは、粒子間には引力が働いているくらいに
考えて読み進めてください。

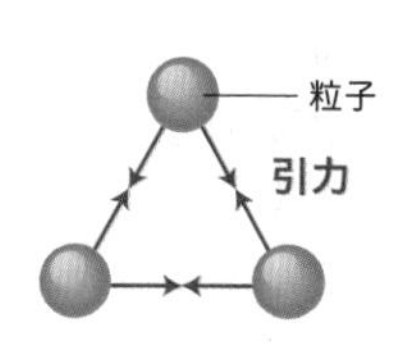

標準大気圧 … 大気の圧力の国際基準値であり、1気圧（単位はatm）＝101,325Paと定められている。
沸騰 … 液体が表面だけでなく内部からも気泡となって蒸発すること。

一般に、物質に加わる圧力や温度を変化させると、
粒子間の距離や熱運動の激しさが変わり、状態も変化します。
物質の状態には固体、液体、気体の3つの状態があり、
これを三態（さんたい）といいます。
三態間の状態変化の名称と一緒に確認しておきましょう。

三態と状態変化

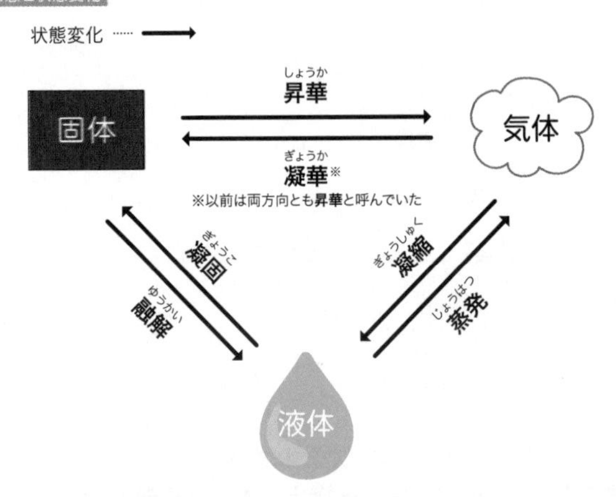

次に三態での粒子のイメージを解説しましょう。
まずは、固体からです。
固体は粒子の位置は変わらず、
構成粒子がプルプル振動する程度です。
満員電車の中の人々を想像すると
わかりやすいかもしれません。

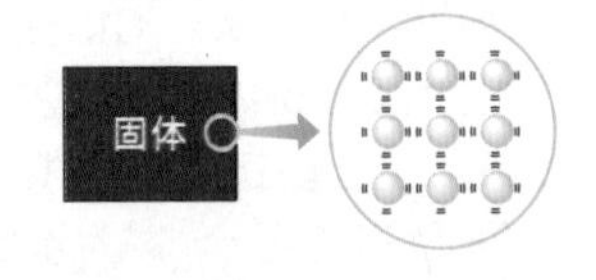

一方、液体のとき、
粒子は熱運動によって位置がどんどん変わります。
が、変わりつつも、粒子は密に集合した状態です。
ギューギューなのに動いている
都会の人混みのような状態ですね。

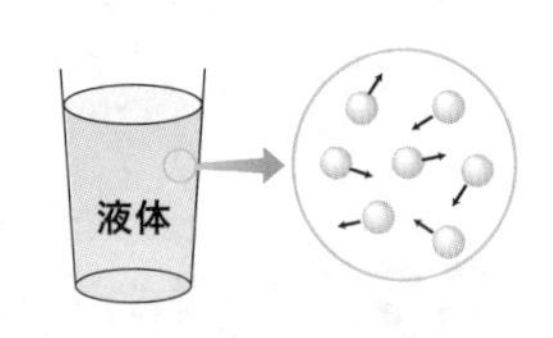

最後に気体です。
気体は固体や液体と異なり粒子が
密に集まっておらず、スカスカの状態です。
熱運動によって粒子が動きまわっています。
広場を飛びまわる小さな虫のようなイメージです。

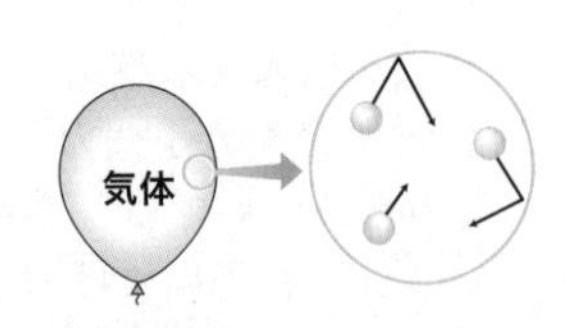

では、標準大気圧のもとで氷（固体状態の水）を加熱していく場合の
温度変化を調べてみましょう。
縦軸に温度、横軸に加熱時間をとってみると、
次のようなグラフが描けます。
加えた熱は、0℃になるまでは水分子の運動エネルギーに変化し
氷の温度が上がっていますね。

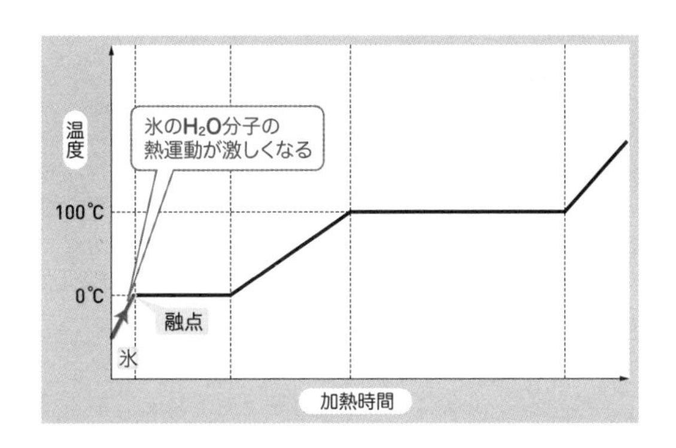

融点である0℃で、氷（固体）から水（液体）に変わり始めます。
このときの状態変化を融解ということは、さっき確認しましたね。
融解が起こっている間は、温度に変化がありません。
なぜかというと、加えた熱は、
分子が固体から液体に変化するのに利用されるためです。
熱は、分子間の引力に逆らって、
水分子が動き出すのに使われます。

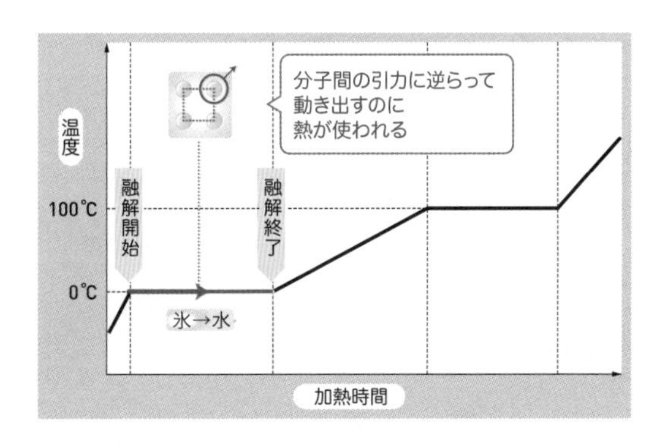

融解が終わってすべて液体になると、
加熱とともに再び温度が上昇し始め、100℃まで上がります。
100℃になると、水の内部から水蒸気の気泡がブクブク出てきます。
このように液体の内部から蒸発が起こる現象を沸騰（→ p.19）といいます。

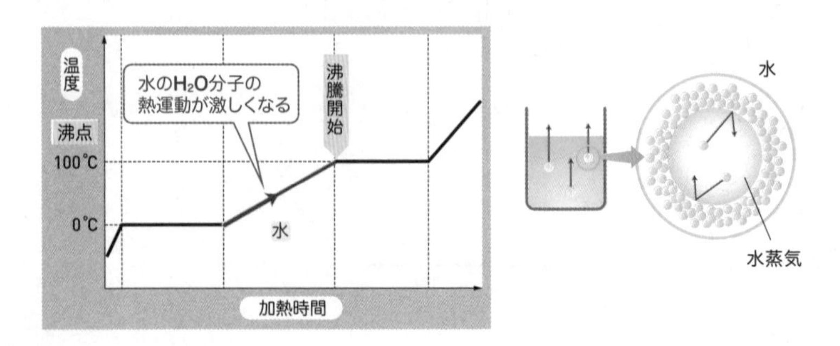

沸騰中、加えた熱は水分子間の距離を引力に逆らって
分子どうしをグッと引き離すのに使われるため、**温度は一定**です。

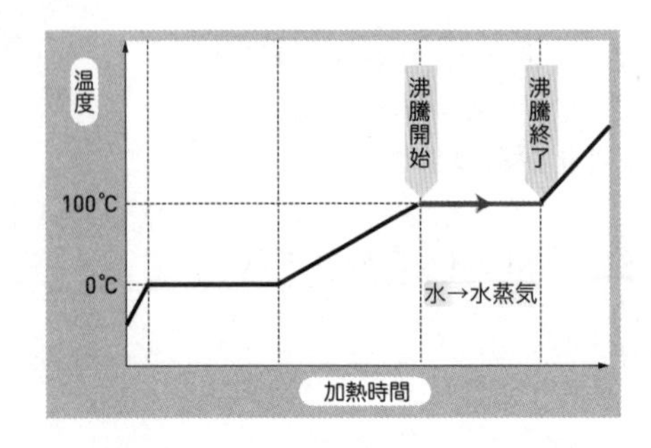

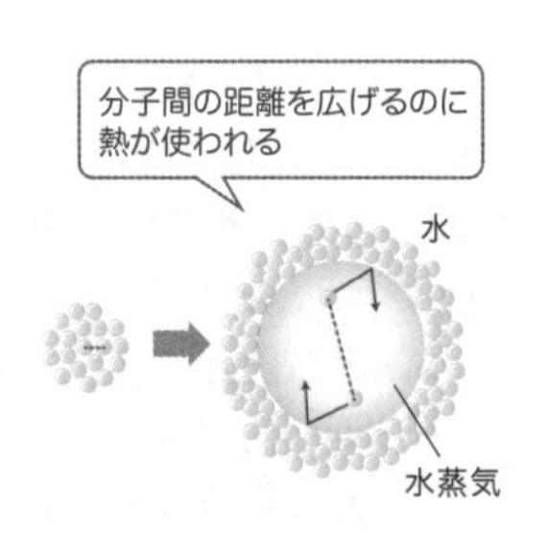

すべて沸騰して水蒸気だけになると、
加熱とともに再び温度が上がっていきます。

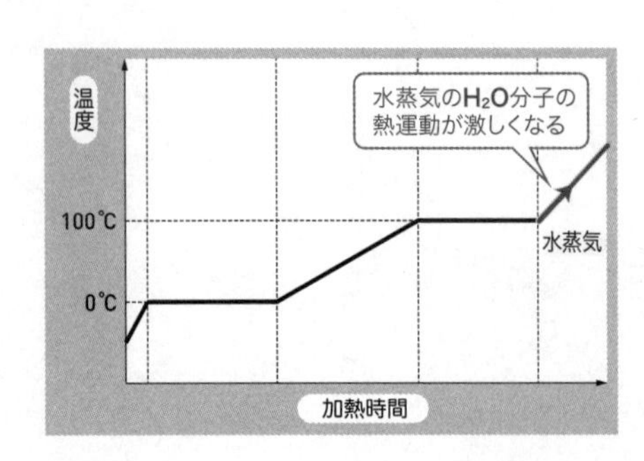

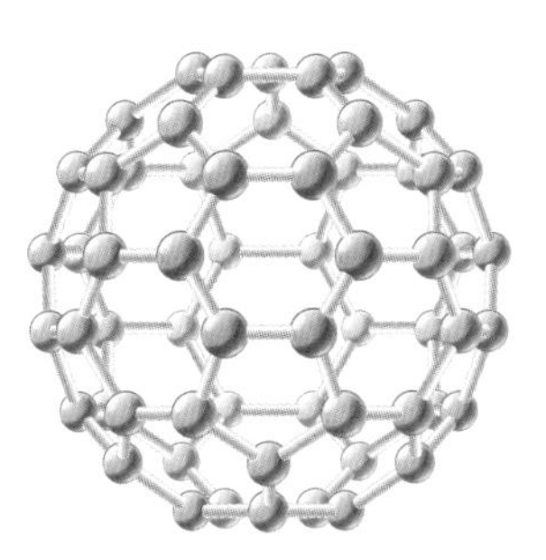

第3講

物質の分類

ここでは、今後化学を勉強していく上で欠かせない、組成に注目した物質の分類法について学習します。勉強していけば自然と分類できるようになりますが、まずは**視点**を理解することから始めましょう。

01 物質の分類

物質を**組成**に注目して分類したときの用語を順番に説明していきます。

純物質は、特定の元素の原子が決まった比率でくっついた粒子からなり、**1つの化学式で表せる物質**です。
二酸化炭素 CO_2、水 H_2O などは純物質ですね。

純物質どうしが任意の割合で混ざり合った物質を混合物といいます。
塩化ナトリウム水溶液(いわゆる食塩水)は、
塩化ナトリウム $NaCl$ と水 H_2O の混合物で割合を変えることができますね。

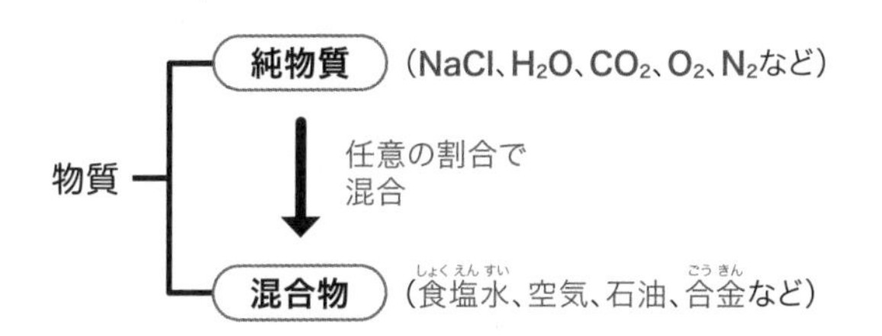

純物質をさらに分けると、
1種類の元素からなる単体と2種類以上の元素からなる化合物があります。
酸素 O_2 や窒素 N_2 は単体、
二酸化炭素 CO_2 や水 H_2O は化合物に分類される物質です。

視点 … 物事を見たり考えたりするときの立場。
組成 … 物質を構成する成分とその割合のこと。
任意 … 思いのままにまかせること。ただし数学では「すべての」の意味で使うことが多い。

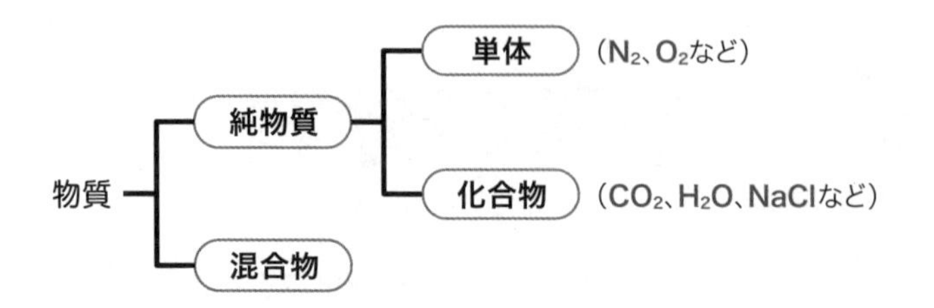

これから化学の学習を進めていけば、
単体、化合物、混合物の区別がはっきりつくようになっていきますが、
最初の段階で注意したい物質だけ紹介させてください。

理科の実験で塩酸を使ったことはありますか?
塩化水素 HClの水溶液を、塩酸と呼んでいます。
塩酸とは塩化水素と水との混合物の名前です。
化合物名ではありません。
硫酸や硝酸はそれぞれH_2SO_4、HNO_3の化学式で表された
化合物の名前です。
これらの薄い水溶液は希硫酸や希硝酸、
濃い溶液は濃硫酸や濃硝酸と呼んでいます。

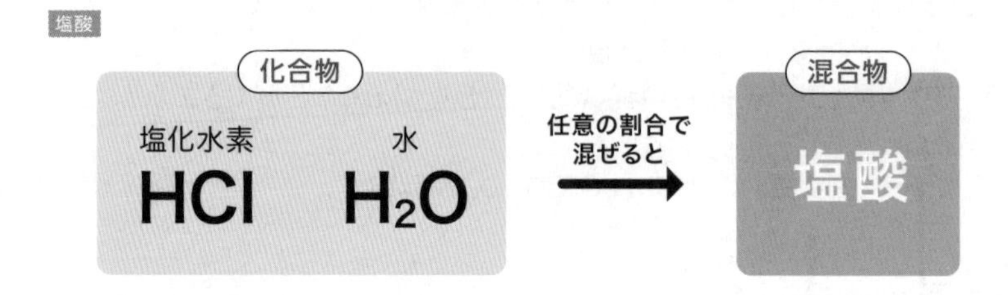

02 同素体

単体の名称は、一般に元素の名前と同じです。
たとえば私たちが水素と呼んでいる無色無臭の気体物質は、
分子式H_2で表される水素分子からなる単体のことですね。

また、**同**じ元**素**の原子からなる単**体**でも
性質が異なる物質が存在する場合があります。
これらを互いに同素体(どうそたい)と呼んでいます。

同素体が存在する場合には、元素名とは異なる物質名で呼ぶことがあります。
たとえば、同じ炭素の単体でもダイヤモンドと黒鉛(こくえん)といった具合に。
硫黄**S**、炭素**C**、酸素**O**、リン**P**の同素体（SCOP(スコップ)と覚えましょう）は
とても有名なので、名称と性質を知っておくとよいでしょう。

同素体

結晶 … 粒子が規則正しく配列してできた固体のこと。
総称 … 同じ種類のものをまとめて呼ぶときの名称のこと。
オゾン層 … 地上10～50kmの上空にあるオゾンを多く含む層のこと。

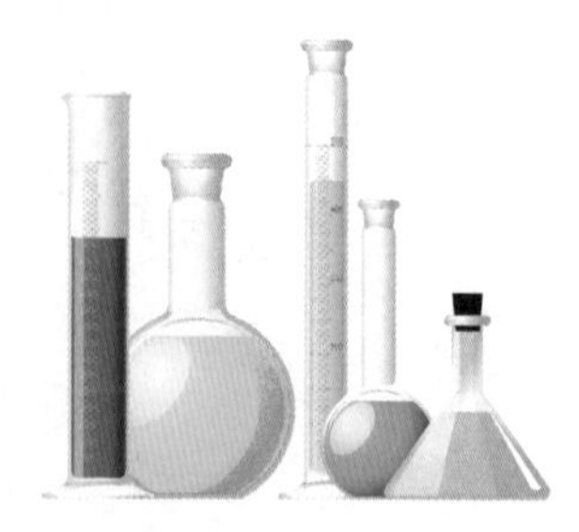

第4講

物質の精製

沸点や融点、水への溶解度などの性質の違いを利用して混合物を純物質に分ける方法を紹介しましょう。ここでは、ろ過、再結晶、蒸留、昇華法、抽出、クロマトグラフィーの6つの分離方法を学習します。

01 ろ過

塩化ナトリウム水溶液を加熱して水を蒸発させ濃縮していくと、
やがて溶けきれなくなった塩化ナトリウムの固体が**析出**(せきしゅつ)します。
このようなとき、**液体から不溶な固体を除く操作**に**ろ過**(か)があります。

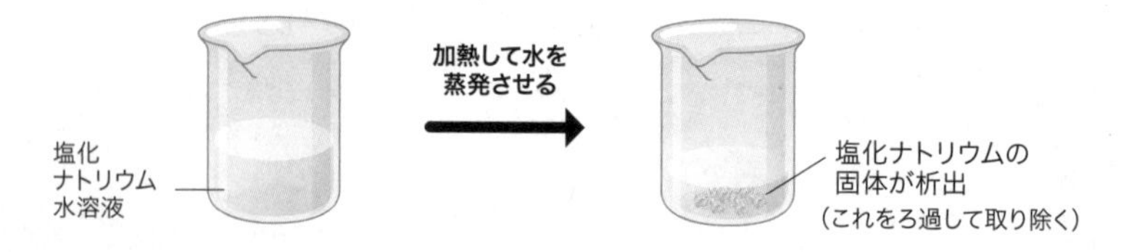

ろ過を行う場合には、
固体物質が繊維(せんい)のすき間を通れない紙である「ろ紙(し)」と、
ろ紙を固定する「漏斗(ろうと)」というガラス器具を用意します。
ろ紙は4つ折にして、円錐(えんすい)形に開き、漏斗に入れます。

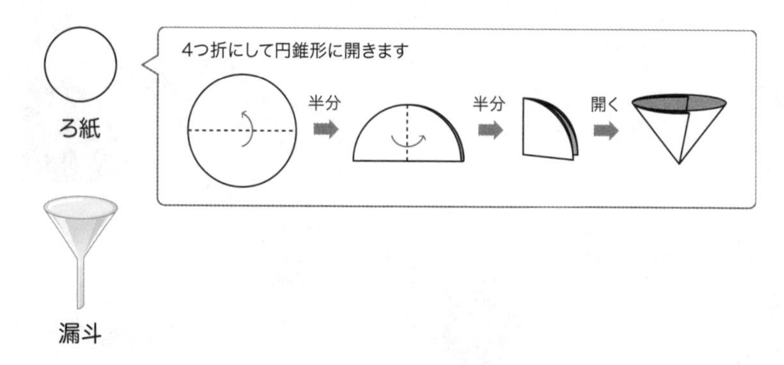

精製 … 不純物を除いて純度の高いものにすること。
析出 … 液状の物質から結晶(→ p.25)または固体状の成分が分離して出てくること。

この漏斗をスタンドに固定し、ろ過した液体(ろ液)を受けるビーカーを用意します。
漏斗の先はこのビーカーの内側の壁面につけます。

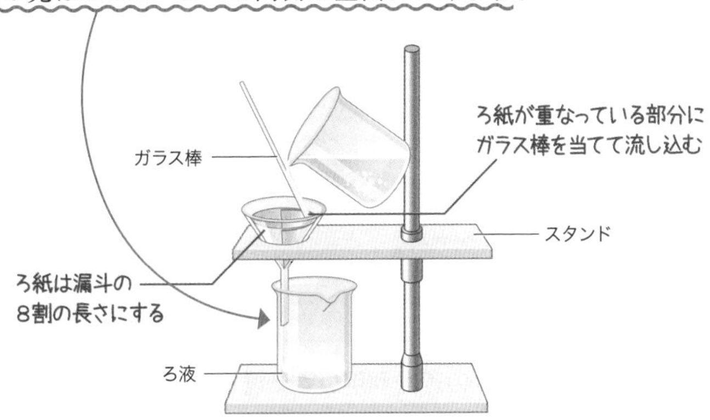

分離したい液体が外に飛びちらないように、
ガラス棒などにゆっくりと伝わらせながら漏斗内のろ紙の上に流し込むと、
ろ紙の上に不溶な固体物質が引っかかって、分離できます。

02 再結晶

硝酸カリウムKNO_3に塩化ナトリウム$NaCl$が少しだけ混ざっているとします。
硝酸カリウムは**温度によって水に溶ける量(水への溶解度)が大きく変化する**ので、この性質を利用して硝酸カリウムの固体を取り出してみましょう。

溶解度曲線

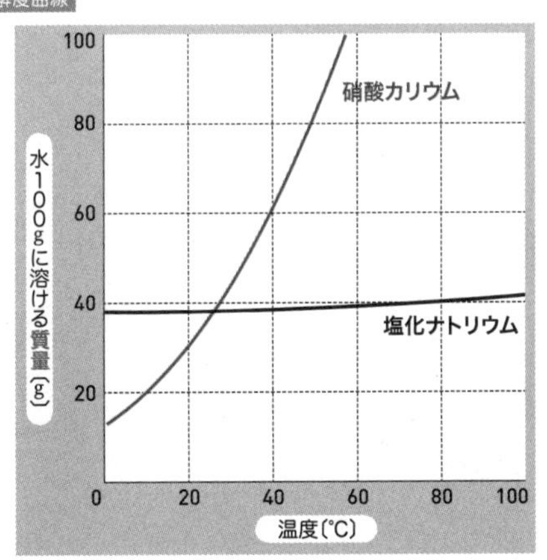

硝酸カリウムは高温では
水によく溶けますが、低温では
あまり溶けないですね。
塩化ナトリウムは温度が
変化してもあまり変わりません

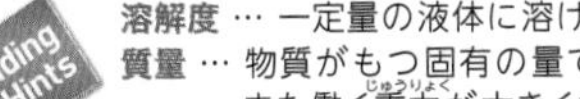

溶解度 … 一定量の液体に溶けうる最大量のこと。
質量 … 物質がもつ固有の量で、この値が大きいほど、その物体に力をかけても動かしにくく、また働く重力が大きくなる。単位はgやkgなどを用いる。

まず、できるだけ少量の熱水にこの混合物を完全に溶かします。
それからゆっくりと冷却していくと、
溶けきれなくなった硝酸カリウムの結晶が析出してきます。

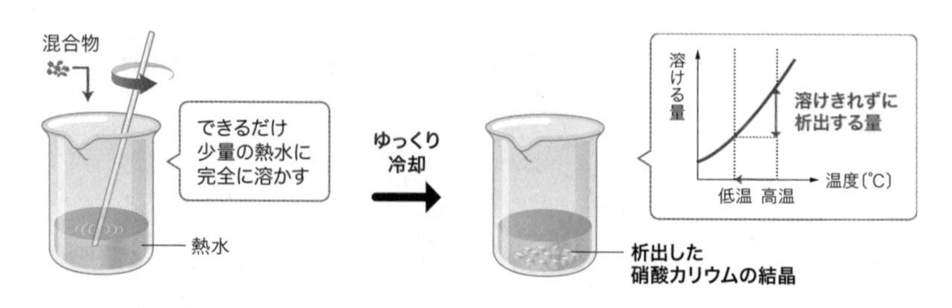

このように、**温度による溶解度の差を利用して分離する方法**を
再結晶といいます。
再結晶のあとはろ過を行うことで、
析出した結晶を手に入れることができますね。

03 蒸留

液体状態の混合物を加熱して沸騰させ、
その**蒸気を再び冷却して液体として回収する方法**を**蒸留**(じょうりゅう)といいます。
「留」は「溜」という古い漢字の代用で、
「**蒸**気を冷却してできた液体を**溜**(た)める」操作という意味です。
たとえば、塩化ナトリウム水溶液から蒸留によって水を回収するときは、
次のような装置を組み立てます。

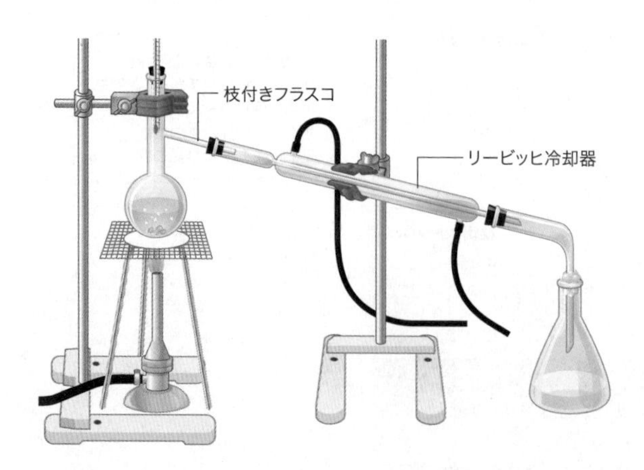

枝付きフラスコに、突沸(とっぷつ)を防ぐための**沸騰石**(ふっとうせき)とともに
蒸留したい液体を入れます。
このときの液量が多すぎると、つないだ冷却器のほうへ吹きこぼれるので、
フラスコの容積の半分以下しか入れないでくださいね。

ゴム栓(せん)に温度計をつけるときは、
通過する蒸気の温度を測定するために、温度計の球の位置を
枝の付け根あたりにもってくるようにしましょう。

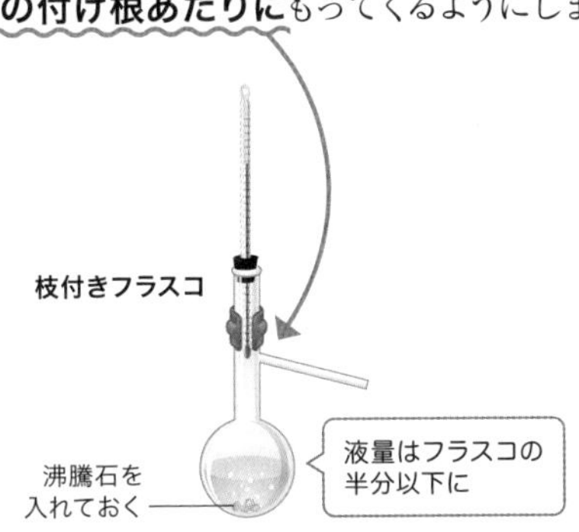

蒸気の冷却に用いる**リービッヒ**冷却器は内部が二重構造になっています。
外側の構造に冷却水を通すことで
内側の構造を通る蒸気を冷却することができます。
冷却水を通すときは、
外側の構造にしっかり行き渡るように冷却水を下の口から流し込みます。

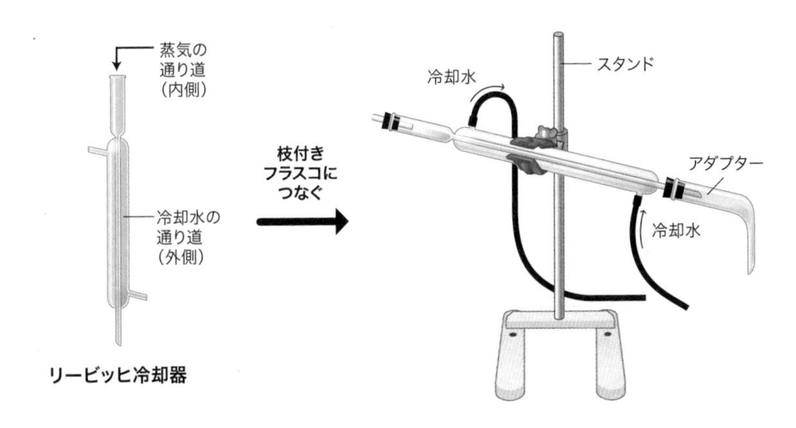

沸騰石 … 小さな穴が多数開いた石やガラスなど。ここに含まれる気泡を中心に沸騰が起こり、急激な沸騰(突沸)を防ぐ。
リービッヒ … 19世紀のドイツの化学者。

蒸気を冷却して凝縮させた液体（留出液といいます）は、
アダプターでつないだ三角フラスコなどに回収します。
回収した液体が室温で蒸発しやすい場合は、
三角フラスコに綿などで栓をしておきます。
ゴムで栓をすると中が密閉されてしまうので、
蒸気によって三角フラスコ内部の圧力が上がり、危険です。

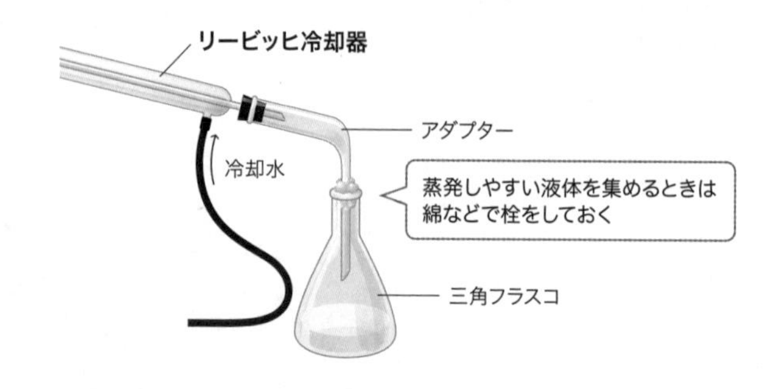

このような方法で行う蒸留は、
混合物の沸点にある程度差がある場合に用います。
原油や液体空気のように、
沸点がそれほど離れていない液体混合物を蒸留によって分けるときは、
適当な温度の間隔に区切って留出液を回収します。
この操作を**分留**あるいは分別蒸留といいます。

たとえば、原油は製油所で分留を行って、
石油ガス、ナフサ（粗製ガソリン）、灯油、軽油、重油などの
沸点の異なるおおまかなブロックに分けて利用しています。

製油所による原油の分留

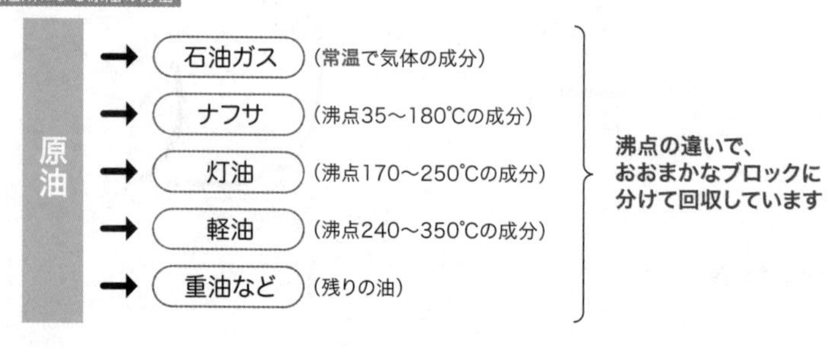

アダプター … 器具や機械を別のものに適合させるための装置のこと。
原油 … 油田からくみ上げ、おおまかな異物を取り除いた精製前の石油のこと。
常温 … 外から加熱も冷却もしていない自然な温度。化学では15〜25℃を指す。

04 昇華法

固体から気体に状態が変化することを昇華、
気体から固体に状態が変化することを凝華といいましたね（→ p.20）。
標準大気圧のもとで昇華する性質がある物質に、
ヨウ素I_2、**二酸化炭素CO_2**、**ナフタレン$C_{10}H_8$**などがあります。

ヨウ素I_2は常温では黒っぽい紫色（黒紫色（こくししょく））をした固体物質で、
加熱すると気体のヨウ素になり、
冷却すると再び固体のヨウ素に戻ります。

ヨウ素

常温、常圧では黒っぽい
紫色の固体です。
I_2分子が集まった固体で加熱すると
紫色のI_2の蒸気が出てきます

たとえば、ヨウ素にガラス片が混入しているときに
ヨウ素だけ取り出す場合は、次の図のような装置を組みます。
加熱されて気体となったヨウ素は、
氷水を入れた丸底フラスコの外側で、再び固体に戻（もど）ります。

昇華による分離

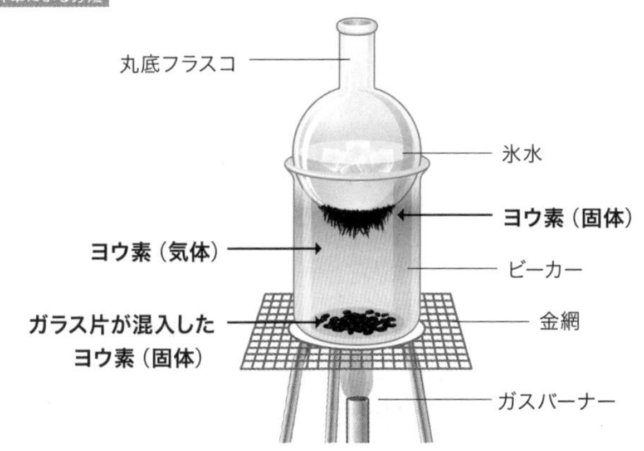

蒸気が**昇**（のぼ）って再び冷やされることで、固体の**華**（はな）ができたように見えますね。
そこで、以前は気体から固体になる現象も昇華と呼んでいました。

05 抽出

ここに、水と、水とは混ざりにくい油のような液体があるとします。
後者は一般に**有機溶媒**と呼ばれ、ヘキサンC_6H_{14}などの
液体状の炭化水素（炭素と水素からなる化合物）が有名です。
ヨウ素I_2が水よりもヘキサンのような有機溶媒によく溶ける性質を利用して、
ヨウ素I_2とヨウ化カリウムKIを含む水溶液からヨウ素を分離できます。
このとき用いるのが、**分液漏斗**というガラス器具です。

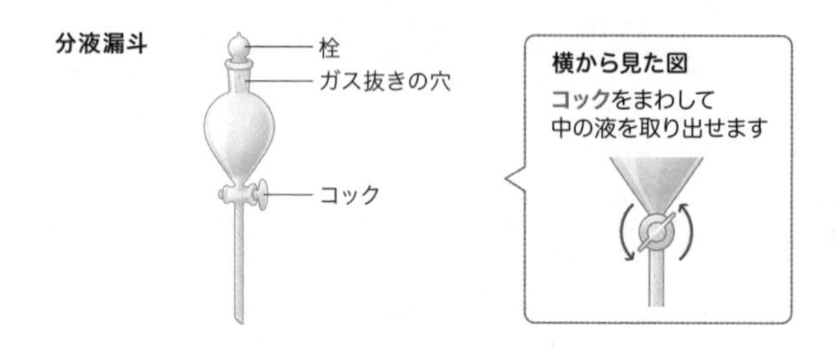

分液漏斗にヨウ素I_2とヨウ化カリウムKIを含む水溶液を入れ、
ヘキサンを加えてよく振り混ぜます。
そして、静置して水溶液（下層）とヘキサン（上層）が
二層に分離するまで待ちます。
ヨウ素I_2はヘキサンのほうに溶け込んでいるので、
分液漏斗のコックをまわして下層の水溶液を流し出し、
2つの液の境界あたりで、コックを閉めて上層のヘキサンと分離します。

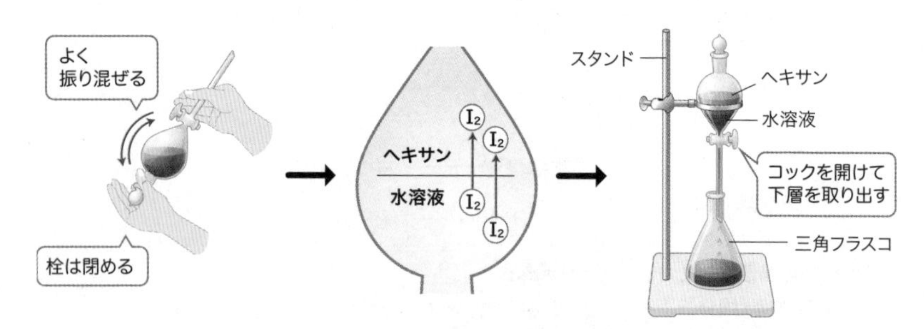

このように、**混合物から目的の物質だけ溶媒に溶かし出して分離する操作**を
抽出といいます。
たとえば、お茶の葉やコーヒー豆から、味や香り、うま味などの成分物質を
熱水に抽出したものを、私たちはお茶やコーヒーとして飲んでいますね。

コック … 液体や気体の流れる量を調節するための栓のこと。

06 クロマトグラフィー

固体物質の中を混合物が移動するときに、
固体物質への**吸着**(きゅうちゃく)のしやすさの違いを利用した分離方法を紹介します。

たとえば、植物の葉から得た複数の色素を含む溶液を
炭酸カルシウムの粉末を詰めた管に通すと、異なる色の成分に分かれます。
ギリシャ語で色を意味するchrōma（クローマ）から、
このような分離方法を**クロマトグラフィー**といいます。

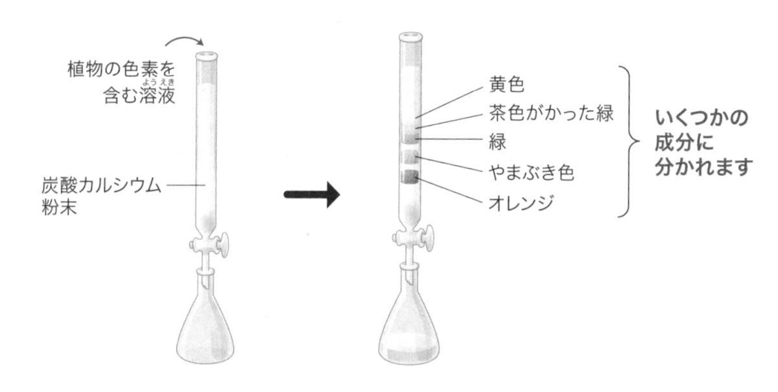

クロマトグラフィーに用いる固体物質には、いろいろあります。
その中の1つ、ろ紙を用いる**ペーパークロマトグラフィー**を紹介しましょう。

たとえば、ろ紙にインクをつけて末端を適当な液体に浸(ひた)してみます。
液体をろ紙が吸い上げていくとき、インクの成分ごとにろ紙への吸着の
しやすさが違うため、移動距離が異なり分離します。

ペーパークロマトグラフィー

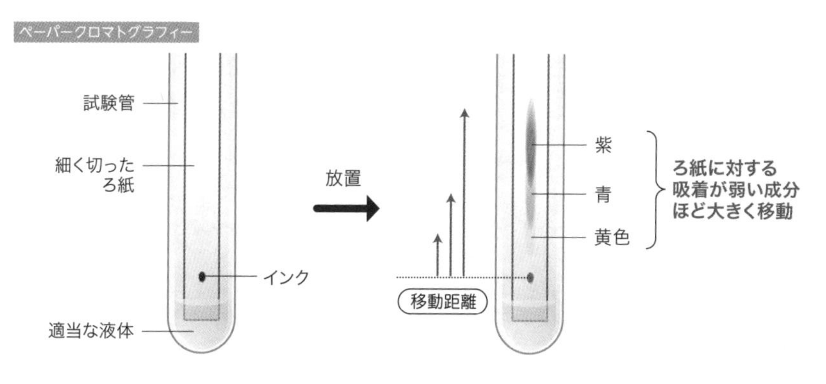

吸着 … 液体や気体の粒子が他の固体や液体の表面に吸いつけられる現象。

第１章のまとめ

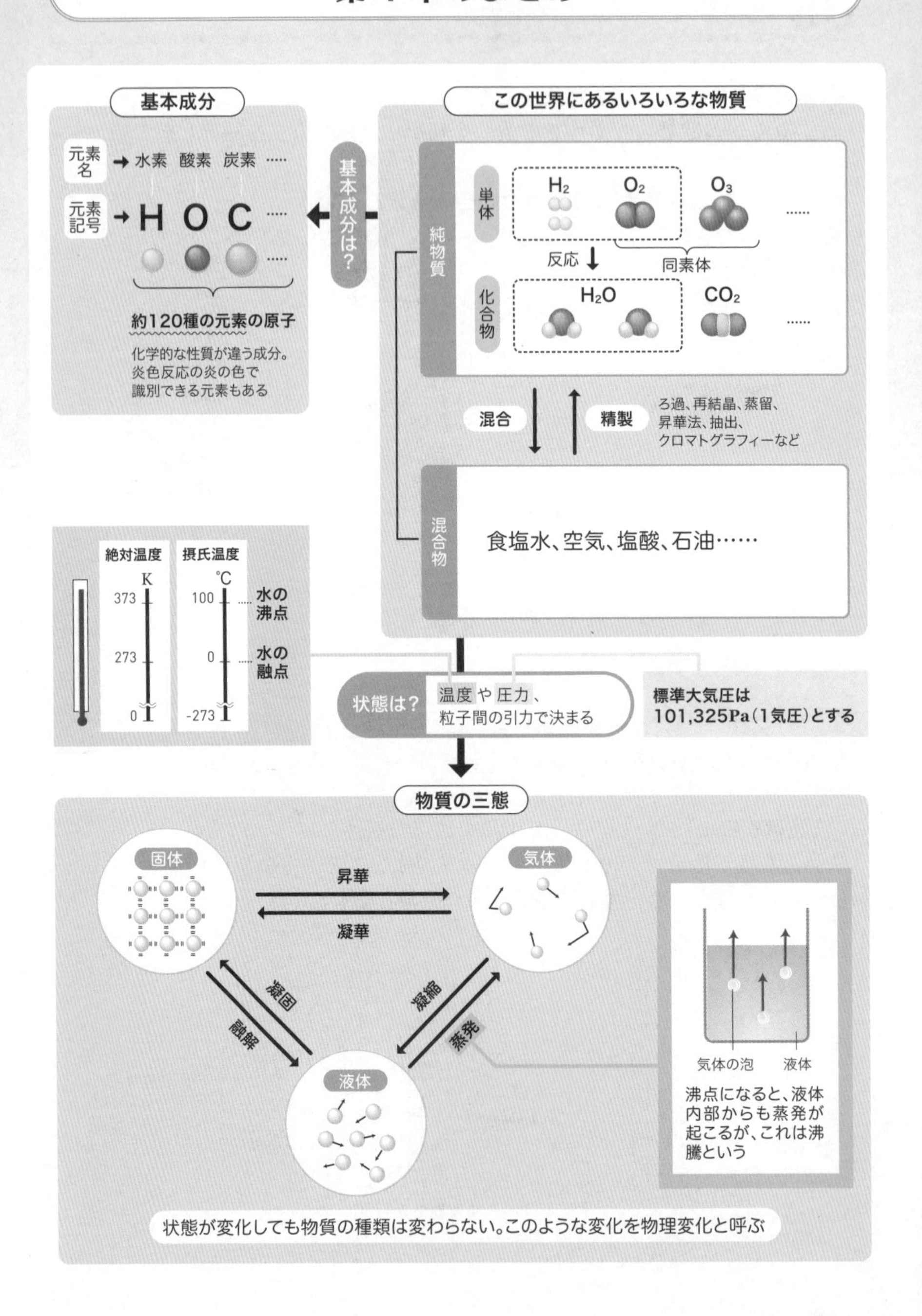

基本成分
元素名 → 水素 酸素 炭素 ……
元素記号 → H O C ……
約120種の元素の原子
化学的な性質が違う成分。
炎色反応の炎の色で
識別できる元素もある
基本成分は？
この世界にあるいろいろな物質
純物質
単体
H2
O2
O3
反応
同素体
化合物
H2O
CO2
混合
精製
ろ過、再結晶、蒸留、
昇華法、抽出、
クロマトグラフィーなど
混合物
食塩水、空気、塩酸、石油……
絶対温度
摂氏温度
K
℃
373
273
0
100
0
-273
水の沸点
水の融点
状態は？
温度や圧力、
粒子間の引力で決まる
標準大気圧は
101,325Pa（1気圧）とする
物質の三態
固体
気体
液体
昇華
凝華
凝固
融解
凝縮
蒸発
気体の泡
液体
沸点になると、液体
内部からも蒸発が
起こるが、これは沸
騰という
状態が変化しても物質の種類は変わらない。このような変化を物理変化と呼ぶ

練習問題

問1　次の元素記号が表す元素名を書きなさい。
① **S**　② **Zn**　③ **Au**　④ **K**　⑤ **Br**　⑥ **F**　⑦ **Hg**　⑧ **I**　⑨ **Cu**
⑩ **Na**

間違えた人はp.12の表をもう一度よく見直しましょう。

解答　① 硫黄　② 亜鉛　③ 金　④ カリウム　⑤ 臭素　⑥ フッ素　⑦ 水銀
⑧ ヨウ素　⑨ 銅　⑩ ナトリウム

問2　次の元素の元素記号を書きなさい。
① **窒素**　② **カルシウム**　③ **炭素**　④ **酸素**　⑤ **鉛**　⑥ **銀**　⑦ **リン**
⑧ **アルミニウム**　⑨ **鉄**　⑩ **ケイ素**

間違えた人はp.12の表をもう一度よく見直しましょう。

解答　① N　② Ca　③ C　④ O　⑤ Pb　⑥ Ag　⑦ P　⑧ Al　⑨ Fe
⑩ Si

問3　次の物質の分子式を書きなさい。
① **二酸化炭素**　② **アンモニア**　③ **塩化水素**　④ **メタン**　⑤ **水**
⑥ **酸素**

間違えた人はp.14の表をもう一度よく見直しましょう。⑥の酸素とは具体的に存在する物質としての酸素を意味します。つまり単体の酸素のことです。

解答　① CO_2　② NH_3　③ HCl　④ CH_4　⑤ H_2O　⑥ O_2

問4 次の化学反応を化学反応式で表しなさい。
「プロパンC_3H_8を酸素と反応させ完全に燃焼すると二酸化炭素と水が生じる」

C原子の数、H原子の数を両辺で合わせてから最後にO原子の数を合わせるとよいでしょう。

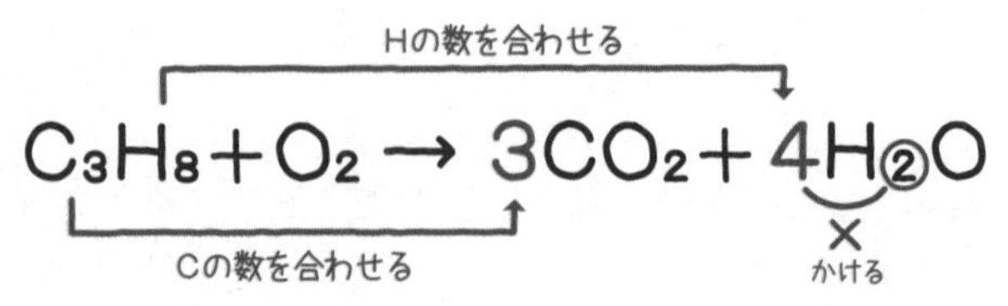

右辺のOの数が3×2+4×1=10となるので、左辺のOの数を10にするためO_2の係数を5にします。

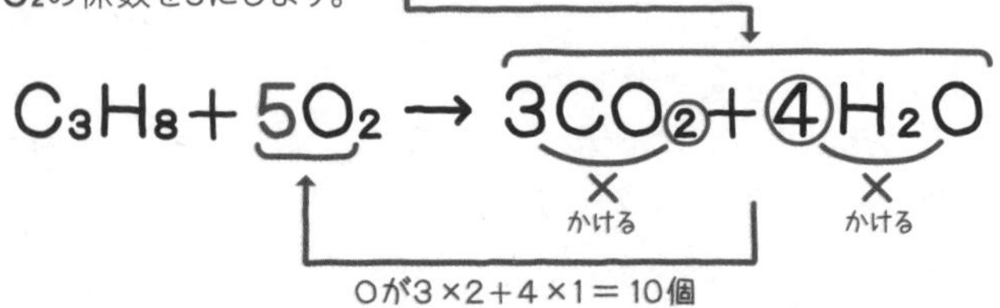

解答 $C_3H_8 + 5O_2 \rightarrow 3CO_2 + 4H_2O$

問5 次のグラフは標準大気圧のもとでT_1〔K〕の氷を加熱したときの温度変化を示している。次の各問に答えよ。

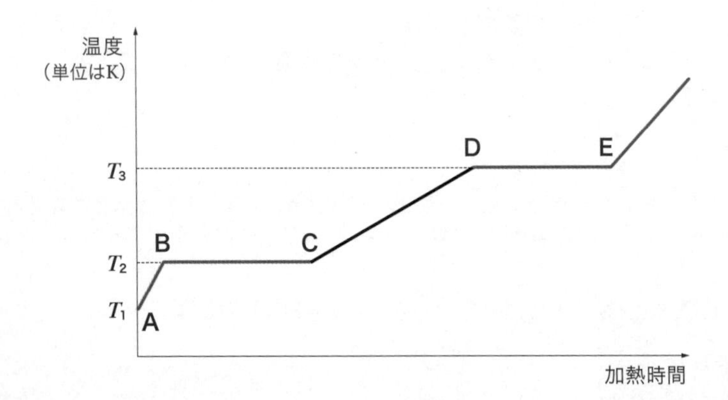

〔1〕 温度T_2、T_3の値を整数で答えよ。なお〔K〕は絶対温度の単位で摂氏温度t〔℃〕との間に次の関係が成り立つとする。
T〔K〕$= t$〔℃〕$+273$

〔2〕 区間BCと区間DEで加熱しているにも関わらず温度が一定である理由を25字以内で記せ。

〔1〕 A→Bは氷、B→Cは氷が融解し水と共存している状態、C→Dは水、D→Eは水が沸騰し水蒸気と共存している状態、E以降は水蒸気です。標準大気圧のもとで氷が融解する温度が0℃、水が沸騰する温度を100℃と摂氏温度を定義しましたね。摂氏温度に273を足して絶対温度に直すと、273K、373Kとなり、これがT_2とT_3に対応します。

〔2〕 加えた熱が、分子間の引力に逆らって分子が動き出したり、分子間の距離を大きく広げたりするのに使われます。すなわち、状態を変化させるのに熱が利用されるのですね。

解答 〔1〕 **$T_2 = 273$、$T_3 = 373$**
〔2〕 **外から熱を加えても、状態の変化に利用されるから。**
（24字）

問6 次の①～⑥のなかで単体でないものを一つ選べ。
① **黄銅**（**しんちゅう**）　② **亜鉛**　③ **黒鉛**　④ **斜方硫黄**　⑤ **白金**
⑥ **赤リン**

（センター試験）

① 黄銅（しんちゅう）はブラスともいわれ、5円硬貨、金管楽器などに使われている金属です。これは亜鉛と銅の合金で、単体ではありません。
② 亜鉛は元素記号**Zn**で表され、単体は銀白色の金属で電池の極板などに使われています。「鉛」という字が使われていますが、鉛**Pb**とは別の元素です。
③ 黒鉛は炭素**C**の単体の1つでグラファイトとも呼ばれ、鉛筆の芯（しん）などに使われています。「鉛」という字が使われていますが、鉛は含まれていません。
④ 斜方硫黄は硫黄**S**の単体の1つで、S_8分子が集まってできた塊状の黄色固体です。
⑤ 白金は元素記号**Pt**で表され、単体が俗にいうプラチナで、銀白色の金属で宝飾品などに使われています。金という字が使われていますが、金**Au**とは別の元素です。
⑥ 赤リンはリン**P**の同素体の1つです。多数のリン原子がつながってできた巨大分子で、マッチ箱の摩擦面に使われています。

解答 ①

問7 混合物であるものをすべて選びなさい。

(ア) **水**　(イ) **空気**　(ウ) **塩酸**　(エ) **石油**　(オ) **オゾン**

（岩手医科大）

(ア) 分子式 H_2O で表される化合物。

(イ) 窒素 N_2、酸素 O_2、二酸化炭素 CO_2 などが混ざり合った混合物。

(ウ) 塩化水素 HCl と水 H_2O との混合物。

(エ) いろいろな炭化水素や硫黄を含む化合物などが混ざった液体混合物。

(オ) 分子式 O_3 で表される酸素の単体の1つ。

解答 (イ)(ウ)(エ)

問8 次の文中の下線部が単体ではなく元素を表しているものはどれか。

(イ) **酸素と水素を1：2に混合して反応させると水ができる。**

(ロ) **アルコールは炭素、水素、酸素からできている。**

(ハ) **ケイ素は地殻中で酸素の次に多く含まれている。**

(ニ) **ナトリウムは水と反応して水素を発生する。**

(ホ) **塩素は常温で黄緑色の気体である。**

(ヘ) **貧血を防ぐには鉄を多く含む食品を食べるとよい。**

（順天堂大〔医〕）

(イ) 酸素の単体 O_2 を指しています。

(ロ) アルコール分子の中に酸素原子が含まれることを指しています。たとえば、消毒用のアルコールで有名なエタノールの分子式は C_2H_6O です。よって、元素名です。

(ハ) 地殻とは地球の最外層のことで、簡単にいうと土や石です。主に二酸化ケイ素 SiO_2 のようなケイ素の化合物でできています。これらの化合物中に酸素原子が含まれていることを指しています。これは元素名です。

(ニ) 水素の単体 H_2 を指しています。

(ホ) 塩素の単体 Cl_2 を指しています。

(ヘ) 鉄に分類される元素を含む化合物を摂取してくださいということです。単体である金属の鉄はいくらなんでも食べられません。

解答 (ロ)(ハ)(へ)

問9 次の各問に答えよ。

[1] ろ過の方法として最も適切なものを、次の図①～⑤のうちから1つ選べ。ただし、図では漏斗台などを省略している。

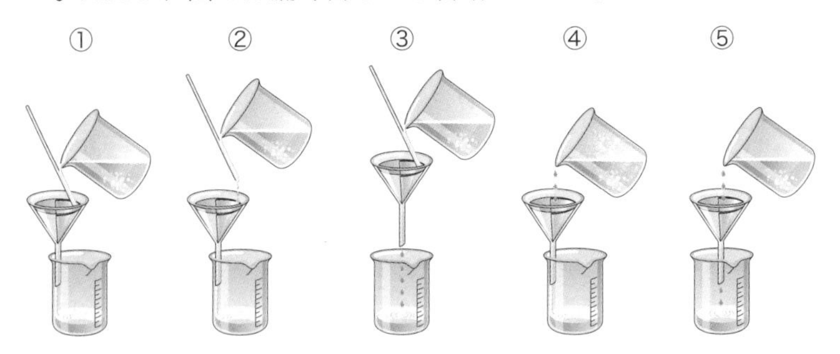

[2] 水道水から蒸留によって純粋な水をつくるために、下図のような装置を組み立てた。リービッヒ冷却器に水を流す方法と、枝付きフラスコに入れる水の量と温度計球部の位置について、(A)(B)から一つずつ選べ。なお、支持器具は省略してある。

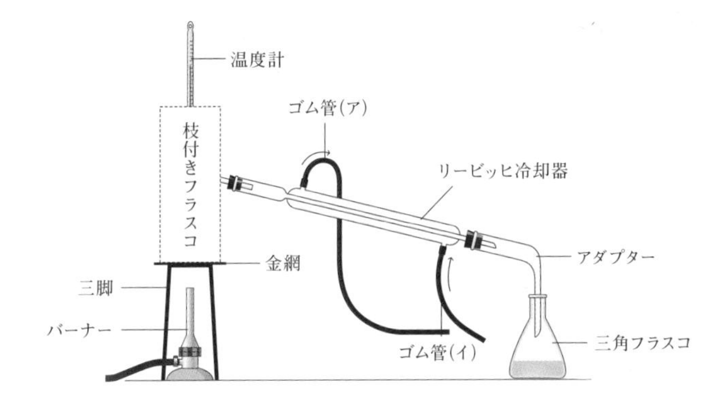

(A) **a：水をゴム管(ア)からゴム管(イ)の方向に流す。**
b：水をゴム管(イ)からゴム管(ア)の方向に流す。

(B) **図の破線の部分**

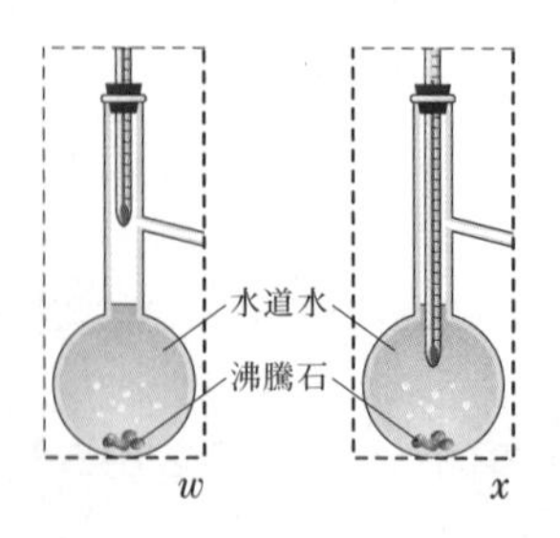

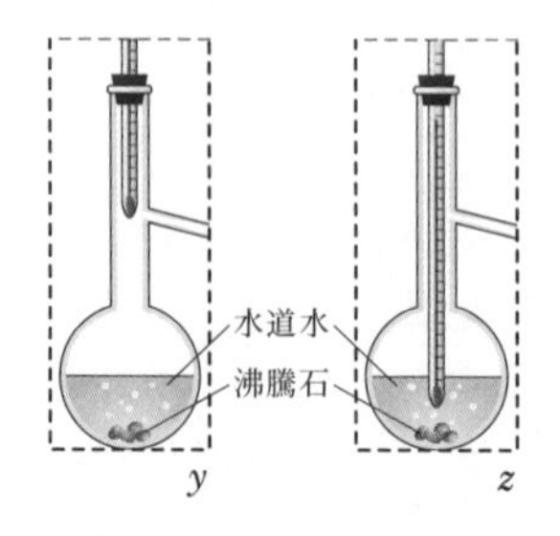

（センター試験）

解説 [1] 液がはねないように漏斗の足はビーカーの内壁につけ、ガラス棒はろ紙の重なっている部分につけて液をゆっくり注ぎます。

[2] 液量は半分以下、温度計は枝の付け根あたり、冷却水は下から上に入れます。

解答 [1] ①

[2] (A) **b** (B) **y**

問10 (ア)～(エ)の目的に適する分離方法の組合せを(A)～(F)の中から選べ。

(ア) **少量の塩化ナトリウムを含む硝酸カリウムの水溶液から硝酸カリウムを精製する。**

(イ) **海水から純粋な水を取り出す。**

(ウ) **ナフタレンと塩化ナトリウムの混合物からナフタレンを液体を経ずに分離する。**

(エ) **ヨウ素を含むうがい薬からヘキサンを用いてヨウ素を分離する。**

（明治大）

	(ア)	(イ)	(ウ)	(エ)
(A)	昇華	ろ紙によるろ過	蒸留	昇華
(B)	昇華	抽出	蒸留	抽出
(C)	再結晶	抽出	昇華	蒸留
(D)	抽出	ろ紙によるろ過	抽出	蒸留
(E)	再結晶	蒸留	昇華	抽出
(F)	抽出	蒸留	抽出	昇華

解説

(ア) 再結晶を用いて分けることができます(p.27〜28参照)。

(イ) 蒸留を用いて分けることができます(p.28〜30参照)。

(ウ) ナフタレン$C_{10}H_8$は昇華性があり、標準大気圧のもとで加熱すると固体から気体になります(p.31参照)。

(エ) ヨウ素I_2を有機溶媒であるヘキサンで抽出します(p.32参照)。

解答 (E)

問11 製油所では、石油(原油)から、その成分であるナフサ(粗製ガソリン)、灯油、軽油が分離される。この際に利用される、混合物から成分を分離する操作に関する記述として最も適当なものを、次の①〜④のうちから一つ選べ。

①混合物を加熱し、成分の沸点の差を利用して、成分ごとに分離する操作

②混合物を加熱し、固体から直接気体になった成分を冷却して分離する操作

③溶媒に対する溶けやすさの差を利用して、混合物から特定の物質を溶媒に溶かし出して分離する操作

④温度によって物質の溶解度が異なることを利用して、混合物の溶液から純粋な物質を析出させて分離する操作

(共通テスト〔追試〕)

解説

原油は、沸点の異なる炭化水素の混合物です。原油を加熱して、沸点の近い成分ごとに石油ガス、ナフサ(粗製ガソリン)、灯油、軽油、重油とおおまかに分離する操作を分留(分別蒸留)と呼んでいます。正解は①です。
ちなみに②は昇華法、③は抽出、④は再結晶の操作説明です。

解答 ①

01 Column

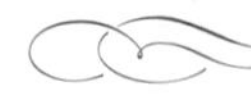

元素名と単体名の区別

元素とは、物質を構成する原子がもつ基本的な約120種類の属性(ぞくせい)のこと。一方の単体とは、同一の元素の原子だけからできた、実際にこの世界に存在する純物質のことです。

単体は基本的に元素と同じ名称でしたね。単体名か元素名かの区別がたまに試験で出題されます。p.38 問8 でも取り上げました。

たとえば、次の①と②の両方で酸素が出てきますが、意味の違いに気づきますか？

① 水素と酸素を燃焼すると水ができる。
② 水や二酸化炭素には酸素が含まれている。

前者は$2H_2 + O_2 \rightarrow 2H_2O$の$O_2$を指しているのに対し、後者は$H_2O$、$CO_2$の$O$を指しています。

①の酸素とは**単体名の酸素**です。私たちが生きるのに必要な空気中に含まれる無色無臭の気体の酸素のことですね。

②の酸素とは、**元素名の酸素**です。水分子や二酸化炭素分子を構成している原子の中に、酸素に分類される元素の原子があるということですね。

では、次の③の下線部は単体と元素のいずれを示しているでしょうか？

③ (1)酸素の同素体には(2)酸素とオゾンがある。

答えは、(1)が**元素名**、(2)が**単体名**です。元素として酸素に分類される原子だけでできた物質には、酸素O_2とオゾンO_3という性質の異なる単体があるということですね。

まだ違いがピンとこないという人は、次のように考えてみてください。

この世界の物質を構成する単位を、白い球、青い球、赤い球といった約120種類の色の球からできた模型だとします。

このときの白、青、赤……といった**色が示す属性が元素、球が原子に対応**します。単体は同じ色の球だけでつくった模型の集団です。

なお、同じ色の球を使ってつくっても、構造が異なるときは互いに同素体であると表現するのですね。

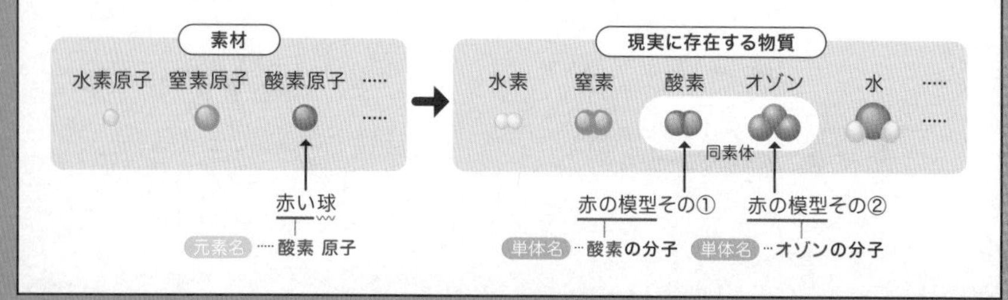

第2章

原子の構造

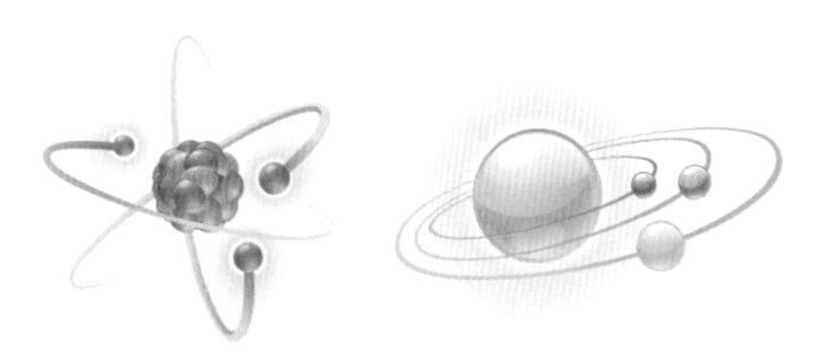

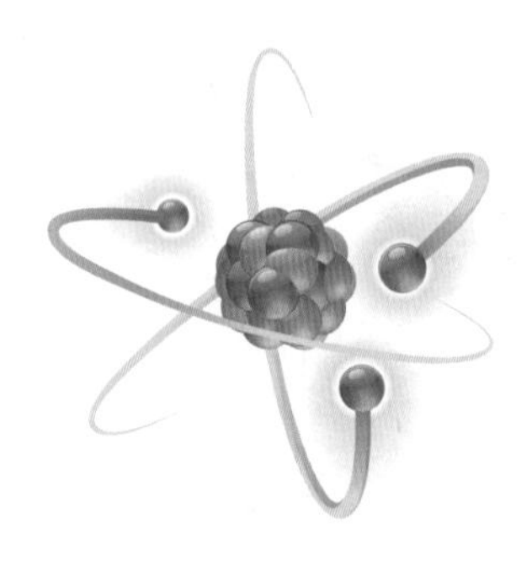

第1講
原子の性質

第1章では、物質を構成する元素には固有の粒子=原子が存在することを学びました。ここでは、原子の化学的性質の違いを探るために、原子の内部構造について学習しましょう。

01 原子

原子は、直径が1×10^{-10}～3×10^{-10}m程度の大きさの粒子です。

1×10^{-10}mとは、$\frac{1}{10^{10}}$mすなわち“100億分の1m”。

1×10^{-9}m＝1nm(ナノメートル)なので、約0.1nm程度ということになります。

原子1個の質量はだいたい10^{-24}～10^{-22}g程度ですから、
ものすごい数の原子が集まって
ようやく私たちが普段あつかう質量の物質になるわけです。
もし原子がゴルフボールくらいの大きさだとすれば、
原子を同じレベルの数だけ集めると、物質は地球くらいの大きさになります。
とんでもない数ですね。

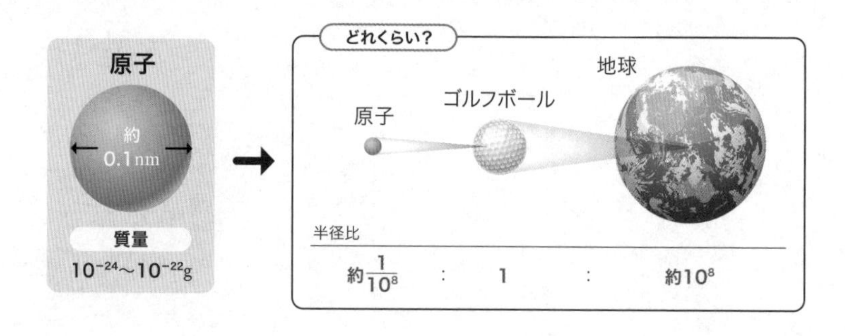

原子1個では**電荷**(でんか)をもっていません。
これを**電気的に中性である**といいます。
ただし、原子の内部構造を調べると、正の電荷をもつ**原子核**(げんしかく)と
負の電荷をもつ**電子**(でんし)からできていることがわかっています。

電荷 … 物体や粒子がもつ電気の量のこと。正(+)と負(−)がある。

原子の質量のほとんどを占める原子**核**が中心にあり、
その周囲を非常に質量の小さな電子が飛びまわっている。
これが原子のイメージです。

原子の構造

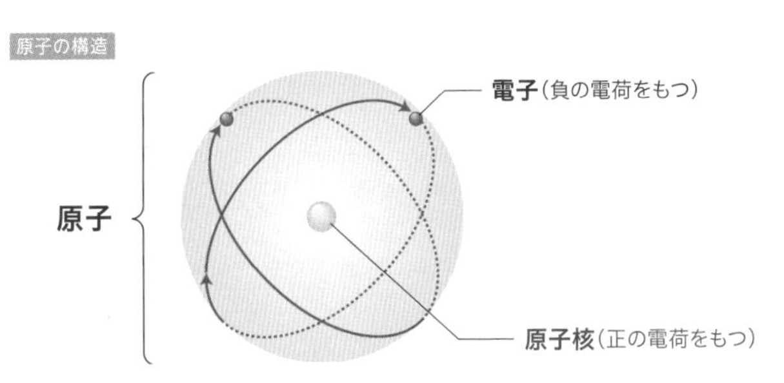

原子核の直径はだいたい1×10^{-15}〜8×10^{-15}mで、
原子の半径の10万分の1程度しかありません。
原子を野球場にたとえると、
原子核は真ん中に置いた野球ボールくらいの大きさです。
電子はボールの周りを飛んでいる羽虫くらいの存在。
原子は意外とスカスカな粒子なのですね。

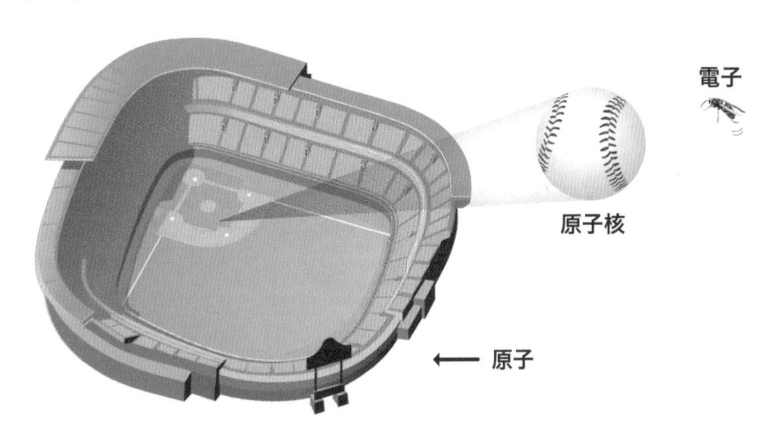

原子核を構成しているのは、正の電荷をもつ**陽子**と
電荷をもたない**中性子**です。
先ほど、原子核は正の電荷をもつといいましたが、
それは陽子が正の電荷をもっているからです。

核 … 物事の中心。

陽子1個と中性子1個の質量を比べると、
ほんの少しだけ中性子のほうが大きいですが、だいたい同じくらいです。
陽子1個の質量は電子1個の約1840倍ですが、
もっている電荷は符号の正負は異なるものの絶対値は同じです。
電荷の大きさを表した量を**電気量**(でんきりょう)といい、
C(クーロン)単位で表します。

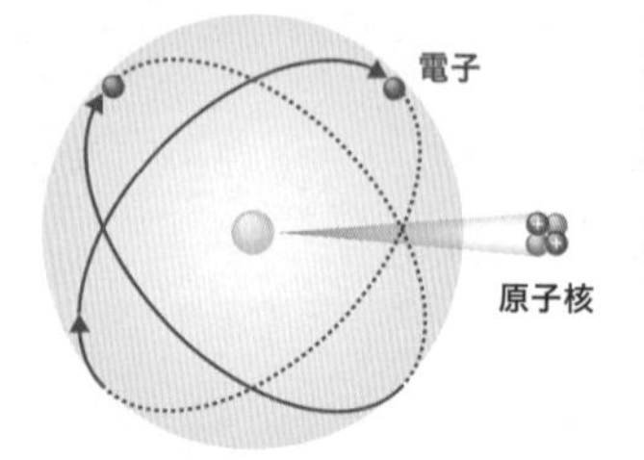

名称	質量(g)	電気量(C)
⊕ 陽子	1.673×10^{-24}	$+1.602\times10^{-19}$
中性子	1.675×10^{-24}	0
⊖ 電子	9.109×10^{-28}	-1.602×10^{-19}

1 : 1 : $\frac{1}{1840}$ ぐらいです

+1 : 0 : −1 です

陽子1個や電子1個のもつ電気量の絶対値1.602×10^{-19}Cを
電気素量(でんきそりょう)といいます。
電荷の大きさを表すときは、電気素量と同じ電気量の値を1とします。
陽子1個の電荷は+1、電子1個の電荷は−1と表します。

電子は英語でelectronといい、
電子1個は記号でe^-と表すことも覚えておいてください。

e^-の約1840倍の質量です

陽子

もっている電気量の絶対値は陽子と同じです

電子

Reading Hints **絶対値** … 数の大きさのこと。| |で表す。たとえば、|4|=|−4|=4である。

02 粒子の間に働く力について

電荷をもつ粒子の間には、引力と**斥力**（せきりょく）が働きます。
2つの力をまとめて**静電気的な力**（せいでんき）（**静電気力**や**クーロン力**（りょく）とも）といいます。
クーロンとは、18世紀の後半に次の法則を発見した
フランスの物理学者の名前です。
引力と斥力のうち、引力は**静電気的な引力**と表します。

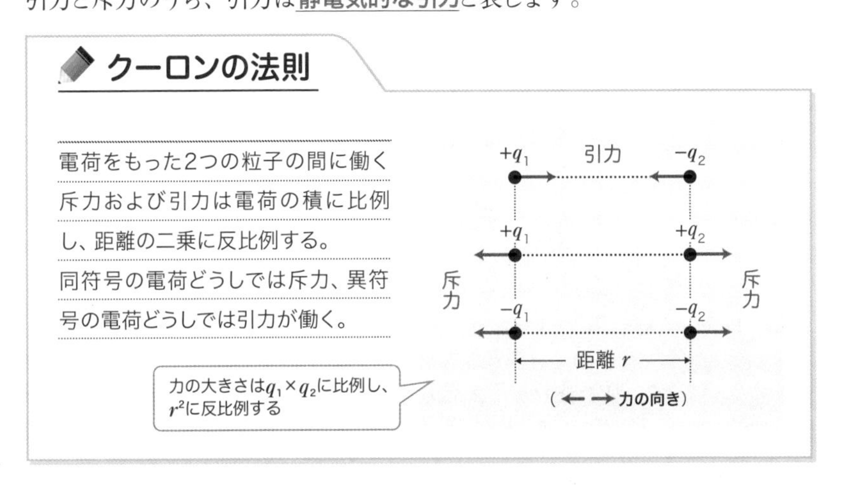

化学では、この静電気的な力がとても重要な働きをします。
物理の学習内容にはなりますが、クーロンの法則は覚えておいてください。
また、原子核を構成する陽子と中性子の間には、
核力（かくりょく）と呼ばれる強い引力が働いています。
核力が働くメカニズムは、高校ではあつかわず
量子力学などで詳しく学ぶことになります。
いまは、この核力のおかげで**原子核中の陽子と中性子が**
バラバラにならないとだけ頭に留めておいてください。

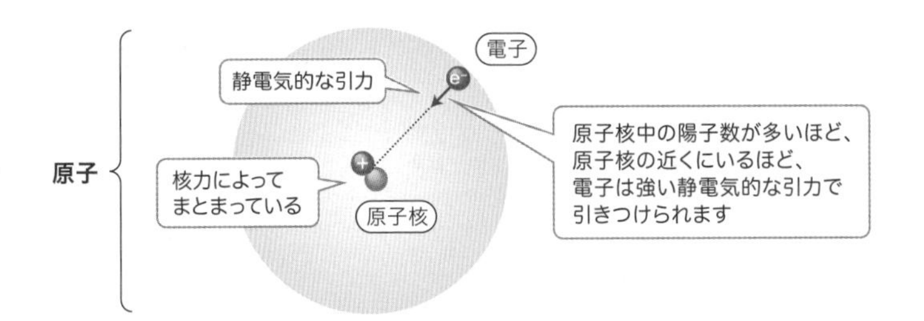

斥力 … 2つの物体の間に働く力のうち、反発し、互いを遠ざけようとする力のこと。
量子力学 … 電子や陽子といったミクロ（→p.129）な粒子に関する現代物理学の1つ。

03 原子番号と元素記号

原子核の陽子数によって、原子核の正電荷と周囲に存在する電子の数と**配置**、原子核と電子の間に働く静電気的な引力の大きさなどが決まります。
これらが元素の化学的な性質に影響を与えるのです。
そこで、原子核中の陽子数を**原子番号**と呼び、原子を分類します。

異なる元素の原子は、原子番号が異なるというわけです。
陽子数が同じ原子は同じ元素に所属するので、同じ元素記号で表します。

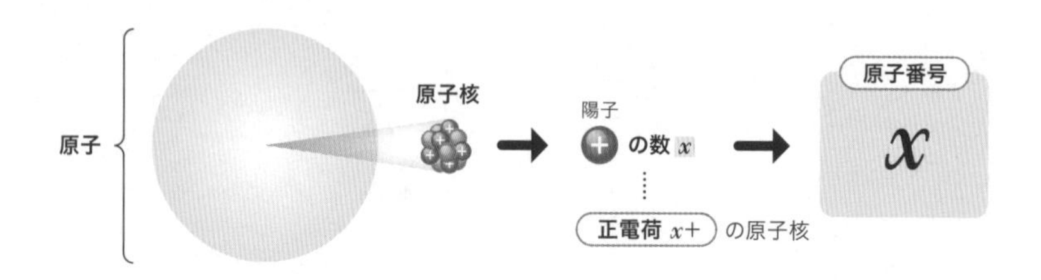

化学の学習では、原子番号と元素記号を組み合わせて覚えることが最重要です。
まずは原子番号１の水素 **H** から20のカルシウム **Ca** まで覚えてください。
有名なゴロ合わせ例とともに紹介するので、何度も口ずさんでみましょう。

原子番号1～20

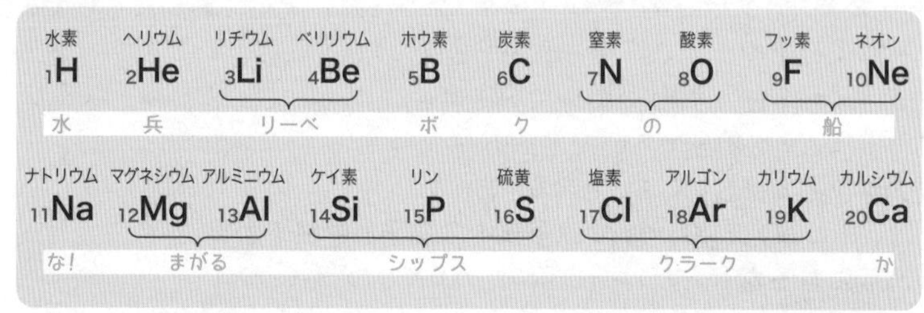

水素	ヘリウム	リチウム	ベリリウム	ホウ素	炭素	窒素	酸素	フッ素	ネオン
$_{1}$H	$_{2}$He	$_{3}$Li	$_{4}$Be	$_{5}$B	$_{6}$C	$_{7}$N	$_{8}$O	$_{9}$F	$_{10}$Ne
水	兵	リーベ		ボ	ク	の		船	

ナトリウム	マグネシウム	アルミニウム	ケイ素	リン	硫黄	塩素	アルゴン	カリウム	カルシウム
$_{11}$Na	$_{12}$Mg	$_{13}$Al	$_{14}$Si	$_{15}$P	$_{16}$S	$_{17}$Cl	$_{18}$Ar	$_{19}$K	$_{20}$Ca
な！	まがる		シップス			クラーク			か

（元素記号の左下の数字が原子番号です）

配置 … 人や物などを特定の場所に割り当てて置くこと。

さらに、理系に進む予定の人は原子番号36のクリプトン**Kr**まで覚えておくと、
今後の学習がグッと楽になります。
いまのうちに頑張って覚えてしまいましょう！

原子番号21〜36

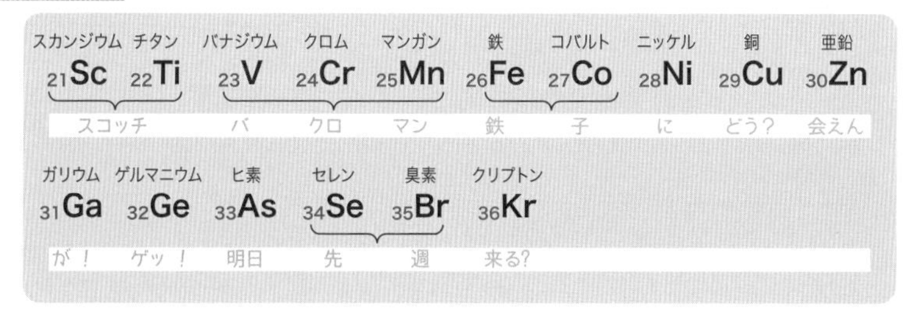

04 質量数と同位体

原子の質量の大半は、原子核が占めています。
陽子と中性子の質量はだいたい同じくらいなので、
原子核中の陽子の数と中性子の数の和が大きいと
原子の質量も大きくなると考えてよさそうですね。
原子核中の陽子の数と中性子の数の和を質量数（しつりょうすう）といいます。

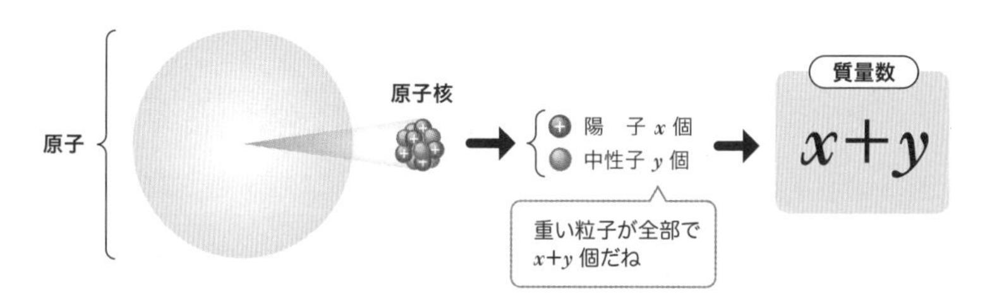

なお、質量数は原子核の質量と正確に比例しません。
質量数が2倍だからといって、原子の質量が厳密に2倍ではないのです。
だいたい2倍くらいのイメージでいてください。

元素記号に原子番号と質量数を添えて書くときは、
原子番号を左下、質量数を左上に書きます。

実は、同じ元素の原子でも、原子核中の中性子の数が異なるために、
質量数の違うものが存在する場合があるのです。
これらを互いに**同位体**（どういたい）といいます。
質量は異なるものの化学的性質はほとんど同じです。
英語ではisotope（アイソトープ）といい、
isos=同じ、topos=場所というギリシャ語に由来します。
第３章で説明する周期表では、同じ場所に入るからですね。

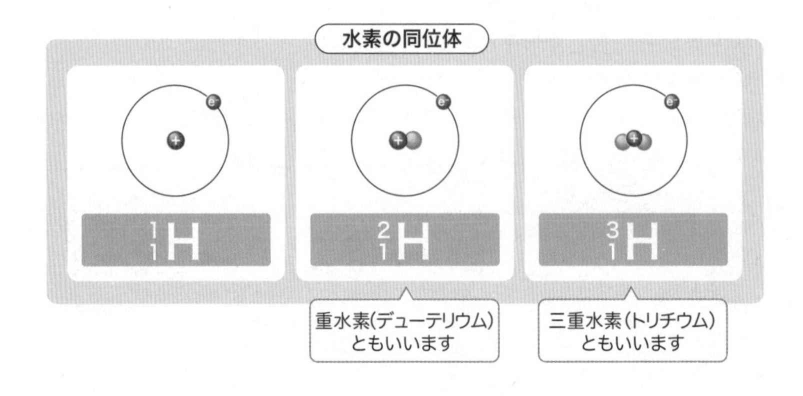

横道にそれますが、同位体を同素体と区別できていますか？
炭素の単体にはダイヤモンドや黒鉛などの同素体がありましたね。
これらは多数の炭素原子が集まってできていました。
しかし、**これらを構成している炭素原子はすべて同じではありません。**
大部分は質量数12の^{12}Cですが、
質量数13の^{13}C、質量数14の^{14}Cなどの同位体も含まれています。
同じ元素なので、通常は同位体を区別しないだけです。

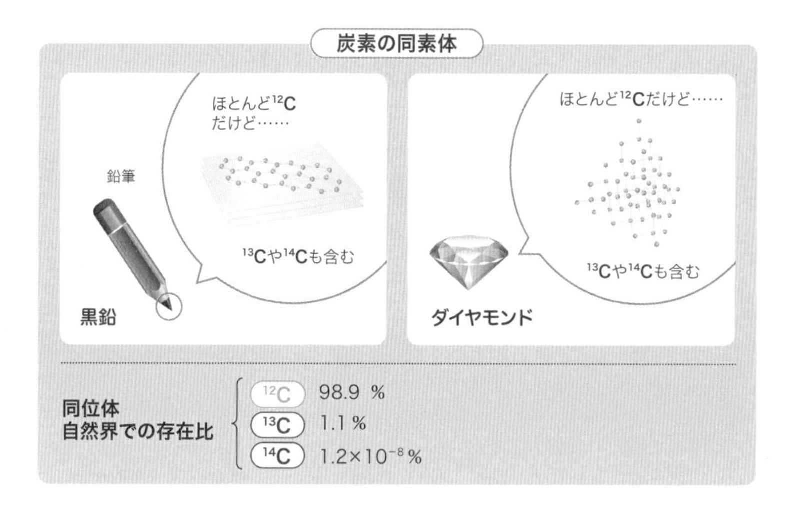

さて、同位体の中には原子核が不安定で、**放射線**を出すものがあります。
これを**放射性同位体**（ほうしゃせいどういたい）（ラジオアイソトープ）と呼んでいます。
たとえば、質量数238のウラン ^{238}**U**は時間とともに原子核が壊れて、
陽子２個と中性子２個からなる正の電荷をもつ粒子
（質量数4のヘリウム ^{4}**He**の原子核と同じ）が飛び出してきます。
この粒子の流れは α（アルファ）線と呼ばれる放射線の一種です。

α線の放出

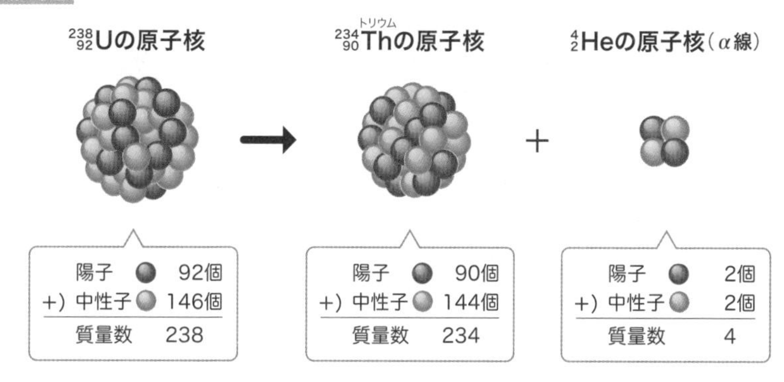

Reading Hints　**放射線** … 放射性元素の崩壊に伴って放出される粒子線や電磁波のこと。

もう1つ放射性同位体の例を紹介します。
質量数3の水素^{3}H（トリチウム）は、時間とともに
原子核中の中性子1つが陽子1個と電子1個に変化し、
電子が高速で飛び出してきます。
これはβ線と呼ばれる放射線で、負の電荷をもつ粒子線です。

β線の放出

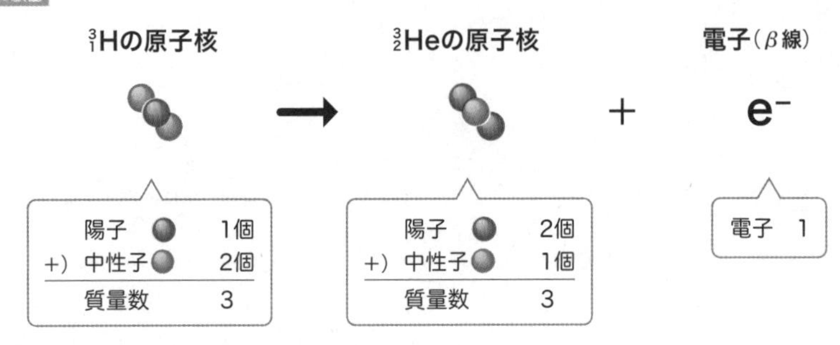

α線やβ線の他にも、電荷こそもたないものの非常に高いエネルギーをもつ
電磁波であるγ線という放射線もあります。
放射線については高校化学の範囲では詳しくはあつかいませんので、
α線、β線、γ線の3つの性質を知っておくだけで十分です。

放射線の種類

放射線	何？	電荷
α線	$^{4}_{2}$Heの原子核	正
β線	電子	負
γ線	電磁波	なし

Reading Hints **電磁波** … 電場や磁場の変化によって生じるエネルギー波の一種で、赤外線、可視光線、紫外線などもこれに含まれる。

第2講
電子配置とイオン

原子核の周りで電子がどういう運動をしているのか、実は正確には知ることができません。そこで、科学者は単純化したモデルを導入して、元素の化学的性質をおおまかに解説しようと試みたのです。

01 電子配置

デンマークの物理学者ボーアが提唱した原子のモデルを紹介しましょう。
ボーアのモデルでは、原子核を中心に置いた同心円を考えます。
この同心円を電子殻(でんしかく)といいます。

電子殻は、**原子核に近いほうから**
K殻(かく)、L殻、M殻、N殻……(以下アルファベット順)と名付けます。
Kから始めたのは、さらに内側の電子殻が見つかったときの配慮にすぎませんでしたが、K殻より内側の電子殻はありませんでした。

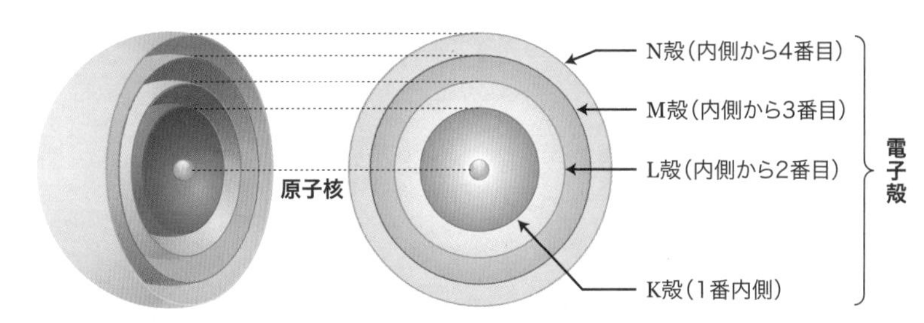

基本的には、内側の電子殻にいるほど強く原子核に引きつけられ、
安定していて居心地がよいので、電子は内側の電子殻から順に入っていきます。
ただし、**各電子殻には定員制限があります**。
内側からn番目の電子殻の定員は$2n^2$個と決まっています。

電子殻の定員

電子殻	K殻	L殻	M殻	N殻	……
内側からn番目の電子殻	$n=1$	$n=2$	$n=3$	$n=4$	……
入れる電子の定員$2n^2$	$2\times1^2=2$	$2\times2^2=8$	$2\times3^2=18$	$2\times4^2=32$	……

電子が入っている様子を表したものを、**電子配置**といいます。
各元素の原子は、電気的に中性なので
原子番号、**すなわち陽子数と同じ数だけ電子をもっています**。

では、原子番号1の水素**H**から原子番号18のアルゴン**Ar**までの
電子配置を書いてみましょう。
最も外側の電子殻(これを**最外電子殻**あるいは**最外殻**といいます)に
注目してください。

電子配置(原子番号1〜18)

1 原子番号1〜2

まずK殻に電子が入ります。

原子番号2のヘリウム**He**でK殻は定員に達します。

K殻の電子配置

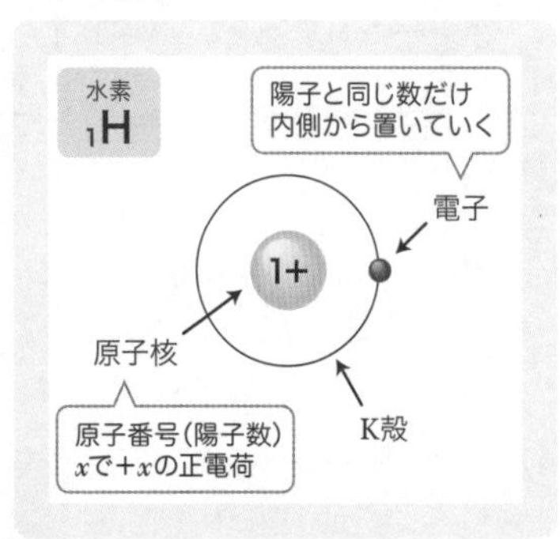

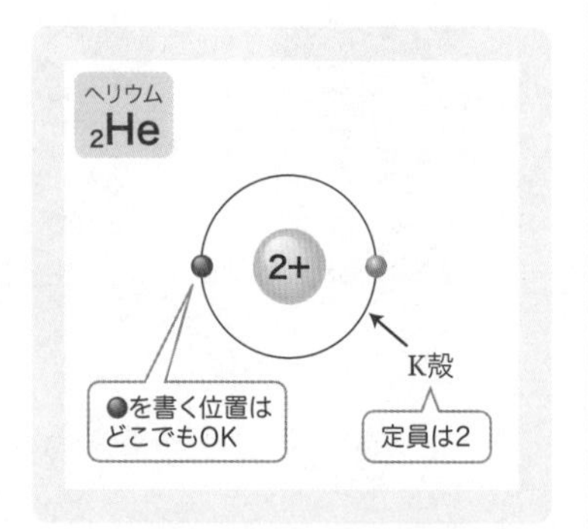

安定 … 落ち着いていて変化しにくいこと。

2 原子番号3〜10

K殻が埋(う)まったあと、次の電子はL殻に入ります。

原子番号10のネオン**Ne**でL殻は定員に達します。

先の原子番号2の**He**や原子番号10の**Ne**のように

最外電子殻が電子で完全に満(み)たされた状態を**閉殻**(へいかく)といいます。

L殻の電子配置

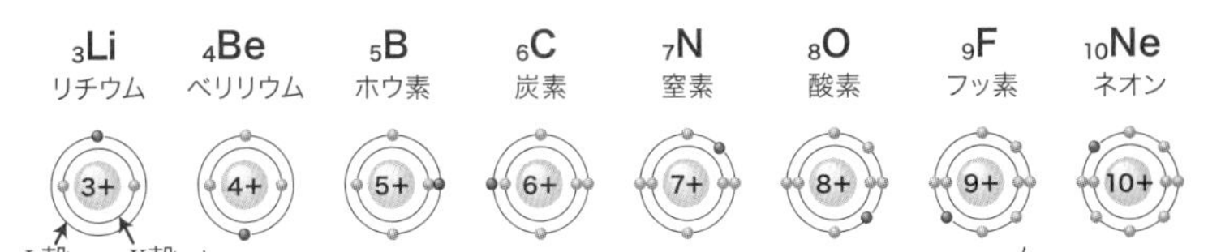

3つ目の電子は L殻に

L殻の電子数が2→3→4→5→6→7となる。電子はどの位置に書いてもOK

L殻の電子数が8となり定員に達する

3 原子番号11〜18

K殻、L殻が埋まったあと、次の電子はM殻に入ります。

原子番号18のアルゴン**Ar**のM殻の電子数は8個です。

M殻の電子配置

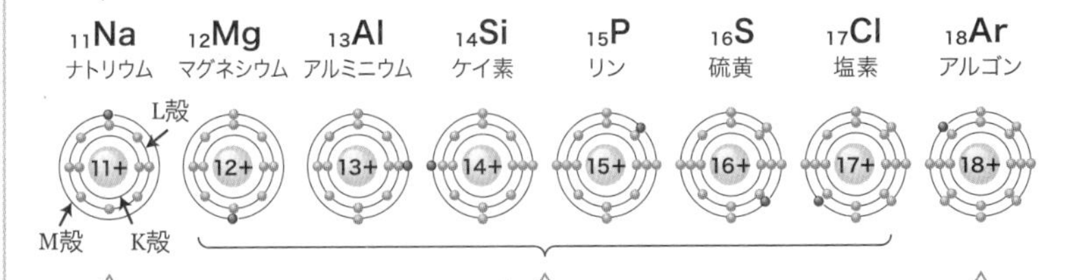

11個目の電子は M殻に

M殻の電子数が2→3→4→5→6→7となる

M殻の電子数が 8となる

最外電子殻の電子の数が原子番号が大きくなると周期的に変化することに気づいたでしょうか？
第3章で学習することになりますが、
これが化学的性質におおいに関係してきます。

さて、原子番号19以降の元素の電子配置はどうなるでしょうか？

電子配置（原子番号19〜20）

M殻の定員は18個なので、引き続きM殻に電子が入っていくように思いますが、実は違うのです。
原子番号19のカリウム**K**では最後の1個が、
原子番号20のカルシウム**Ca**では最後の2個がM殻ではなくN殻に入ります。

KとCaの電子配置

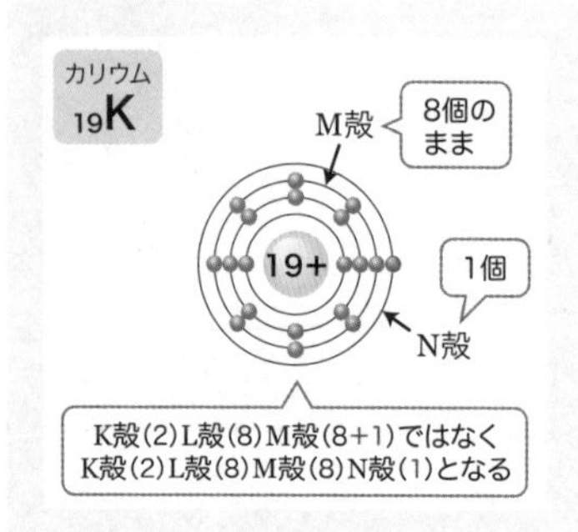

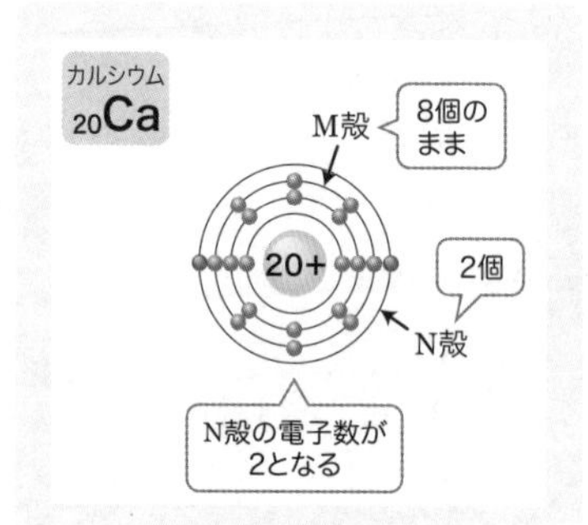

Reading Hints
周期的 … 一定の間隔で同じようなことが繰り返されるさま。

これを説明するには、もう少し細かい化学の知識が必要となります。
いまの段階では、最外殻電子数は8より大きくならないとだけ
記憶しておいてください。
参考までに、原子番号36のクリプトン**Kr**までの電子配置を
紹介しておきます。

参考

原子番号21のスカンジウム**Sc**から再び内側のM殻に電子が入ります。
原子番号31のガリウム**Ga**からまた最外電子殻のN殻に電子が入り始め、
原子番号36のクリプトン**Kr**でN殻の電子数が8個になります。
ややこしいですね。

内側のM殻に電子が入る（Sc〜Zn）　N殻の電子数増加（Ga〜Kr）

電子殻＼元素記号	K	Ca	Sc	Ti	V	Cr	Mn	Fe	Co	Ni	Cu	Zn	Ga	Ge	As	Se	Br	Kr
K殻	2	2	2	2	2	2	2	2	2	2	2	2	2	2	2	2	2	2
L殻	8	8	8	8	8	8	8	8	8	8	8	8	8	8	8	8	8	8
M殻	8	8	8	8	8	8	8	8	8	8	8	8	8	8	8	8	8	8
			1	2	3	5	5	6	7	8	10	10	10	10	10	10	10	10
N殻	1	2	2	2	2	1	2	2	2	2	1	2	3	4	5	6	7	8

$_{24}$**Cr**と$_{29}$**Cu**は
N殻が2個から1個になり、
その分、M殻が1個増えます

最外電子殻が
8個になりました

まずは、原子番号18までの原子の電子配置を書けるようにしましょう。
加えて原子番号19と20の**K**と**Ca**の電子配置を書けるようにしておけば、
いまは十分です。

電子殻＼元素記号	H	He	Li	Be	B	C	N	O	F	Ne	Na	Mg	Al	Si	P	S	Cl	Ar	K	Ca
K殻	1	2	2	2	2	2	2	2	2	2	2	2	2	2	2	2	2	2	2	2
L殻			1	2	3	4	5	6	7	8	8	8	8	8	8	8	8	8	8	8
M殻											1	2	3	4	5	6	7	8	8	8
N殻																			1	2

02 イオン

原子は、正の電荷をもつ原子核と
その周囲を運動する負の電荷をもつ電子からできていましたね（→p.44）。

もし原子から電子が出て行ってしまったり外から入ってきたりして、
原子核中の陽子の数と電子の数が同じではなくなると、
全体として**電荷をもつ**ようになります。

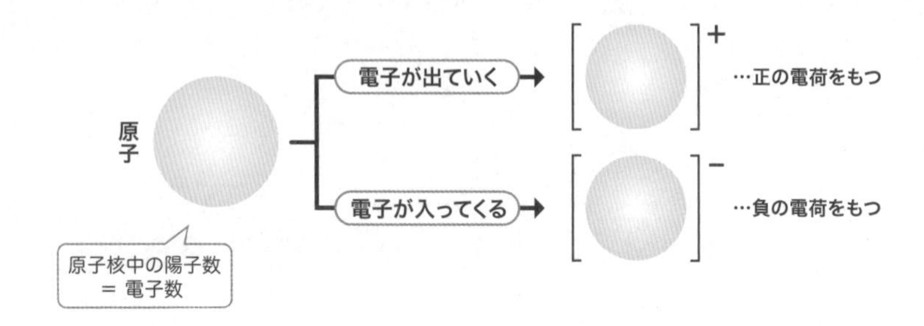

このように全体として電荷をもつ粒子を**イオン**と呼び、
特に1つの原子から生じたイオンは**単原子イオン**（たんげんし）といいます。

電子の数が陽子の数より少なくなり、
全体として**正の電荷をもつイオン**を**陽イオン**（よう）、
電子の数が陽子の数より多くなり、
負の電荷をもつイオンを**陰イオン**（いん）と呼びます。

	原子核中の		原子核の周囲に存在する	電荷
原子	陽子数	＝	電子数	なし
陽イオン	陽子数	＞	電子数	正
陰イオン	陽子数	＜	電子数	負

また、全体として$+n$の電荷をもつイオンを**n価の陽イオン**、
$-m$の電荷をもつイオンを**m価の陰イオン**といいます。
nやmをイオンの価数と呼びます。

イオンを化学式で表す場合、X^{n+}、Z^{m-}のように
元素記号XやZの右上に価数と符号を書きます。
これをイオン式と呼ぶことがあります。
たとえば、リチウムが１価の陽イオン、
酸素が２価の陰イオンに変化するときは次のように表します。

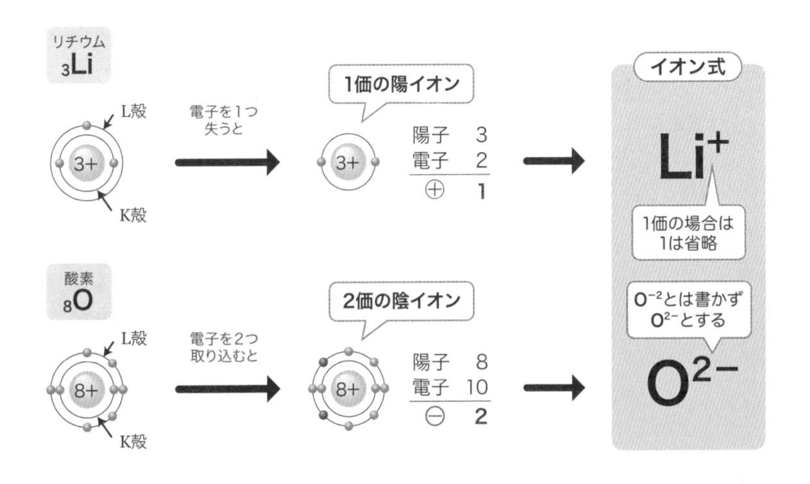

第2章のまとめ

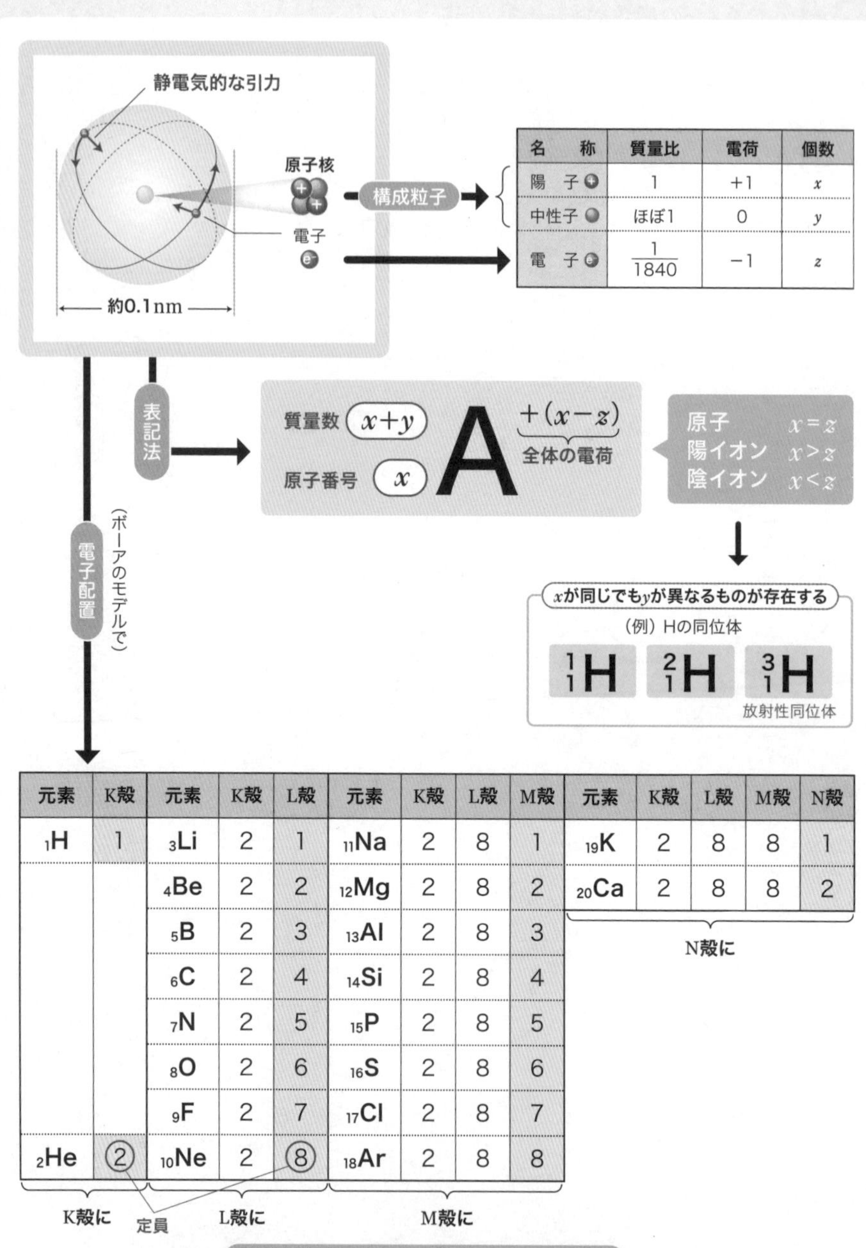

名称	質量比	電荷	個数
陽子	1	+1	x
中性子	ほぼ1	0	y
電子	$\frac{1}{1840}$	−1	z

元素	K殻	元素	K殻	L殻	元素	K殻	L殻	M殻	元素	K殻	L殻	M殻	N殻
$_{1}$H	1	$_{3}$Li	2	1	$_{11}$Na	2	8	1	$_{19}$K	2	8	8	1
		$_{4}$Be	2	2	$_{12}$Mg	2	8	2	$_{20}$Ca	2	8	8	2
		$_{5}$B	2	3	$_{13}$Al	2	8	3					
		$_{6}$C	2	4	$_{14}$Si	2	8	4					
		$_{7}$N	2	5	$_{15}$P	2	8	5					
		$_{8}$O	2	6	$_{16}$S	2	8	6					
		$_{9}$F	2	7	$_{17}$Cl	2	8	7					
$_{2}$He	②	$_{10}$Ne	2	⑧	$_{18}$Ar	2	8	8					

練習問題

問1 原子に関する記述として正しいものを、①～⑤から一つ選べ。

① **電子は正の電気量を持った粒子である。**

② **同じ元素の原子は原子番号が同じで、原子核の中に含まれる陽子の数も中性子の数もすべて同じである。**

③ **一つの原子において、原子核の周りの電子の数は原子番号に等しい。**

④ **原子は直径が10^{-8}m程度、質量は約10^{-24}～10^{-22}gの微粒子である。**

⑤ **原子核中の陽子と中性子の数の和をその原子の原子番号という。**

（ノートルダム清心女子大）

解説

① 電子は負の電荷をもっていましたね（→ p.44）。

② 同位体が存在する場合、陽子の数は同じでも中性子の数が異なることがあります。

③ 陽子と電子のもつ電気量の絶対値が同じであるため、電気的に中性な原子では原子核中に陽子がx個存在すると、その周囲に電子がx個存在します。よって、これが正しいですね。

④ 原子の直径は0.1nm＝0.1×10^{-9}m＝1×10^{-10}m程度です。

⑤ 陽子と中性子の数の和は質量数です。原子番号とは陽子の数です。

解答 ③

問2 次の元素の原子番号を記せ。

① **ネオン**　② **リチウム**　③ **カリウム**　④ **硫黄**　⑤ **マグネシウム**

⑥ **フッ素**　⑦ **アルゴン**　⑧ **カルシウム**

解説 間違えた人はp.48の表をもう一度よく見直して、口ずさんで数え直してください。

解答 ① **10**　② **3**　③ **19**　④ **16**　⑤ **12**　⑥ **9**　⑦ **18**　⑧ **20**

問3 原子は、中心にある[ア]とその周囲を運動する[イ]とから構成されている。[ア]はさらに、電荷を持った[ウ]と電荷を持たない中性子から構成されており、両者の質量はほぼ等しい。

自然界には、①^{35}Clと^{37}Clのように、原子番号が同じで質量数が異なる原子が存在する。これらは互いに[エ]と呼ばれる。それぞれの中性子数は、^{35}Clは[オ]、^{37}Clは[カ]である。

[1] 文章中の[ア]から[カ]に適切な語句または数字を入れなさい。

[2] ①の場合、塩素分子Cl_2には質量の異なる分子が何種類存在するかを答えよ。

（[1] 愛媛大　[2] 防衛大）

解説

[1] 原子は原子核と電子からなり、原子核は陽子と中性子からなります。陽子数が同じ原子は同じ元素に分類されますが、中性子数が異なる場合があります。これを同位体といいましたね（→ p.50）。
塩素の同位体^{35}Cl、^{37}Clの場合は次のようになっています。

	原子番号（＝陽子数）	中性子数（＝質量数−陽子数）
^{35}Cl	17	35−17=18
^{37}Cl	17	37−17=20

[2] Cl_2をCl−Clと書き、^{35}Clと^{37}Clから選んで並べると、$^{35}Cl-^{35}Cl$、$^{35}Cl-^{37}Cl$、$^{37}Cl-^{35}Cl$、$^{37}Cl-^{37}Cl$となります。
ただし、$^{35}Cl-^{37}Cl$と$^{37}Cl-^{35}Cl$は同じ組み合わせの同一の分子で質量も同じです。そこで、塩素分子には$^{35}Cl_2$、$^{35}Cl^{37}Cl$、$^{37}Cl_2$の３種類が存在することになります。

解答 [1] ア 原子核　イ 電子　ウ 陽子　エ 同位体　オ 18　カ 20
[2] 3種類

問4 次の元素の電子配置を【例】にならって書け。

【例】 ヘリウム　:　K殻(2)
① **ホウ素**　② **酸素**　③ **リン**　④ **アルゴン**　⑤ **カルシウム**

解説 間違えた人はp.55～56の図をもう一度よく見直しましょう。

解答 ① **K殻(2) L殻(3)**　② **K殻(2) L殻(6)**
③ **K殻(2) L殻(8) M殻(5)**　④ **K殻(2) L殻(8) M殻(8)**
⑤ **K殻(2) L殻(8) M殻(8) N殻(2)**

問5 陽子を◎、中性子を○、電子を●で表すとき、質量数6のリチウム原子の構造を示す模式図として最も適当なものを、下図の①～⑥のうちから一つ選べ。ただし、破線の円内は原子核とし、その外側にある実線の同心円は内側から順にK殻、L殻を表す。

(センター試験)

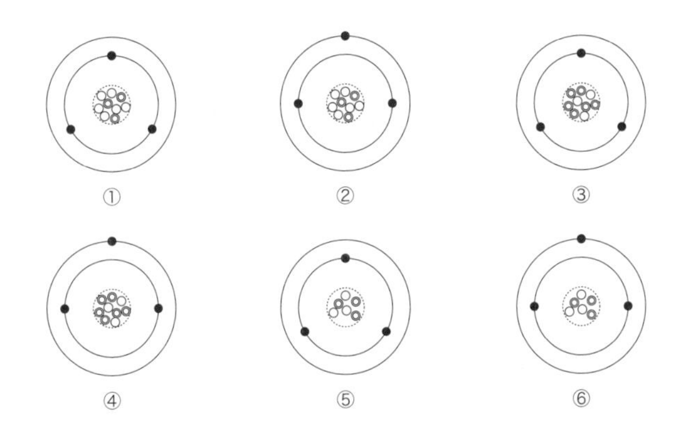

解説 $^{6}_{3}Li$では、陽子数=電子数=3、中性子数=6－3=3。電子配置はK殻(2)、L殻(1)となり、⑥が正しいということがわかります。

解答 ⑥

問6

[1] $^{32}_{16}S$が2価の陰イオンになったときの電子の総数は何個か。次の①〜⑥のうちから一つ選べ。

① 14　② 16　③ 18　④ 30　⑤ 32　⑥ 34

[2] 次の①〜⑤のうちから、最外電子殻の電子の数が異なるものの組合せを一つ選べ。

① BとAl　② HeとNe　③ NとP　④ O^{2-}とF^{-}　⑤ Ca^{2+}とNa^{+}

（センター試験）

[1] $_{16}S$の電子配置

K殻	2
L殻	8
M殻	6
計	16

電子2個 取り込む →

$_{16}S^{2-}$の電子配置

K殻	2
L殻	8
M殻	6+2=8
計	18

よって③が正解。

[2]

①
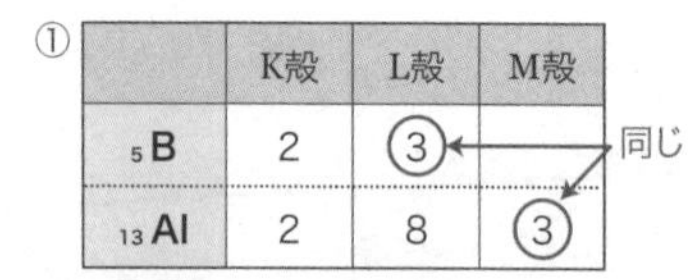

	K殻	L殻	M殻
$_5B$	2	③	
$_{13}Al$	2	8	③

②
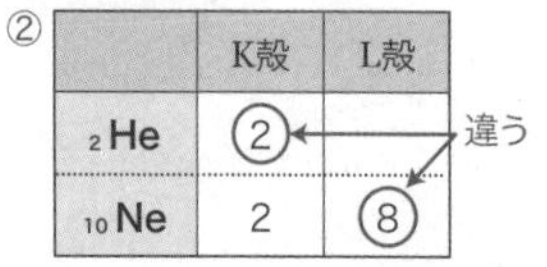

	K殻	L殻
$_2He$	②	
$_{10}Ne$	2	⑧

③

	K殻	L殻	M殻
$_7N$	2	⑤	
$_{15}P$	2	8	⑤

同じ

④
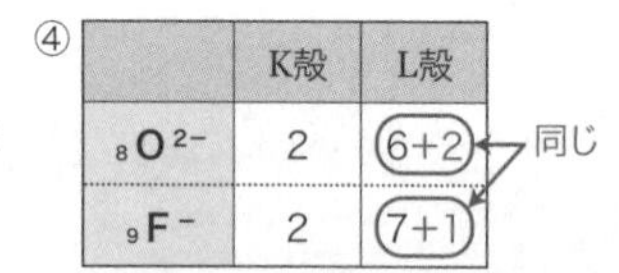

	K殻	L殻
$_8O^{2-}$	2	(6+2)
$_9F^{-}$	2	(7+1)

⑤
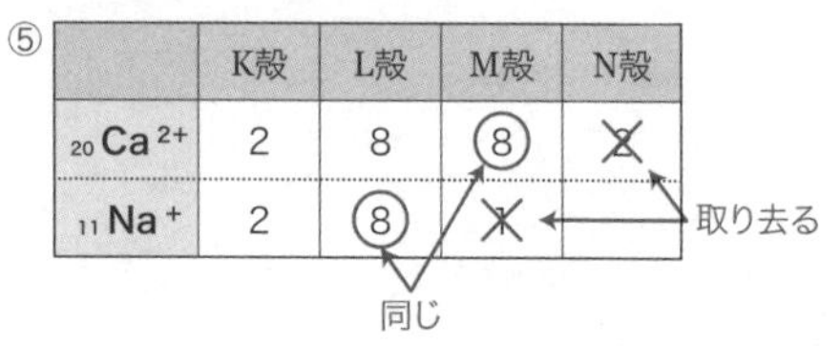

	K殻	L殻	M殻	N殻
$_{20}Ca^{2+}$	2	8	⑧	~~2~~
$_{11}Na^{+}$	2	⑧	~~1~~	

よって②が正解。

解答 [1]③　[2]②

問7　AとBはある元素の同位体である。Aの原子番号はZで、AとBの質量数の和は$2m$、Aの中性子の数はBより$2n$大きい。このとき、Bの電子の数とAの中性子の数をZ、m、nを用いて示せ。

（慶應義塾大〔医〕）

解説　同位体は原子番号が同じなので、電子の数も同じでしたね（→p.50）。原子番号Zなら陽子数がZなので、電子の数はA、BともにZになります。
Aの中性子の数をa、Bの中性子の数をbとすると、それぞれの質量数は次のようになります。

	陽子の数	中性子の数	質量数
$^{Z+a}_{Z}\mathrm{A}$	Z	a	$Z+a$
$^{Z+b}_{Z}\mathrm{B}$	Z	b	$Z+b$

問題の条件より、次の式が成り立ちます。

$$\begin{cases} \underbrace{(Z+a)}_{\text{Aの質量数}} + \underbrace{(Z+b)}_{\text{Bの質量数}} = 2m & \cdots\cdots\text{①} \\ \underbrace{a-b}_{\text{AとBの中性子数の差}} = 2n & \cdots\cdots\text{②} \end{cases}$$

①より　$a+b = 2m-2Z$　…………①′

①′と②の両辺を足し合わせると

$$a+b+(a-b) = 2m-2Z+2n$$
$$2a = 2m-2Z+2n$$

よって、$a = m+n-Z$

解答　**Bの電子の数**　Z
Aの中性子の数　$m+n-Z$

02 Column

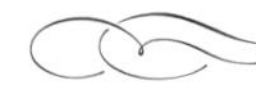

ドルトンの原子説

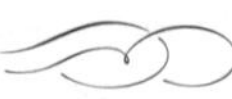

1774年に、フランスの**ラボアジェ**が非常に精密な天秤を用いて発見した**質量保存の法則**は、「反応の前後で物質の質量の総和が変化しない」ことであり、反応で生じる熱が物質ではないことを示した画期的な発見でした。

1799年には、フランスの**プルースト**が「化合物を構成する元素の質量比が製法によらず一定になる」**定比例の法則**（一定組成の法則）を見いだします。たとえば9gの水は誰がつくっても水素1gと酸素8gからできるということです。当時は、化合物と混合物の区別がはっきりついていないので論争になりますが、最終的にこの法則は認められるようになりました。

イギリスの**ドルトン**は、この2つの法則を説明するために次のような**原子説**を提唱します。

❶ **物質は原子というそれ以上分割できない粒子からなる。**

❷ **同じ元素の原子は大きさも質量も性質も同じである。**

❸ **化合物は異なる元素の原子が一定の比率でくっついた複合粒子からなる。**

❹ **化学変化は原子の組み合わせの変化である。**

質量保存の法則はこのアイデアの❷と❹で、定比例の法則も水の複合粒子を**HO**と考え（当時は**H_2O**とは考えられていませんでした）、**H**1個の質量を1としたとき、**O**の質量が8とすれば説明できますね。この1とか8という相対的な質量値を**原子量**と呼び、ドルトンはいくつかの元素の原子量を実際に決めました。

また、ドルトンは自分の原子説が正しいならば、「2種の元素から2種類以上の化合物ができるとき、一方の元素の一定量と反応するもう一方の元素の質量を比べると簡単な整数比になる」**倍数比例の法則**（倍数組成の法則）が成立すると予想します。

たとえば一酸化炭素と二酸化炭素を比べて、一定量の炭素と反応した酸素の質量を比較すると1：2という簡単な整数比になります。これは一酸化炭素の粒子を**CO**、二酸化炭素の粒子を**CO_2**としないと説明できないですよね。この法則がのちに実験的に確かめられ、ドルトンの原子説は徐々に支持を広げていったのでした。

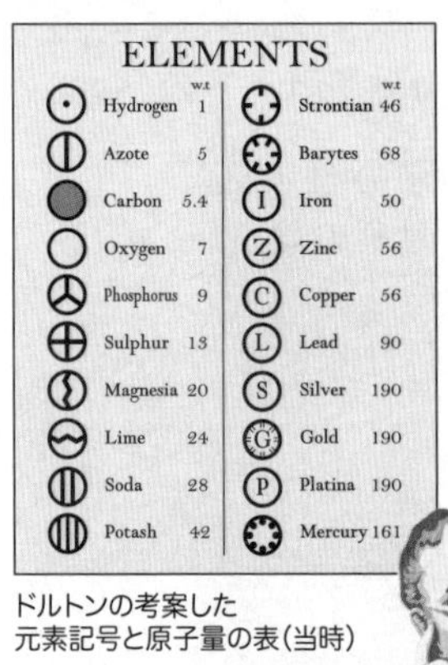

ドルトンの考案した
元素記号と原子量の表（当時）

第3章

電子配置と周期表

第1講

元素の周期表

第2章で電子配置について学びました。この電子のうち主に最外殻電子が原子どうしを結びつける役割をもっており、最外電子殻とその電子数をもとに作成された周期表は化学を学ぶ上でとても大切なものです。

01 最外電子殻と価電子

詳しくは次の第4章で学習しますが、
原子どうしは主に互いの**最外殻電子**を使って**結合**します。
結合に使用される電子を**価電子**(かでんし)といい、
基本的には最外殻電子が価電子となります。

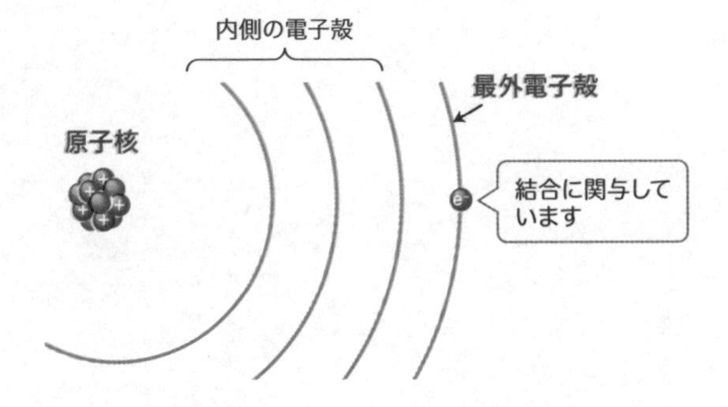

第2章で電子殻について学習しましたね(→p.53)。
さらに細かく説明すると、電子殻は電子が**最大で2個**まで入ることができる部屋のようなものから構成されています。
この本では、これを**副殻**(ふくかく)と呼ぶことにします。
副殻という部屋が集まってできた1階、2階……のような各階が
電子殻に相当すると考えるとよいでしょう。

最外殻電子 … 最も外側の電子殻に配置された電子。
結合 … 2つ以上のものが結びついて1つになること。

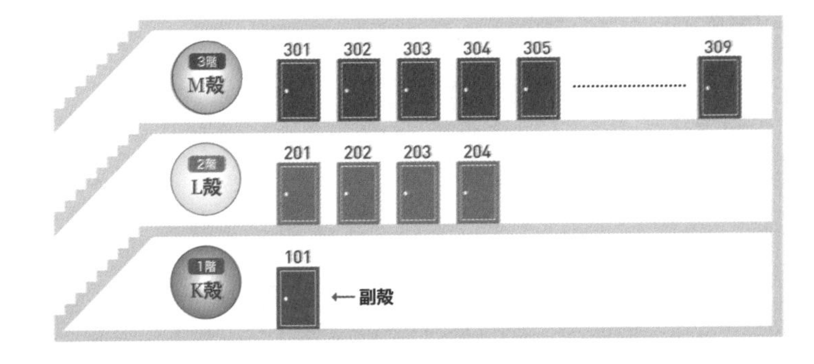

では、副殻を意識しながら最外殻電子を考えていきましょう。
K殻に入ることのできる電子の定員は2個なので、副殻は1つ。
価電子を「•」で表し、元素記号の周囲に書くと、
Hと**He**は次のようになります。

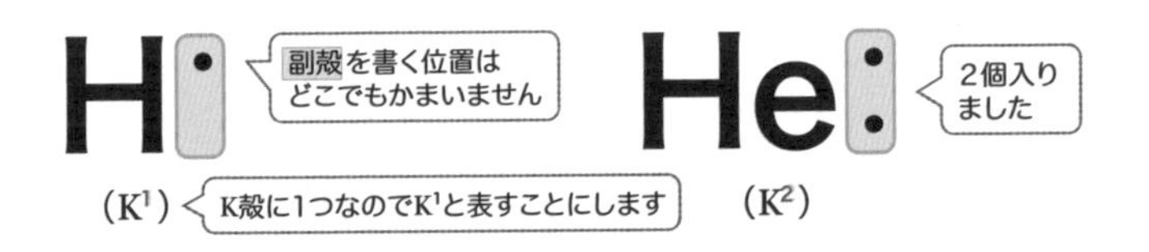

L殻の定員は8個なので副殻は4つあります。
ここに電子は、できるだけ散らばって副殻に入っていきます。

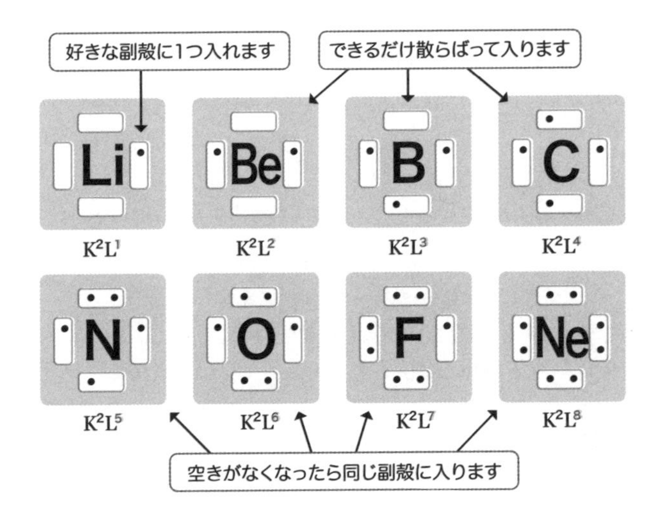

最外電子殻がM殻以降の場合、
その副殻の数は9、16……となるはずですね。
最外殻電子の数は**8より大きくならない**とだけ記憶しておいてほしいと
第2章で話したのを覚えていますか？（→p.57）
なので、**副殻は4つだけ意識すれば十分**です。

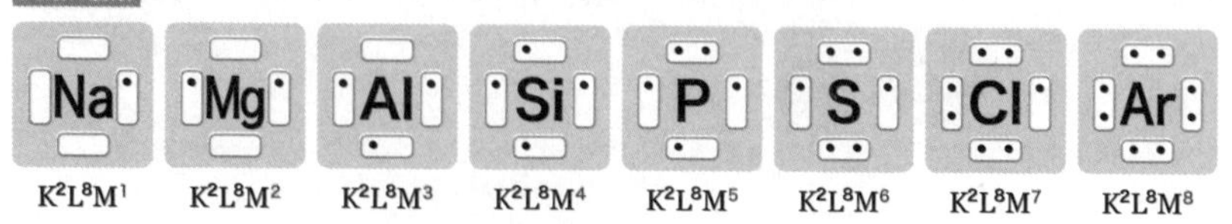

副殻が2個で埋まったときの一組の対になっている電子を**電子対**（でんしつい）、
1個で対になっていない電子を**不対電子**（ふついでんし）といいます。
電子対は2人、不対電子は1人で副殻に暮らしている世帯と考えると
よいかもしれません。

この1人で暮らしている不対電子の数を**原子価**（げんしか）といいます。
原子から手が生えているような図を目にしたことはありますか？
下の図のように、原子価を手のように線で表し、
この手を使って原子どうしが結合すると考えれば、
イメージしやすいでしょう。

電子対 ●● 不対電子 ●	H	C	N	O	F	Ne
不対電子の数 ＝ 原子価	H− 1	−C− 4	−N− 3	−O− 2	F− 1	Ne 0

なお、**He**、**Ne**、**Ar**などは不対電子をもっていません。
電子配置は安定で他の原子と結合しにくい元素なので、
価電子の数、すなわち原子価は0（ゼロ）とします。

次に**H**から**Ca**の価電子の数に注目してみましょう。
見事に周期的に変化していることがわかるでしょうか？

価電子の周期性

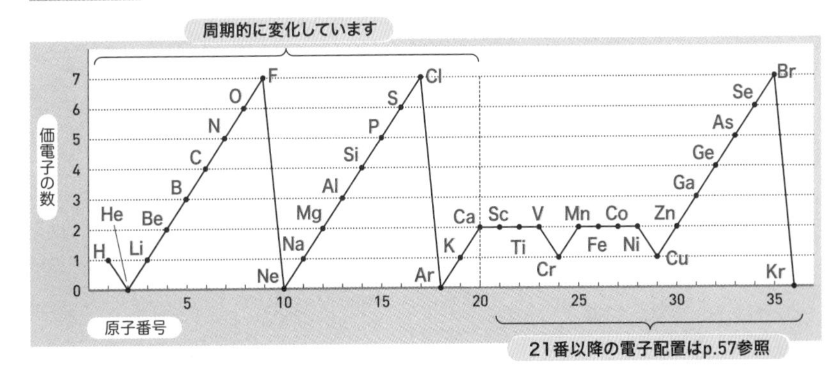

02 元素の周期律と周期表

価電子の数が周期的に変化することは、元素を原子番号の順に並べたときに性質のよく似た元素が周期的に現れることと深い関係があります。
このような元素の性質の周期性を、元素の**周期律**（しゅうきりつ）と呼んでいます。

元素を原子番号順に並べ、性質のよく似た元素が縦に並ぶように配列した表を元素の**周期表**（しゅうきひょう）といいます。
最初に周期律を発見し、周期表を発表した人は、ロシアの化学者メンデレーエフです（→ p.86）。
約60種類の元素を原子量の順に並べることで、元素の周期律に気づいたのです。

最外殻電子の数		1	2	1または2									2	3	4	5	6	7	8 (Heだけ2) 価電子数 0
最外電子殻	周期＼族	1	2	3	4	5	6	7	8	9	10	11	12	13	14	15	16	17	18
K殻	1	1 H																	2 He
L殻	2	3 Li	4 Be											5 B	6 C	7 N	8 O	9 F	10 Ne
M殻	3	11 Na	12 Mg											13 Al	14 Si	15 P	16 S	17 Cl	18 Ar
N殻	4	19 K	20 Ca	21 Sc	22 Ti	23 V	24 Cr	25 Mn	26 Fe	27 Co	28 Ni	29 Cu	30 Zn	31 Ga	32 Ge	33 As	34 Se	35 Br	36 Kr
O殻	5	37 Rb	38 Sr	39 Y	40 Zr	41 Nb	42 Mo	43 Tc	44 Ru	45 Rh	46 Pd	47 Ag	48 Cd	49 In	50 Sn	51 Sb	52 Te	53 I	54 Xe
P殻	6	55 Cs	56 Ba	ランタノイド	72 Hf	73 Ta	74 W	75 Re	76 Os	77 Ir	78 Pt	79 Au	80 Hg	81 Tl	82 Pb	83 Bi	84 Po	85 At	86 Rn
Q殻	7	87 Fr	88 Ra	アクチノイド	104 Rf	105 Db	106 Sg	107 Bh	108 Hs	109 Mt	110 Ds	111 Rg	112 Cn	113 Nh	114 Fl	115 Mc	116 Lv	117 Ts	118 Og

現在の周期表は電子配置を**反映**しています。
周期表の横の行を**周期**といいます。
たとえば、第1周期のHとHeは最外電子殻が同じK殻です。
このように、**同じ周期の元素は最外電子殻が同じ**ものを並べます。

一方、縦の列を**族**といいます。
同じ族の元素を**同族元素**といい、
価電子の数が同じものを並べています。

この「族」に注目してみましょう。
周期表の、1、2、13～18族の元素を**典型元素**といいます。
He以外の典型元素は、最外電子殻の電子数が族番号の一の位と同じで、
原子番号の増加に伴って価電子数が周期的に変化するように配置しています。
前ページの図「価電子の周期性」をもう一度確認してください。
さらに、下の図で示した4つの族の元素はそれぞれ性質が似ているため、
アルカリ金属、**アルカリ土類金属**、**ハロゲン**、**貴ガス**（あるいは**希ガス**）と
特別な名前で呼ばれています。

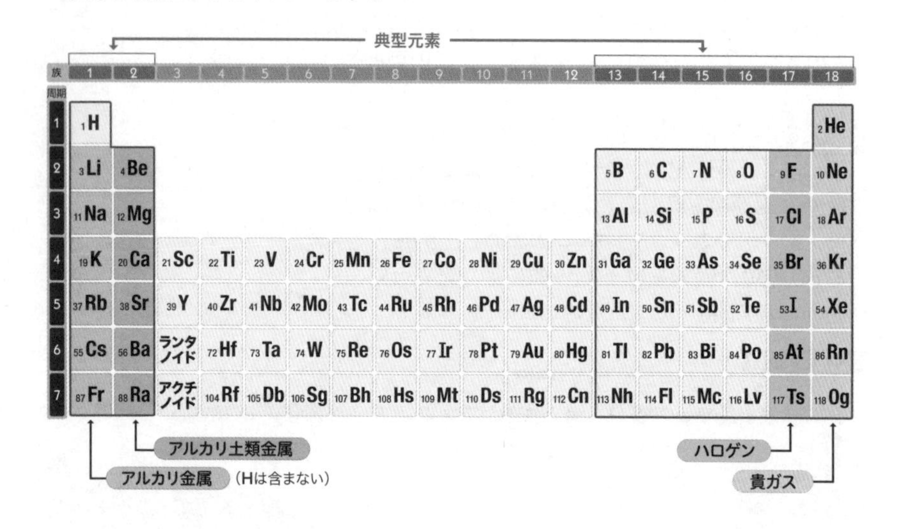

もう少し周期表の話を続けます。
覚えることがたくさん出てきて、頭がクラクラしそうですね。
でも重要なところなので、頑張って一気に読み進めてください。

次に周期表の3～12族に注目してください。

反映 … あるものの性質が影響された別のものに現れること。

これらの元素を**遷移元素**（せんいげんそ）と呼びます。
遷移元素は最外電子殻の電子数が1もしくは2です。
12族以外の遷移元素は最外電子殻以外に
内側の電子殻の電子の一部も価電子として使うことがあり、
多様な化合物をつくります。

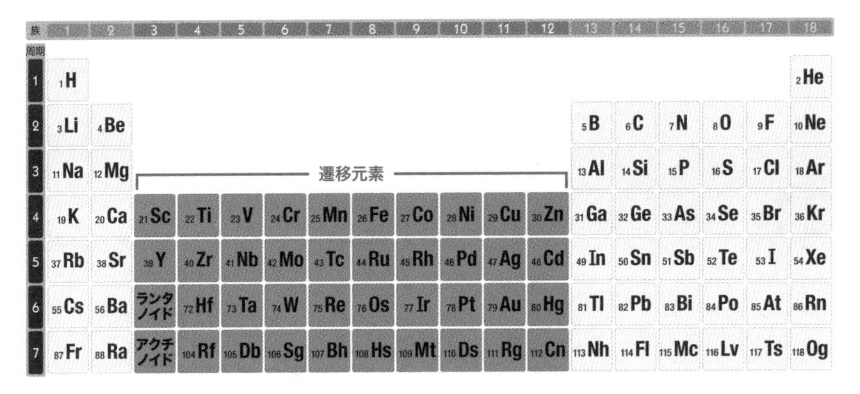

周期＼族	1	2	3	4	5	6	7	8	9	10	11	12	13	14	15	16	17	18
1	1 H																	2 He
2	3 Li	4 Be											5 B	6 C	7 N	8 O	9 F	10 Ne
3	11 Na	12 Mg	遷移元素										13 Al	14 Si	15 P	16 S	17 Cl	18 Ar
4	19 K	20 Ca	21 Sc	22 Ti	23 V	24 Cr	25 Mn	26 Fe	27 Co	28 Ni	29 Cu	30 Zn	31 Ga	32 Ge	33 As	34 Se	35 Br	36 Kr
5	37 Rb	38 Sr	39 Y	40 Zr	41 Nb	42 Mo	43 Tc	44 Ru	45 Rh	46 Pd	47 Ag	48 Cd	49 In	50 Sn	51 Sb	52 Te	53 I	54 Xe
6	55 Cs	56 Ba	ランタノイド	72 Hf	73 Ta	74 W	75 Re	76 Os	77 Ir	78 Pt	79 Au	80 Hg	81 Tl	82 Pb	83 Bi	84 Po	85 At	86 Rn
7	87 Fr	88 Ra	アクチノイド	104 Rf	105 Db	106 Sg	107 Bh	108 Hs	109 Mt	110 Ds	111 Rg	112 Cn	113 Nh	114 Fl	115 Mc	116 Lv	117 Ts	118 Og

さて、第2章では原子番号順に元素を覚えましたが、
周期表を縦（族ごと）に覚えることはもっと大切です。
ゴロ合わせを紹介しますので、次の族は全部覚えてください。

族	1	2	11	12	13	14	15	16	17	18
	推 1 H									変 2 He
	理 3 Li	ベッドに 4 Be			ほう〜 5 B	苦しい 6 C	ち 7 N	オッス 8 O	ふくれて 9 F	ね 10 Ne
	な 11 Na	もぐり 12 Mg			アルミ 13 Al	14 Si	りん 15 P	16 S	17 Cl	歩いて 18 Ar
	く 19 K	彼女 20 Ca	銅 29 Cu	会えん 30 Zn	が 31 Ga	ゲームが 32 Ge	明日は 33 As	船長 34 Se	ブルーな 35 Br	転んだ 36 Kr
	ルビー 37 Rb	すっかり 38 Sr	銀 47 Ag	過度 48 Cd	イン 49 In	すん 50 Sn	アンチ 51 Sb	鉄 52 Te	私は 53 I	キセラドン 54 Xe
	せしめて 55 Cs	バ 56 Ba	金 79 Au	過ぎ 80 Hg	テリ 81 Tl	なりと 82 Pb	ビジネス 83 Bi	砲 84 Po	あとで 85 At	86 Rn
	フランスへ 87 Fr	ラ色 88 Ra	はオリンピックのメダル							

第2講

イオン化エネルギー

周期表を使って、さらに元素の特色を見ていきましょう。第2章で学んだとおり、原子から電子が出たり入ったりして、原子核中の陽子の数と電子の数が異なって電荷をもつ粒子をイオンといいましたね。

01 イオン化エネルギーと電子親和力

原子から最外電子殻の電子を1個完全に奪い去るのに必要な**エネルギー**を**イオン化エネルギー**といいます。
厳密に記述すると、**気体状態の原子がもつ最外殻電子を**
1つだけ完全に奪い去って1価の陽イオンにするのに必要なエネルギーのことで、**第一イオン化エネルギー**と呼ぶこともあります。
(さらに2個目の電子を奪い去るときに必要な最小のエネルギーは、
第二イオン化エネルギーといいます。)

逆に、1価の陽イオンが電子を受け取って原子に戻るときは、
第一イオン化エネルギーと同じ大きさのエネルギーが放出されます。

1価とは、第2章の最後に触れた価数のことで、
原子がイオンになるときに失ったり、受け取ったりした電子の数が1つであるという意味です。
1、2、3と価数が増えるごとに、1価、2価、3価と表現します。
陽イオンは、電子の数が陽子の数より少なくなり、
全体として正の電荷をもつイオンのことでしたね(→ p.58)。

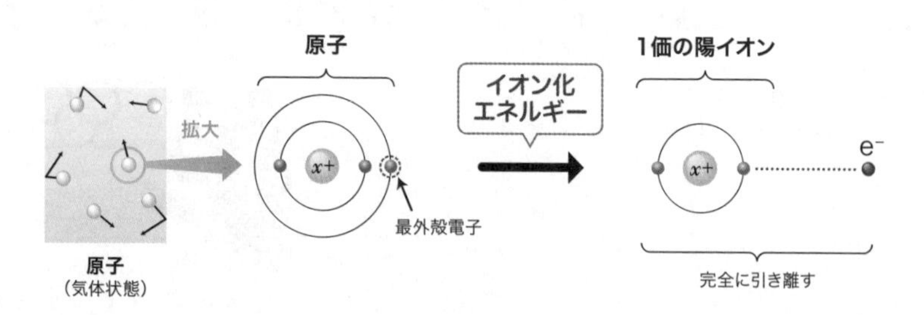

エネルギー … 物理的な**仕事**に換算できる量の総称。単位はJ(ジュール)。なお、$1\mathrm{kJ}=1000\mathrm{J}$。
仕事 … 力に逆らって物体を動かすこと。

イオン化エネルギーが大きい原子は、陽イオンになりにくいと考えてください。
イオン化エネルギーが大きい原子は、
最外殻電子を原子核の方向に強く引きつけているので
原子から電子を奪うのに大きなエネルギーが必要で、
1価の陽イオンにするのが大変なのです。

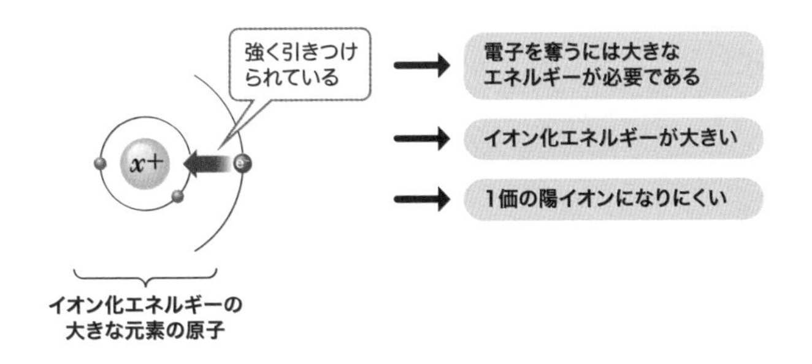

では、原子番号順にイオン化エネルギーを調べてみましょう。
面白いことに、ここでも周期性がみられます。

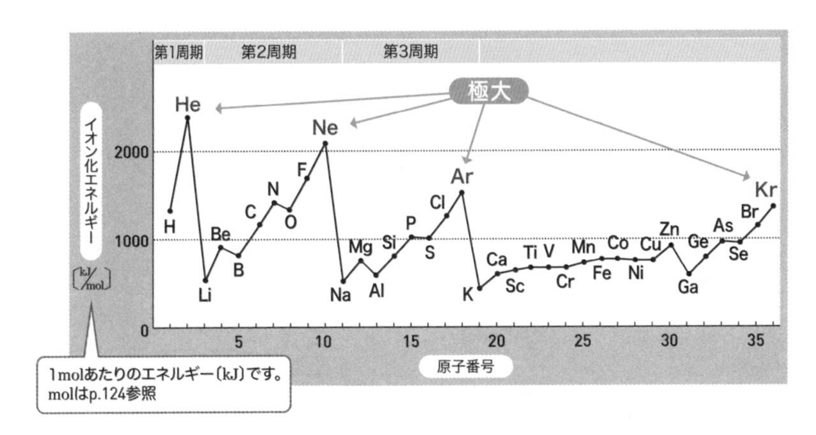

上のグラフから読み取れるように、
18族の元素である貴ガスの値が**極大**(きょくだい)となっています。
貴ガスが特にイオン化エネルギーが大きく、
これらから電子を奪うのが大変だということがよくわかりますね。
貴ガスの電子配置が安定だというのも納得できます。

極大 … ある範囲内で最も大きいこと。

元素の周期表での位置とイオン化エネルギーの大きさの関係は、
同一周期では右側の元素ほど、
同族では上の元素ほど、だいたい大きくなっています。
すなわち、周期表で**右上にある元素ほど大きい**といえます。

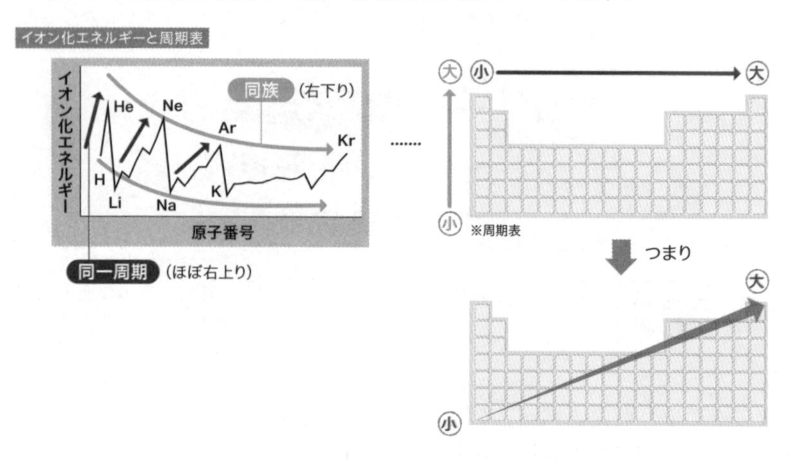

なぜ、右上にある元素ほどイオン化エネルギーが大きくなるのでしょうか？
理由をボーアのモデル（→ p.53）で考えてみましょう。
まず、同一周期では右側の元素ほど原子番号すなわち陽子数が大きく、
原子核が電子を強く引きつけています。
そこで、原子から電子を奪い去るのに大きなエネルギーが必要となるのです。

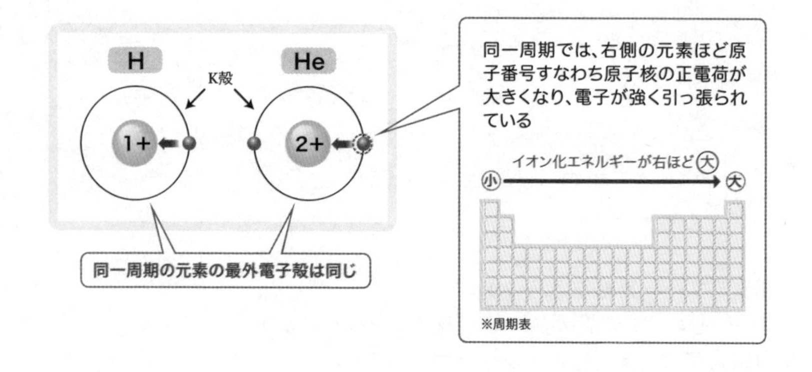

同族では下の元素ほど最外電子殻が原子核から遠く離れ、
最外殻電子に働く引力が弱くなります。

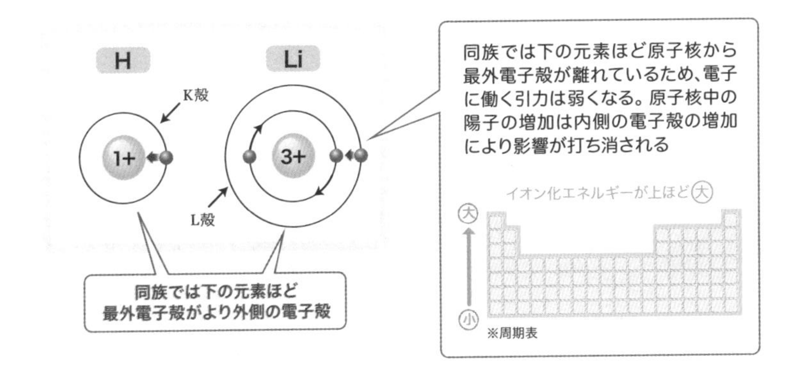

さて、今度は原子に電子を与えてみましょう。
気体状態で原子が最外電子殻に1個の電子を受け取って、1価の陰イオンになるとき**外に放出されるエネルギー**を**電子親和力**（でんししんわりょく）といいます。
このエネルギーは、1価の陰イオンから電子を1個奪い去って原子に戻すのに必要なエネルギーに等しくなります。
原子が電子をもらったときの喜びの大きさと、
もらったのにまた取られるときの抵抗の大きさは、
エネルギーの大きさという点では同じということです。

電子親和力

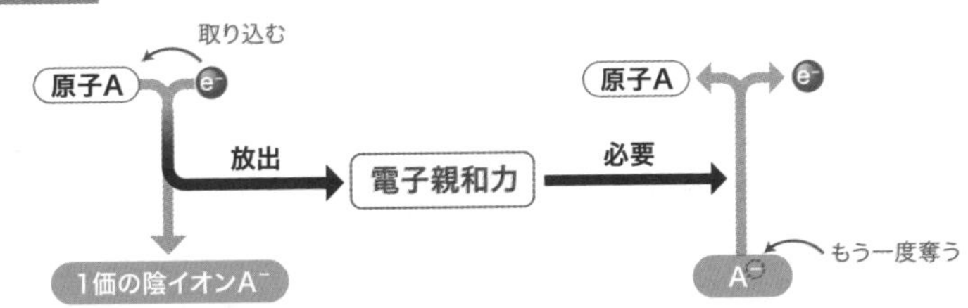

一般に**電子親和力が大きな原子ほど電子を取り込みやすく、**
1価の陰イオンになりやすいといえます。

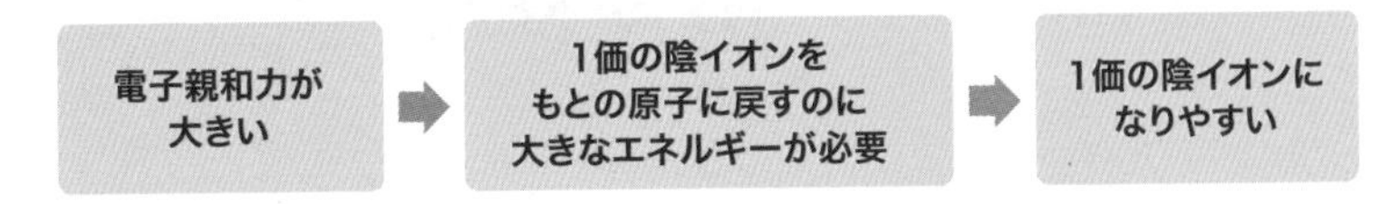

なお、電子親和力は測定が難しい上に、
イオン化エネルギーほどはっきりとした周期性はありません。

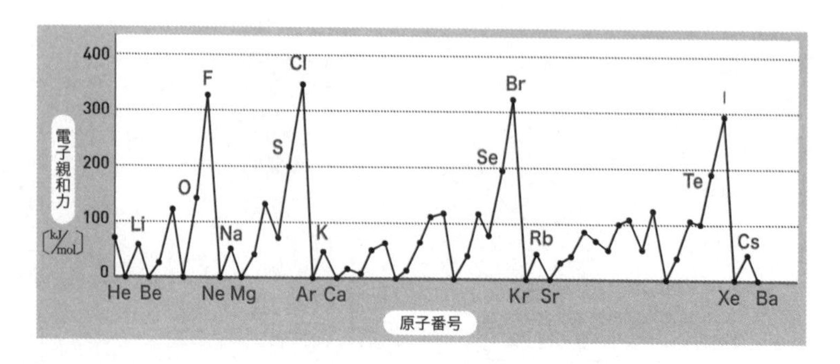

17族の元素であるハロゲンは特に電子親和力が大きく、
1価の陰イオンになりやすいとだけ知っておいてください。
p.75で見たように、貴ガスはイオン化エネルギーが同一周期で最大で
陽イオンになりにくかったですよね。
また、一般に**18族の元素である貴ガスの電子配置は安定である**という
特徴がありました。
これらのことから、ハロゲンの電子親和力が同一周期で最大となるのは、
ハロゲンが1価の陰イオンになると貴ガスと同じ安定な電子配置となり、
電子を奪われにくいためだと考えてください。

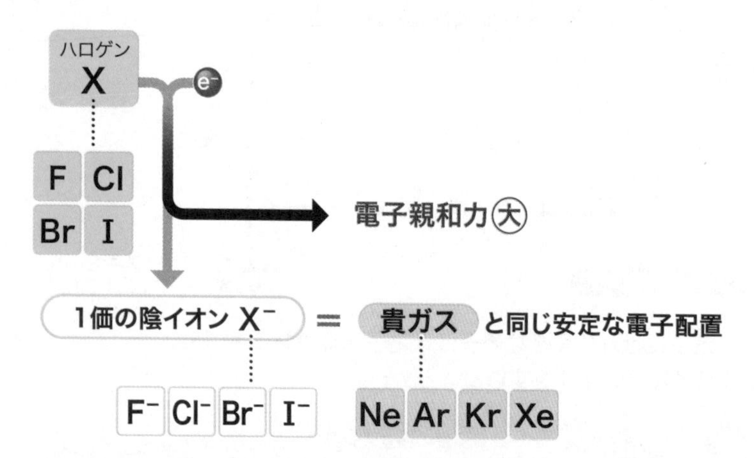

02 陽性元素と陰性元素

原子核に電子を引きつける力が弱いために電子を奪われやすく
正電荷を**帯びやすい**元素を、**陽性元素**(ようせいげんそ)といいます。
周期表の左下の**イオン化エネルギーが小さい元素ほど陽性が強い元素**です。

また逆に、原子核に電子を引きつける力が強いために電子を取り込みやすく
負電荷を帯びやすい元素を、**陰性元素**(いんせいげんそ)といいます。
原子核に電子を引きつける力が強いので、電子を奪われにくいという
特徴もあります。
電子配置が安定していて電子の出入りがほとんどない貴ガスを除けば、
周期表の右上の元素ほど陰性の強い元素となります。

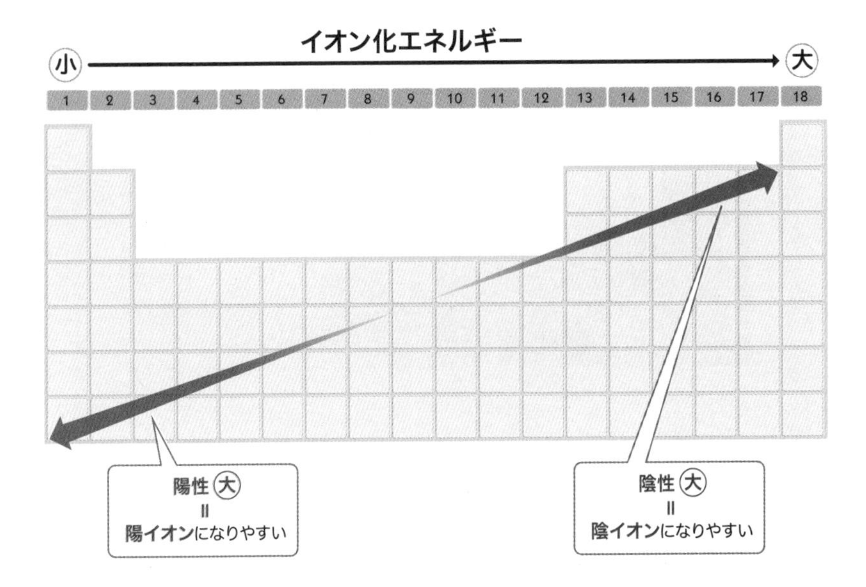

帯びる … ある性質や要素をもつ。また身につける。

第3章のまとめ

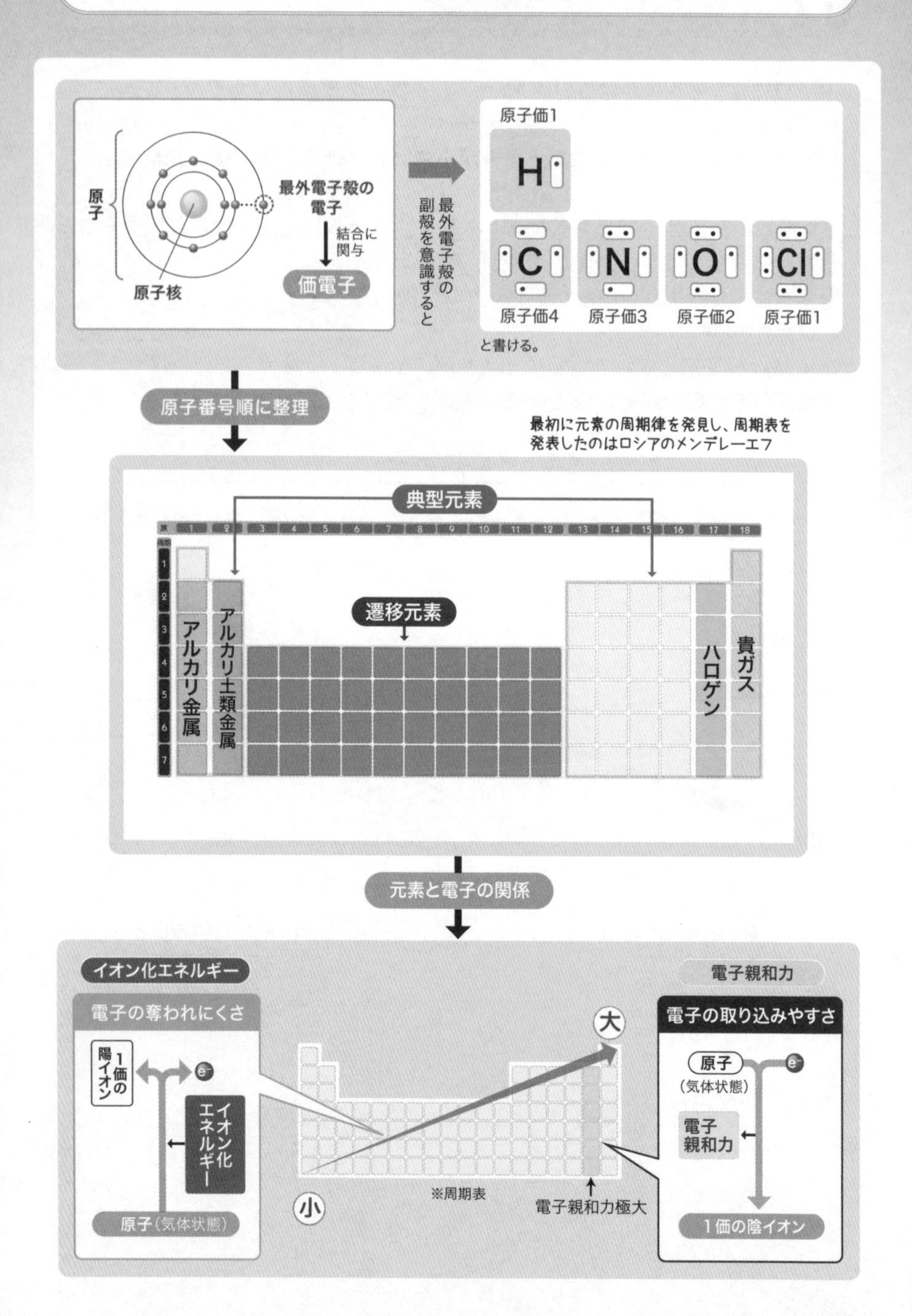

原子
最外電子殻の電子
結合に関与
価電子
原子核
最外電子殻の副殻を意識すると
原子価1
H
C
N
O
Cl
原子価4
原子価3
原子価2
原子価1
と書ける。
原子番号順に整理
最初に元素の周期律を発見し、周期表を発表したのはロシアのメンデレーエフ
典型元素
遷移元素
アルカリ金属
アルカリ土類金属
ハロゲン
貴ガス
元素と電子の関係
イオン化エネルギー
電子の奪われにくさ
1価の陽イオン
イオン化エネルギー
原子(気体状態)
大
小
※周期表
電子親和力極大
電子親和力
電子の取り込みやすさ
原子
(気体状態)
電子親和力
1価の陰イオン

練習問題

問1　窒素原子と等しい数の価電子を持つ原子として適当なものを、次の①～⑤のうちから一つ選べ。
① **硫黄**　② **リン**　③ **マグネシウム**　④ **フッ素**　⑤ **酸素**

（神戸女子大）

解説

最外電子殻の電子が価電子でしたね（→ p.68）。

	K殻	L殻	M殻
① $_{16}$**S**	2	8	6
② $_{15}$**P**	2	8	5
③ $_{12}$**Mg**	2	8	2
④ $_{9}$**F**	2	7	
⑤ $_{8}$**O**	2	6	
$_{7}$**N**	2	5	

よって、$_{7}$**N**と$_{15}$**P**が価電子の数が5で共通です。
窒素とリンがともに15族の元素であることを記憶していれば、すぐわかる問題ですね。

解答　②

問2　周期表で次の空欄に入る元素の元素記号と元素名を記せ。

$_{1}$H																	$_{2}$He
①	$_{4}$Be											$_{5}$B	②	$_{7}$N	$_{8}$O	$_{9}$F	$_{10}$Ne
③	④											⑤	$_{14}$Si	⑥	⑦	⑧	⑨
⑩	⑪	$_{21}$Sc	$_{22}$Ti	$_{23}$V	$_{24}$Cr	$_{25}$Mn	$_{26}$Fe	$_{27}$Co	$_{28}$Ni	⑫	⑬	$_{31}$Ga	$_{32}$Ge	$_{33}$As	$_{34}$Se	⑭	⑮
$_{37}$Rb	$_{38}$Sr	$_{39}$Y	$_{40}$Zr	$_{41}$Nb	$_{42}$Mo	$_{43}$Tc	$_{44}$Ru	$_{45}$Rh	$_{46}$Pd	⑯	$_{48}$Cd	$_{49}$In	$_{50}$Sn	$_{51}$Sb	$_{52}$Te	$_{53}$I	$_{54}$Xe
⑰	⑱	ランタノイド	$_{72}$Hf	$_{73}$Ta	$_{74}$W	$_{75}$Re	$_{76}$Os	$_{77}$Ir	$_{78}$Pt	⑲	$_{80}$Hg	$_{81}$Tl	$_{82}$Pb	$_{83}$Bi	$_{84}$Po	$_{85}$At	$_{86}$Rn
$_{87}$Fr	$_{88}$Ra	アクチノイド	$_{104}$Rf	$_{105}$Db	$_{106}$Sg	$_{107}$Bh	$_{108}$Hs	$_{109}$Mt	$_{110}$Ds	$_{111}$Rg	$_{112}$Cn	$_{113}$Nh	$_{114}$Fl	$_{115}$Mc	$_{116}$Lv	$_{117}$Ts	$_{118}$Og

解答 ① Li リチウム　② C 炭素　③ Na ナトリウム　④ Mg マグネシウム
⑤ Al アルミニウム　⑥ P リン　⑦ S 硫黄　⑧ Cl 塩素
⑨ Ar アルゴン　⑩ K カリウム　⑪ Ca カルシウム　⑫ Cu 銅
⑬ Zn 亜鉛　⑭ Br 臭素　⑮ Kr クリプトン　⑯ Ag 銀
⑰ Cs セシウム　⑱ Ba バリウム　⑲ Au 金

問3　周期表は、ロシアの科学者［①］によって初めて作られた。当時知られていた約60種の元素を［②］の順に並べ、酸素や塩素と結合してできる物質の組成などの性質が周期的に変化する法則、すなわち［③］を見いだし、性質が似た元素が同じ列にくるように配列した周期表を作った。現在の周期表では、元素を［④］の順に配列している。元素は、周期表の第［⑤］周期以降に現れる3～［⑥］族の［⑦］元素と、残りの［⑧］元素に分類することができる。ヘリウムを除く［⑧］元素では、［④］の増加とともに、［⑨］の数が周期的に変化するが、その数は［⑩］番号の一位の数と一致している。
文章中の［　］に、適切な語句または数字を入れよ。

（滋賀医科大）

メンデレーエフによってつくられた周期表は、原子量の順に元素を並べたものですが、現在の周期表は原子番号順に元素を並べています（→ p.71）。
3～12族の遷移元素は第4周期から現れるので⑤は4となります。典型元素でヘリウムを除いて族番号の一位の数と一致していることから、⑨は価電子ではなく最外殻電子とします。
メンデレーエフについて、詳しくはp.86のコラムを読んでくださいね。

解答 ① メンデレーエフ　② 原子量　③ 周期律　④ 原子番号　⑤ 4　⑥ 12
⑦ 遷移　⑧ 典型　⑨ 最外殻電子　⑩ 族

問4

[1] 価電子の数は、アルカリ金属で(ア)個、ハロゲンで(イ)個、貴ガスで(ウ)個である。

(ア)、(イ)、(ウ)の組合せで正しいのは［ 1 ］である。
［ 1 ］の解答群

	(ア)	(イ)	(ウ)		(ア)	(イ)	(ウ)
①	1	7	0	④	2	7	0
②	1	7	8	⑤	2	7	8
③	1	2	8	⑥	7	1	0

[2] 遷移元素についての記述で正しいのは［ 2 ］である。

［ 2 ］の解答群
① 金属元素も非金属元素もある
② 周期表で隣り合う元素どうしは性質が似ている
③ 単体は密度が小さく、融点の低いものが多い
④ 価電子の数は族番号の1の位の値と一致する
⑤ 最外殻電子の数は原子番号とともに規則的に変わる

（日本大）

[1] 典型元素では最外電子殻の電子が価電子です。
1族のアルカリ金属では1個、17族（ハロゲン）では7個となります。
ただし18族（貴ガス）は他の原子と結合しにくいため、価電子数は0とします。
よって①が正解ですね。

[2] 遷移元素は最外殻電子の数が1または2であり、周期表で隣り合った元素の性質が似ています。よって②が正解です。
第4章で学ぶことになりますが、遷移元素の単体はすべて金属で、12族を除くと非常に融点が高く密度が大きいものが多いんです。
3～11族の遷移元素は、内側の電子殻の電子も価電子になりうるので、多様な化合物をつくります。

解答 [1]①　[2]②

問5 ⑴ 図1は元素の性質［A］を原子番号順に示している。［A］は何を表しているか記せ。

⑵ 次の語句を説明せよ。
ⓐ **イオン化エネルギー** ⓑ **電子親和力**

⑶ 図2は原子のイオン化エネルギー（第一イオン化エネルギー）を原子番号順に示している。この図から見いだされるイオン化エネルギーの規則性について述べよ。

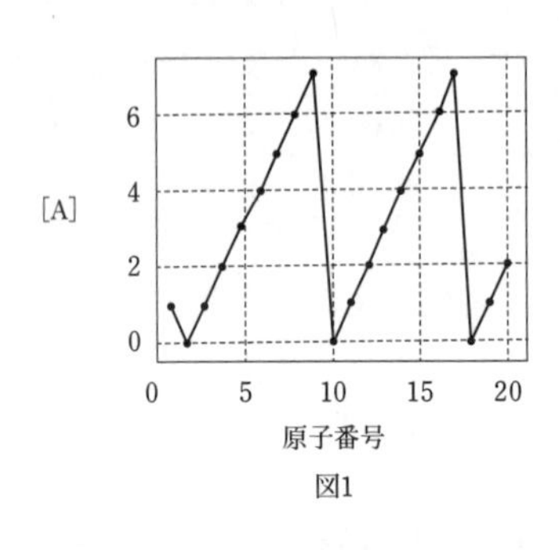

図1

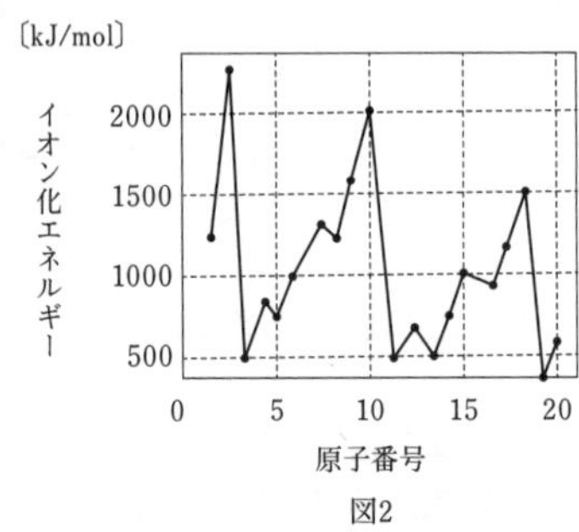

図2

（防衛医科大）

⑴ 貴ガスのときに0になっているので価電子の数です。
⑵ ともに気体状態の原子が基準となることを忘れないように（→ p.74）。
⑶ 大学入試では、イオン化エネルギーのグラフの細かいジグザグまで解答で説明しなくてかまいません。

解答 ⑴ **価電子数**
⑵ ⓐ**気体状の原子から電子を1つ取って1価の陽イオンにするのに必要なエネルギー**
ⓑ**気体状の原子に電子を1つ与えて1価の陰イオンとしたときに放出されるエネルギー**
⑶ **おおむね同一周期では、原子番号が大きいほど大きくなり、同族では原子番号が大きいほど小さくなる。**

問6　イオンに関する記述として**誤りを含むもの**を、次の①〜⑤のうちから一つ選べ。

① 原子がイオンになるとき放出したり受け取ったりする電子の数を、イオンの価数という。

② 原子から電子を取り去って、1価の陽イオンにするのに必要なエネルギーを、イオン化エネルギー（第一イオン化エネルギー）という。

③ イオン化エネルギー（第一イオン化エネルギー）の小さい原子ほど陽イオンになりやすい。

④ 原子が電子を受け取って、1価の陰イオンになるときに放出するエネルギーを、電子親和力という。

⑤ 電子親和力の小さい原子ほど陰イオンになりやすい。

（センター試験）

① 原子が n 個の電子を失ったものが X^{n+} のような n 価の陽イオン、m 個の電子を取り込むと Y^{m-} のような m 価の陰イオンです。n や m をイオンの価数といいましたね（→ p.59）。

② イオン化エネルギーの定義です。

③ イオン化エネルギーが小さいものは電子を奪うのに必要なエネルギーが小さいので、陽イオンになりやすかったですね（→ p.75）。

④ 電子親和力の定義です。

⑤ 電子親和力の大きな原子ほど電子を取り込みやすく、陰イオンになりやすかったですね（→ p.77）。よって、誤りだとわかります。

解答　⑤

03 Column

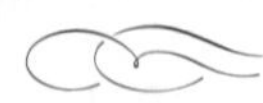

メンデレーエフによる周期律の発見

ロシアの化学者**メンデレーエフ**は、1869年に当時知られていた約60種類の元素を原子量の順に並べると、酸素との化合物や塩素との化合物の組成といった性質が周期的に変化することを見つけました。**周期律の発見**です。

彼は、さらに周期律に注目して元素を分類した表を作成します。いくつか空欄となる部分ができたのですが、そこには未発見の元素が入ると考え、表の前後から性質まで予測したのです。

H=1			
	Be=9.4	Mg=24	
	B=11	Al=27	エカアルミニウム=68
	C=12	Si=28	エカケイ素=72
	N=14	P=31	As=75
	O=16	S=32	Se=78
	F=19	Cl=35.5	Br=80
Li=7	Na=23	K=39	Rb=85.4
		Ca=40	Sr=87.6

メンデレーエフの周期表の一部（数値は原子量）

D.I.Mendeleev
(1834-1907)

たとえば、現在のゲルマニウム（元素記号 Ge）は当時まだ発見されていませんでしたが、メンデレーエフはケイ素の下に位置する未発見の元素をエカケイ素※とし、性質を予想しました。

	原子量	原子価
エカケイ素	72	4

1886年に発見された新元素であるゲルマニウムの性質は、このエカケイ素と見事に一致したのです。

	原子量	原子価
ゲルマニウム	72.63	4

他にもメンデレーエフが予想したエカアルミニウムという元素は、1875年に発見されたガリウムに性質が驚くほど一致しました。まるで予言書ですね。周期律の支持者が増えたのも納得いくでしょう。

ただ、メンデレーエフが周期表をつくった時代は電子も陽子も同位体も発見されていませんから、現在のものと大きく異なります。現在の周期表は原子番号順であり、原子量の順には並んでいません。

※"エカ"とはサンスクリット語で"1"を指し、ケイ素の1つ下にくる元素という意味

第4章

化学結合

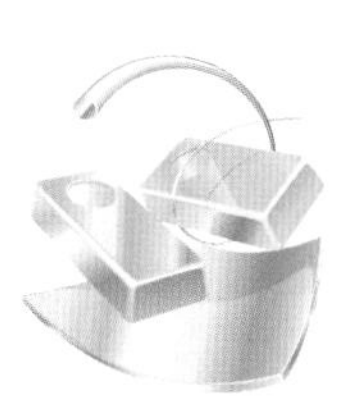

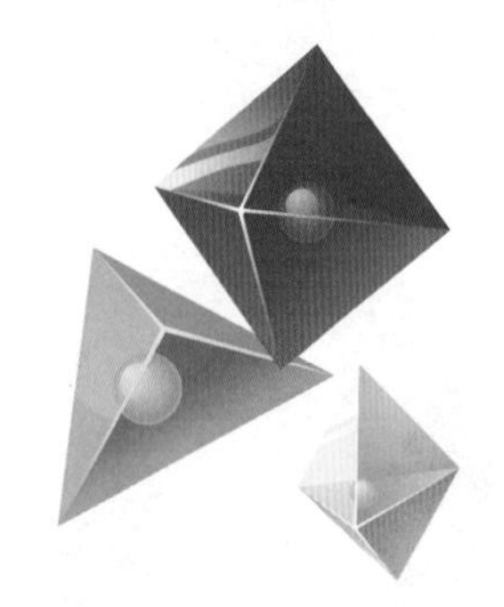

第1講

電気陰性度と極性

物質は原子の集合体でしたね。では、原子はどのように結びついて物質をつくっているのでしょうか？物質を形づくる化学結合について、これまでの章の知識を総動員して一緒に考えていきましょう。

01 化学結合と電気陰性度

この世界に存在する物質をおおまかに分類すると、
分子と呼ばれる原子の集団、陽・陰両イオンの集合体、金属の
3種類になります。
それらを形づくるのが**化学結合**です。

最初に、副殻に不対電子をもつ原子どうしが接近し、
副殻を重ね合わせて2原子間でこれを共有したとしましょう。
重なった副殻には2個の電子が存在します。
これを**共有電子対**（きょうゆうでんしつい）と呼び
2つの原子の原子核を静電気的な引力で結びつける役割をしてくれます。
これが化学結合の基本です。

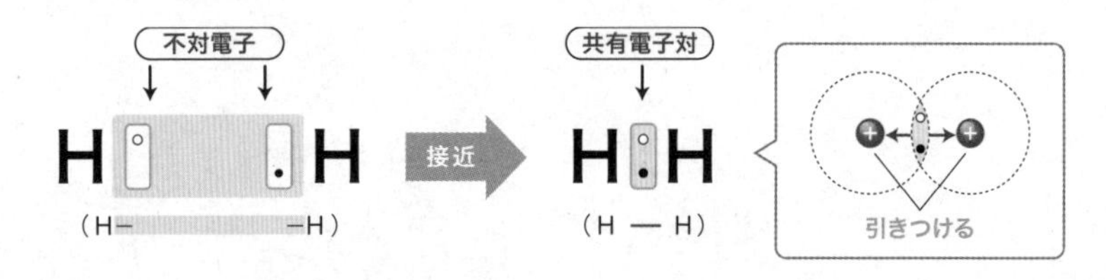

元素が異なると共有電子対を引きつける力は異なります。
ある元素の原子が共有電子対を引きつける強さを表した**指標**（しひょう）を
電気陰性度（でんきいんせいど）といいます。

Reading Hints
指標 … 物事を判断するときの目じるし。

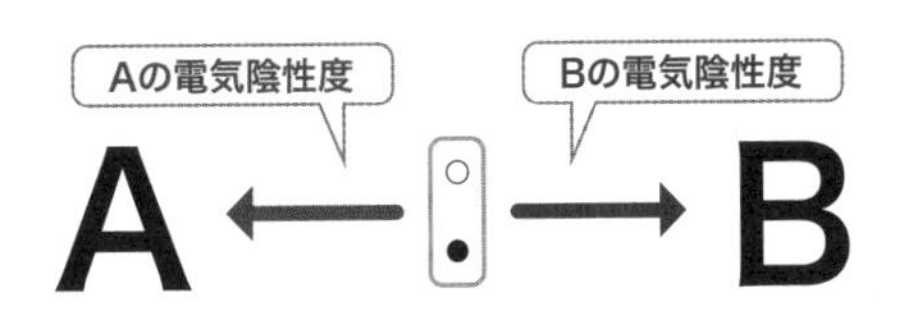

電気陰性度はいろいろな決め方がありますが、数値のあつかいやすさから
アメリカの化学者ポーリングの定義によるものがよく用いられます。

下の図を見てください。
周期表上で**数値が大きい右上の元素ほど共有電子対を強く引きつけ、**
自らは負電荷を帯びやすい陰性の強い元素となります。
なお、他の原子と結合しにくい18族の貴ガスは除いています。

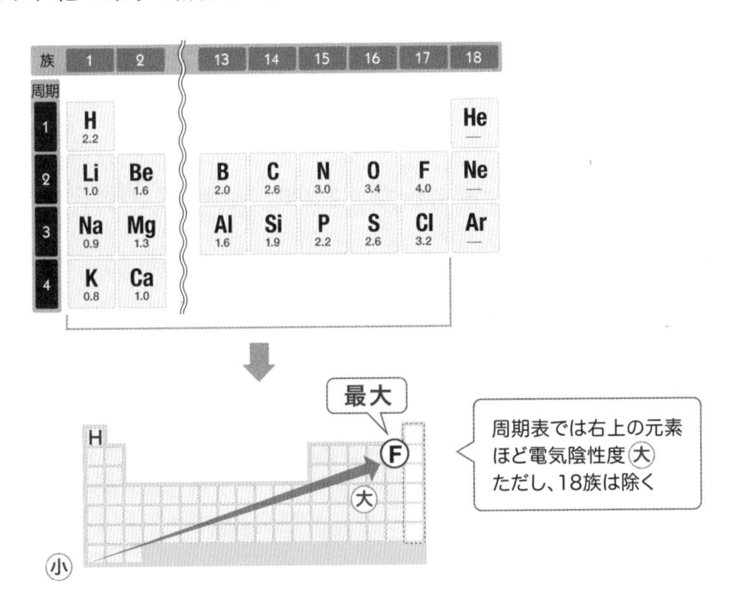

第3章で学んだように、
電子配置が安定であり他の原子とは結合しにくい貴ガスは、
電気陰性度の値を定めないのです。
注意してください。

02 分子と共有結合

電気陰性度の大きな元素は、一般に単体が分子として存在していて、
非金属元素(ひきんぞくげんそ)と呼ばれています。
単体が金属としての性質をもたない元素だからですね。
周期表では次の場所に位置している元素です。

周期＼族	1	2	3	4	5	6	7	8	9	10	11	12	13	14	15	16	17	18
1	1 H																	2 He
2	3 Li	4 Be											5 B	6 C	7 N	8 O	9 F	10 Ne
3	11 Na	12 Mg											13 Al	14 Si	15 P	16 S	17 Cl	18 Ar
4	19 K	20 Ca	21 Sc	22 Ti	23 V	24 Cr	25 Mn	26 Fe	27 Co	28 Ni	29 Cu	30 Zn	31 Ga	32 Ge	33 As	34 Se	35 Br	36 Kr
5	37 Rb	38 Sr	39 Y	40 Zr	41 Nb	42 Mo	43 Tc	44 Ru	45 Rh	46 Pd	47 Ag	48 Cd	49 In	50 Sn	51 Sb	52 Te	53 I	54 Xe
6	55 Cs	56 Ba	ランタノイド	72 Hf	73 Ta	74 W	75 Re	76 Os	77 Ir	78 Pt	79 Au	80 Hg	81 Tl	82 Pb	83 Bi	84 Po	85 At	86 Rn
7	87 Fr	88 Ra	アクチノイド	104 Rf	105 Db	106 Sg	107 Bh	108 Hs	109 Mt	110 Ds	111 Rg	112 Cn	113 Nh	114 Fl	115 Mc	116 Lv	117 Ts	118 Og

（網掛け）＝非金属元素

※104Rf以降の元素は超アクチノイド元素などと呼ばれ、詳しい性質はわかっていない

非金属元素の原子どうしが共有電子対で結びつく場合、
共有電子対は互いが強く引きつけるため、
2つの原子核の間に**束縛**(そくばく)されています。
このような化学結合を**共有結合**(きょうゆうけつごう)といいます。
第1章で、いくつかの原子からなる複合的な粒子が分子だと学びましたね。
分子とは、このような共有結合でつながった原子たちの**ユニット**を指します。
ただし、貴ガスの単体だけは原子1つで存在しているので、
単原子分子(たんげんしぶんし)で単体は存在していると表現します。

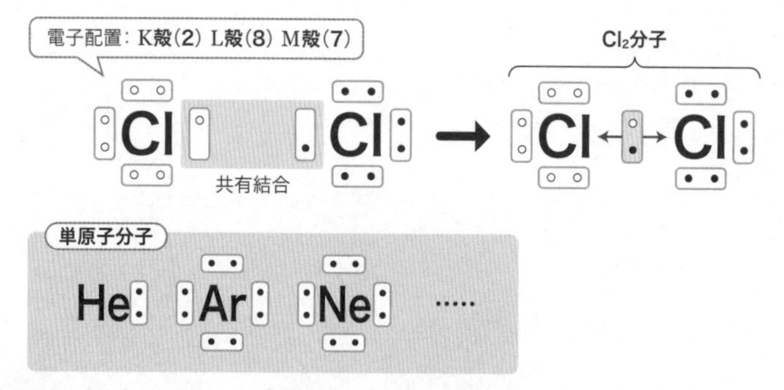

束縛 … しばりつけて身動きをとれなくすること。
ユニット … 単位。1つの集団をつくるまとまりのこと。

分子は共有電子対以外に、**非共有電子対**をもつことがあります。
これは分子内で2つの原子に共有されていない電子対で、
水 H_2O を例にとると、次の ●● のことです。

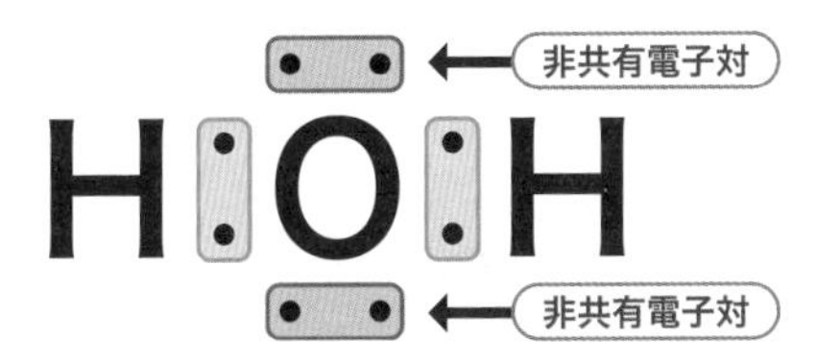

また、共有電子対を価標と呼ばれる線―で表した化学式を**構造式**、
最外電子殻の共有電子対や非共有電子対を点で表した化学式を**電子式**といい、
分子を構成する原子どうしのつながりを表すときに用います。
水素 H_2、メタン CH_4、アンモニア NH_3、水 H_2O の構造式と電子式は、
次のようになります。

成り立ち	構造式	電子式
H· —(·H)→ H:H	H−H（価標）	H:H
·C· （4個の不対電子） —(·H ×4)→ H:C:H（上下にH）	H−C−H（上下にH）	H:C:H（上下にH）
·N· （非共有電子対1組） —(·H ×3)→ H:N:H（下にH）（非共有電子対）	H−N−H（下にH）	H:N:H（下にH）
·O· （非共有電子対2組） —(·H ×2)→ H:O:H（非共有電子対）	H−O−H	H:O:H

H−　−C−　−N−　−O−
と考えるとわかるね

最外殻電子を全部・で表します

では、酸素O_2、窒素N_2、二酸化炭素CO_2の構造式を考えてみましょう。
これらの分子は、2原子間で2組ないし3組の電子対を共有しています。
1組の電子対を共有した結合を**単結合**(たんけつごう)というのに対し、
これらは**二重結合**(にじゅうけつごう)や**三重結合**(さんじゅうけつごう)といいます。

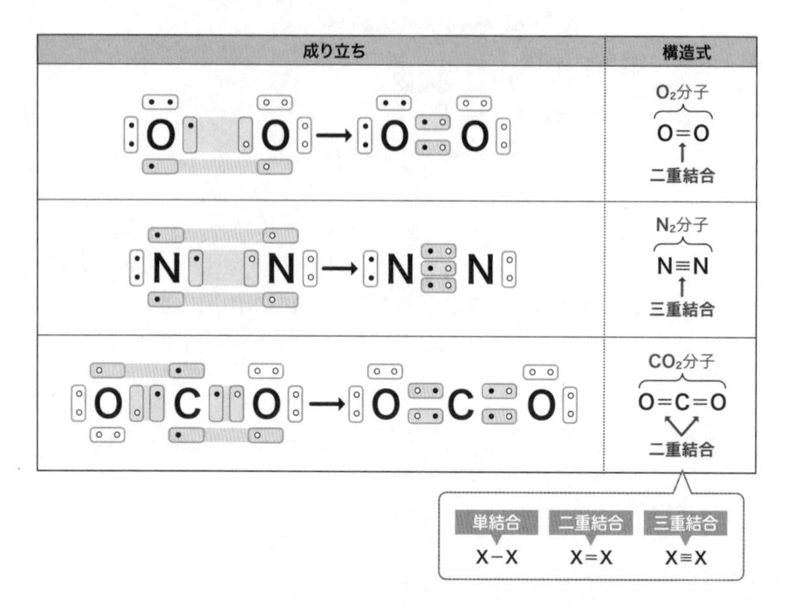

さらに、たくさんの原子がどんどん共有結合でつながった巨大な分子もあります。
中でも、原子が規則正しく配列してできた巨大分子を**共有結合の結晶**といいます。
ダイヤモンド、**黒鉛**、**ケイ素の単体**、**二酸化ケイ素**など
14族の炭素、ケイ素の単体や化合物が有名です。

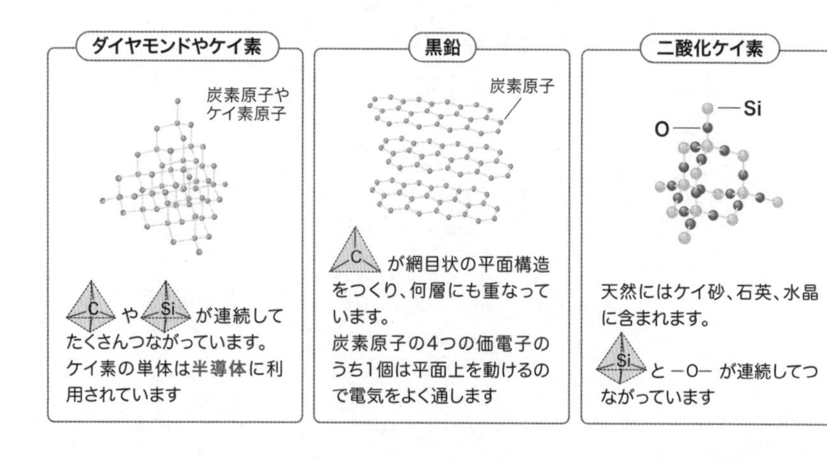

半導体 … 電気をよく通す電気伝導体と、通しにくい絶縁体の中間的な性質をもつ物質。

これらは分子内の原子数があまりにも多く、
分子を構成する原子の総数もいつも同じとは限らないため、
分子式で表しにくいですね。
そこで、化学式で表す場合には工夫が必要です。
一般に、**物質の構成元素を最も簡単な整数比で表した化学式**を**組成式**(そせいしき)といい、
共有結合の結晶は、この組成式で表します。

巨大分子の組成式

	ダイヤモンドや黒鉛	ケイ素	二酸化ケイ素
分子1つは？	Cすごい数	Siすごい数	(SiO_2)すごい数
組成式（最小組成）	C	Si	SiO_2

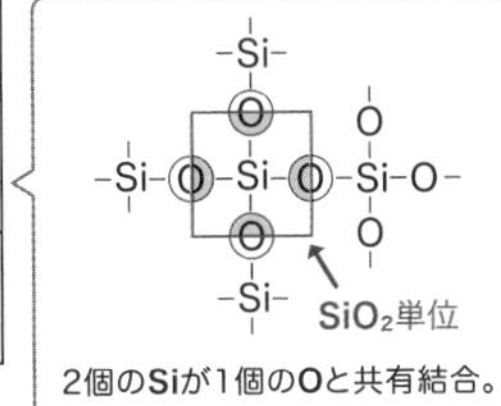

2個のSiが1個のOと共有結合。よってSi1個に対して$\frac{1}{2}$個のOが4つ。Si：O＝1：$\frac{1}{2}$×4＝1：2が最小組成

他にも巨大な分子として、
主に石油を原料にして人工的につくった
合成高分子化合物(ごうせいこうぶんしかごうぶつ)（**合成高分子**）を紹介しましょう。
普段、プラスチックとか合成樹脂(ごうせいじゅし)などと呼んでいるものですね。
エチレンC_2H_4のような小さな分子がもっている
二重結合の１つを切断すると、
次々と**分子間で共有結合させて合成高分子をつくることができる**のです。
このような分子のつなぎ方を**付加重合**(ふかじゅうごう)といいます。

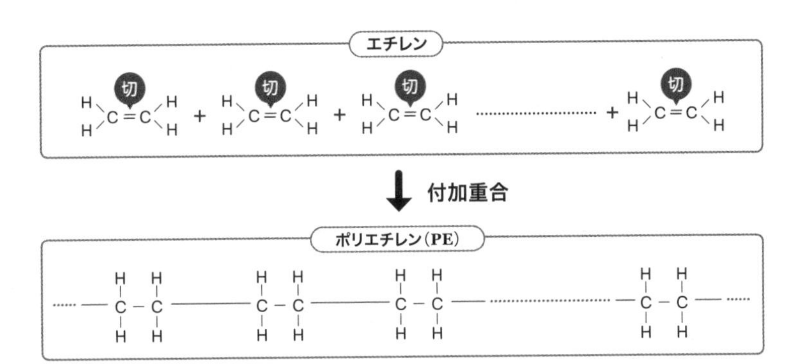

こうしてできた合成高分子は、**重合体**とか**ポリマー**と呼ばれます。
エチレンのポリマーをポリエチレンといい、ゴミ袋などに使っていますね。

ゴミ袋

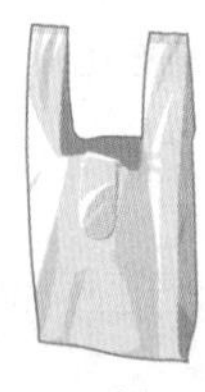
レジ袋

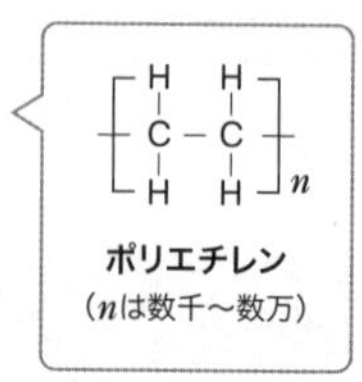

最後に、もう1つだけ合成高分子を紹介しましょう。
飲料品のボトルなどに使われている
ポリエチレンテレフタラート(PET)はおなじみですね。
エチレングリコールとテレフタル酸という2種類の分子の間から
反応によって水分子が取れ、多数の分子がつながってできた合成高分子です。
このような分子のつなぎ方を**縮合重合**といいます。

H_2O H_2O H_2O

エチレングリコール　テレフタル酸

↓ 縮合重合

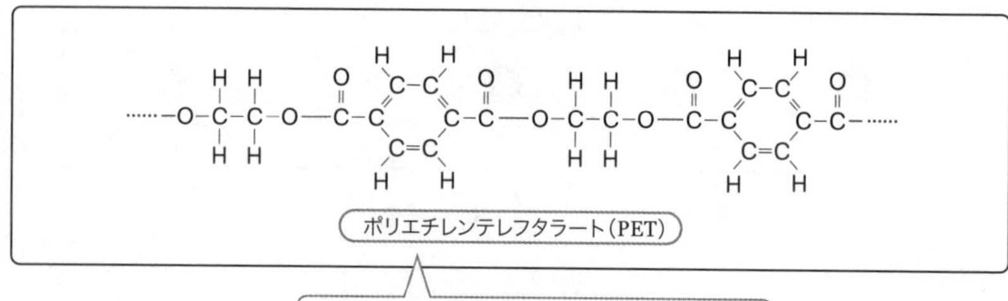

というマークのプラスチックです。
PETボトルがおなじみですね

それでは、次表に代表的な分子をまとめておきます。
物質名と化学式を覚えてください。

分類	物質名	化学式	構造式
単体	水素	H_2	H−H
	窒素	N_2	N≡N
	酸素	O_2	O=O
	ダイヤモンド	C	**巨大分子** （p.92参照）
	黒鉛	C　} 組成式	**巨大分子** （p.92参照）
	ケイ素	Si	**巨大分子** （p.92参照）
	塩素	Cl_2	Cl−Cl
化合物	水	H_2O	H−O−H
	アンモニア	NH_3	H−N−H ｜ H
	メタン	CH_4	H ｜ H−C−H ｜ H
	エタン （エテンともいいます）	C_2H_6	H　H ｜　｜ H−C−C−H ｜　｜ H　H
	エチレン （エチンともいいます）	C_2H_4	H＼　　　／H 　　C=C H／　　　＼H
	アセチレン	C_2H_2	H−C≡C−H
	二酸化炭素	CO_2	O=C=O
	二酸化ケイ素	SiO_2 （組成式）	**巨大分子** （p.92参照）
	塩化水素	HCl	H−Cl

03 結合と分子の極性

塩化水素HClという分子を考えてみましょう。
ちなみに、塩化水素は常温常圧で刺激臭をもつ無色の気体です。
塩化水素を水に溶かした水溶液が塩酸でしたね（→p.24）。
話を戻します。

異なった元素が共有結合する場合、電気陰性度に差があるため、
共有電子対が電気陰性度の大きな原子のほうへ引き寄せられます。
電気陰性度が大きいのは、18族を除く周期表の右上の元素でしたね。
HCl分子ではHよりClのほうが電気陰性度が大きいので
次のようになります。

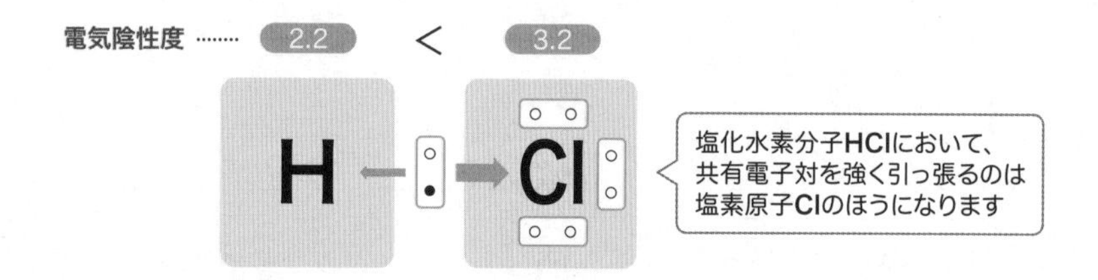

そうすると、電気陰性度の大きな塩素は負の電荷を帯びます。
一方、小さな水素は正の電荷を帯びるようになります。
このような電気的な偏り（かたよ）を**極性**（きょくせい）といい、
HClは"結合に極性がある"と表現します。
なお各原子の電荷の大きさはδ（デルタ）というギリシャ文字を使ってδ−とδ+と表します。
δは0<δ<1の値だと考えてくださいね。

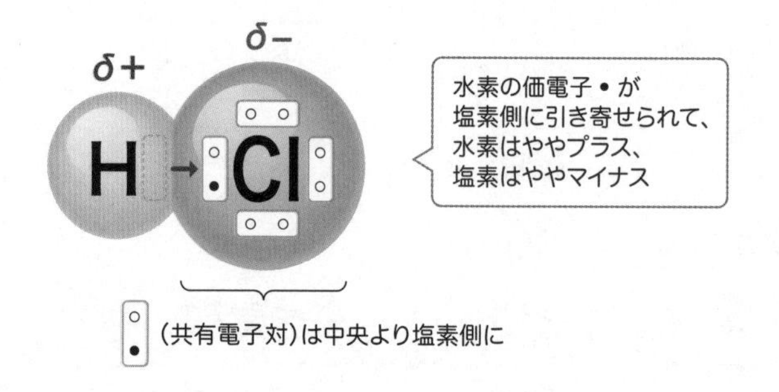

話は変わって、分子の形を推定する方法を紹介します。
分子の形は、中心原子の周りにある電子対どうしが反発し、できるだけ遠ざかろうとして決まります。

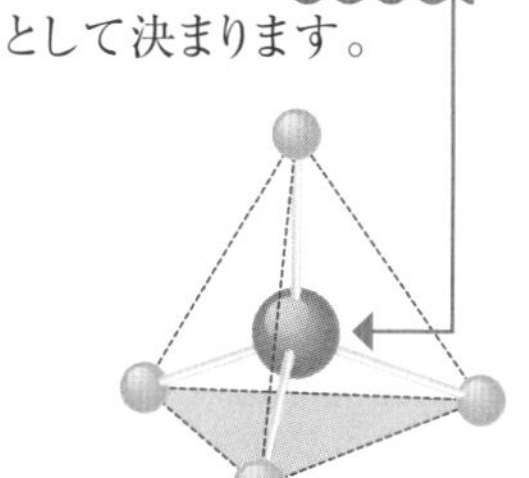

たとえばメタンCH_4では、炭素原子の周りの4組の電子対が互いに反発して離れようとした結果、**正四面体**(せいしめんたい)形の分子になります。

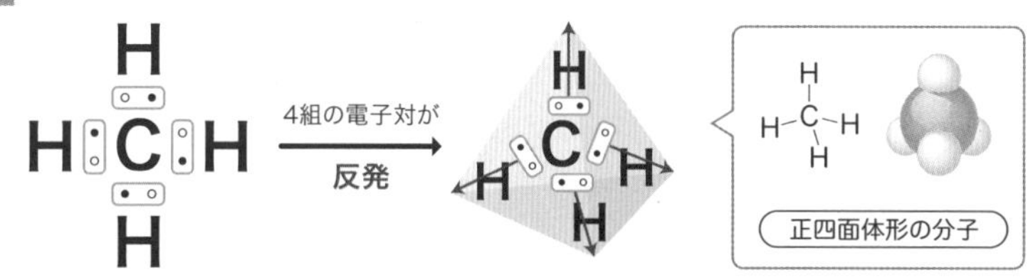

アンモニアNH_3が**三角錐**(さんかくすい)形、
水H_2Oが折(お)れ線(せん)形の分子になるのも同じ理由です。
反発を考えるときは、**非共有電子対の存在を忘れないように**してくださいね。

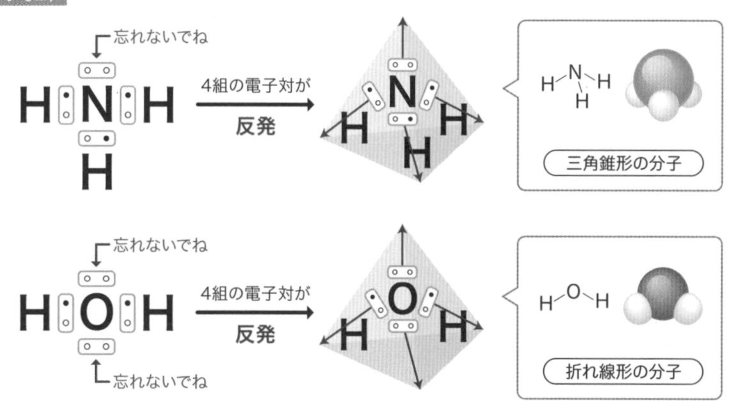

Reading Hints
正四面体 … すべての面が正三角形でできた三角錐。
三角錐 … 三角形の面を4つもち、4つの頂点と6つの辺をもつ立体。

分子の形を考えるときに、もう1つだけ注意することがあります。
中心原子の周りの電子対の反発を考慮する際は、
二重結合や三重結合の電子対はひとまとめにして1組と数えましょう。
同じ方向を向いている二重結合や三重結合内の電子対の反発は考えないのです。
そして中心原子の周りに3組あれば正三角形の頂点方向、
2組なら直線の反対方向に配置されます。

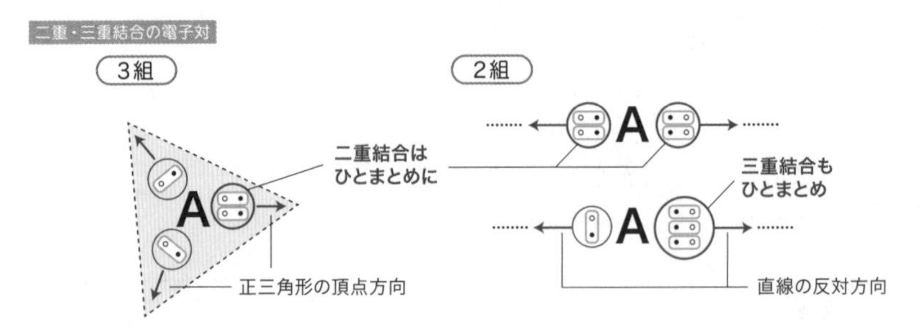

たとえば、エチレンC_2H_4分子では炭素の周りの3組の電子対が反発し、
できるだけ離れようと正三角形の頂点方向に配置されて、
全体では長方形の分子になります。

エチレン
3組
H C C H
H H
3組
H H
C＝C
H H
長方形

二酸化炭素CO_2分子やアセチレンC_2H_2分子では
炭素の周りの2組の電子対が反発し、
できるだけ離れようと直線方向に配置されて、直線形の分子になります。

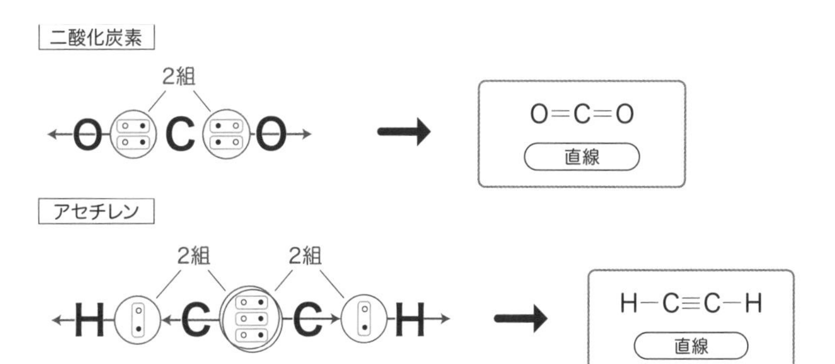

最後に、分子全体の極性を考えてみましょう。
分子全体では、結合の極性と分子の形の両方を考えなければなりません。

水素分子H_2や塩素分子Cl_2のように、
同じ原子が結合してできた分子は、電荷の偏りがなく
無極性分子(むきょくせいぶんし)と呼ばれます。
分子の形の対称性により、正電荷の**重心**(じゅうしん)と負電荷の重心が一致する分子も、
全体では電荷の偏りがないので無極性分子です。
ザックリいってしまうと「結果的に極性のない分子」のことで、
無極性分子の代表例を以下に紹介します。

無極性分子の例

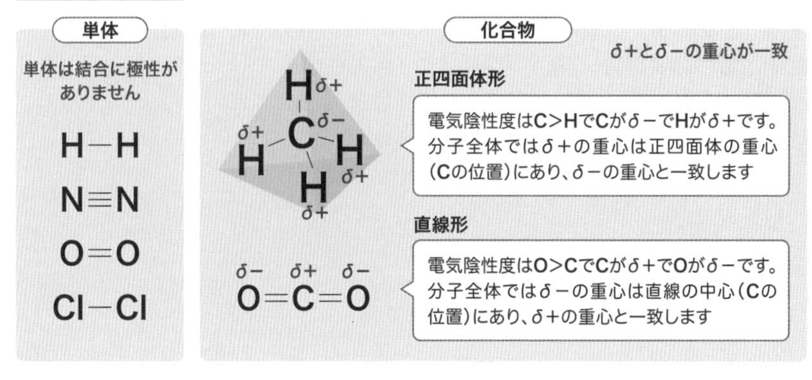

重心 … 物体の質量中心のことで、線分では中点、三角形では中線の交点、正四面体では頂点から底面に下ろした垂線の交点である。

それに対して、極性のある分子を**極性分子**と呼びます。
極性分子は、分子全体で正電荷と負電荷の重心が一致せず、
全体としても電荷の偏りが残る分子です。
代表例は次のとおりです。

極性分子の例

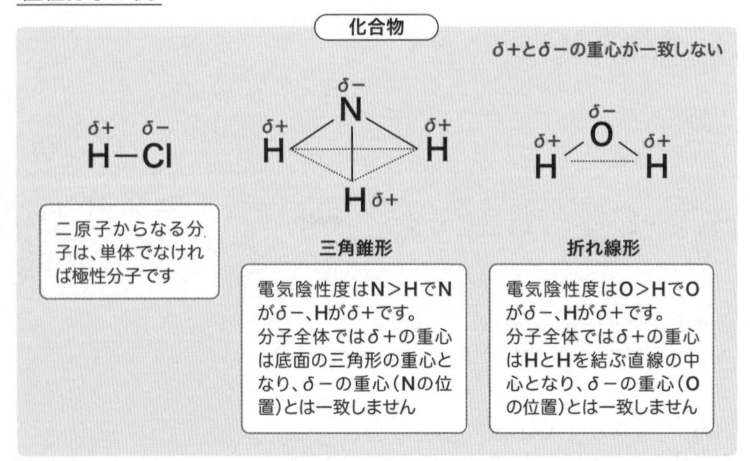

これらの分子は正電荷および負電荷それぞれが一点に集まっていると考えると、
両者にズレが出ているのですね。

ここまで、化学結合と電気陰性度、分子と共有結合、分子の極性について
学んできましたね。
出てきた主要な用語を挙げるだけでも、
共有電子対と**非共有電子対**、**電気陰性度**、**共有結合**と**単原子分子**、
構造式と**電子式**、**二重結合**と**三重結合**、**共有結合の結晶**と**組成式**、
付加重合に**縮合重合**、**極性**、**極性分子**と**無極性分子**……。
これらは今後、化学を学んでいく上で重要な用語なので、
しっくりくるまで何度も読み直してくださいね。

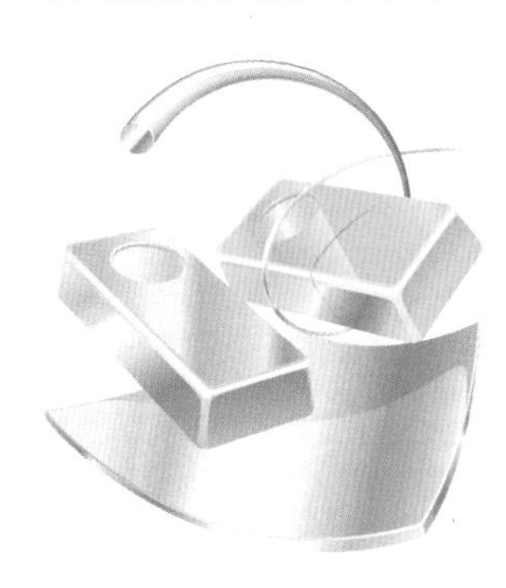

第2講

金属結合とイオン結合

次は、電気陰性度の小さな元素について学んでいきましょう。また、電気陰性度の大きな元素と小さな元素が結びつくとどのようなことが起こるのか考えていきます。

01 金属と金属結合

単体が金属になる元素を**金属元素**（きんぞくげんそ）といいます。
周期表では次の場所で示される、電気陰性度が小さな元素です。
ちなみに3～12族の遷移元素は、詳しいことがわからない元素（$_{100}$Fm～$_{112}$Cn）を除いてすべて金属元素です。

＝金属元素

遷移元素（3～12族）

周期＼族	1	2	3	4	5	6	7	8	9	10	11	12	13	14	15	16	17	18
1	$_{1}$H																	$_{2}$He
2	$_{3}$Li	$_{4}$Be											$_{5}$B	$_{6}$C	$_{7}$N	$_{8}$O	$_{9}$F	$_{10}$Ne
3	$_{11}$Na	$_{12}$Mg											$_{13}$Al	$_{14}$Si	$_{15}$P	$_{16}$S	$_{17}$Cl	$_{18}$Ar
4	$_{19}$K	$_{20}$Ca	$_{21}$Sc	$_{22}$Ti	$_{23}$V	$_{24}$Cr	$_{25}$Mn	$_{26}$Fe	$_{27}$Co	$_{28}$Ni	$_{29}$Cu	$_{30}$Zn	$_{31}$Ga	$_{32}$Ge	$_{33}$As	$_{34}$Se	$_{35}$Br	$_{36}$Kr
5	$_{37}$Rb	$_{38}$Sr	$_{39}$Y	$_{40}$Zr	$_{41}$Nb	$_{42}$Mo	$_{43}$Tc	$_{44}$Ru	$_{45}$Rh	$_{46}$Pd	$_{47}$Ag	$_{48}$Cd	$_{49}$In	$_{50}$Sn	$_{51}$Sb	$_{52}$Te	$_{53}$I	$_{54}$Xe
6	$_{55}$Cs	$_{56}$Ba	ランタノイド	$_{72}$Hf	$_{73}$Ta	$_{74}$W	$_{75}$Re	$_{76}$Os	$_{77}$Ir	$_{78}$Pt	$_{79}$Au	$_{80}$Hg	$_{81}$Tl	$_{82}$Pb	$_{83}$Bi	$_{84}$Po	$_{85}$At	$_{86}$Rn
7	$_{87}$Fr	$_{88}$Ra	アクチノイド	$_{104}$Rf	$_{105}$Db	$_{106}$Sg	$_{107}$Bh	$_{108}$Hs	$_{109}$Mt	$_{110}$Ds	$_{111}$Rg	$_{112}$Cn	$_{113}$Nh	$_{114}$Fl	$_{115}$Mc	$_{116}$Lv	$_{117}$Ts	$_{118}$Og

では、金属元素であるナトリウムNaの単体を例に結合を考えていきましょう。
ナトリウムの電子数は11。
不対電子が1つなので、Na_2という分子をまずはつくるはずです。

金属元素は電気陰性度が小さいので、
共有電子対はそれぞれの原子核には強く引きつけられていません。
また、電子のいない空（から）の副殻が多数あることにも注目しましょう。

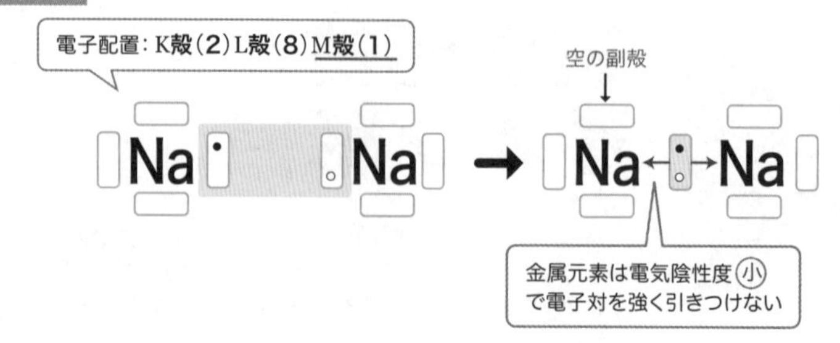

このままでは1つの電子に働く引力が弱いので、強くするために工夫をします。
空の副殻を重ね合わせるように多数のNa_2が集まり、
価電子が重なった部分を自由に動きまわって、
多くのNaに共有してもらうのです。
このような電子を自由電子(じゆうでんし)といいます。

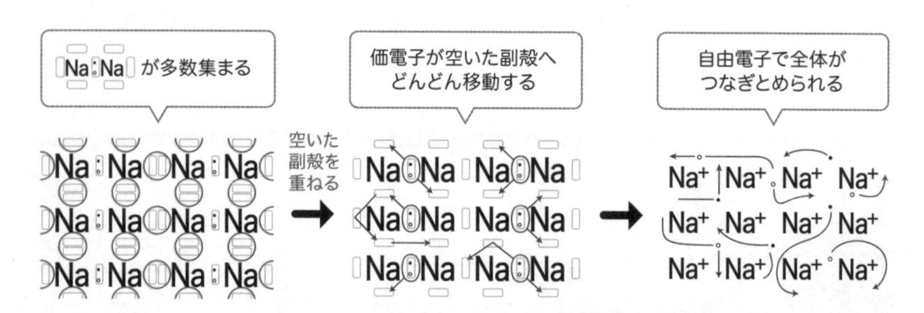

1つ1つは弱い引力でも、数が多くなるために全体としては強くなるのですね。
1人あたり1円ずつ1億人からもらって1億円にするようなものだと
考えてください。

さて、最終形態を見ると、どうなっているでしょうか？
価電子がすべて自由電子となって、これらが多数の陽イオンを結びつけます。
陽イオンというのは、正の電荷をもった粒子のことでしたね。
金属元素は、結合しても非金属元素のように
分子という形では存在していません。
このように、**自由電子によって全体がつながった結合**を金属結合(きんぞくけつごう)といいます。
金属は分子式では表せないので、ダイヤモンドのように組成式で表します。

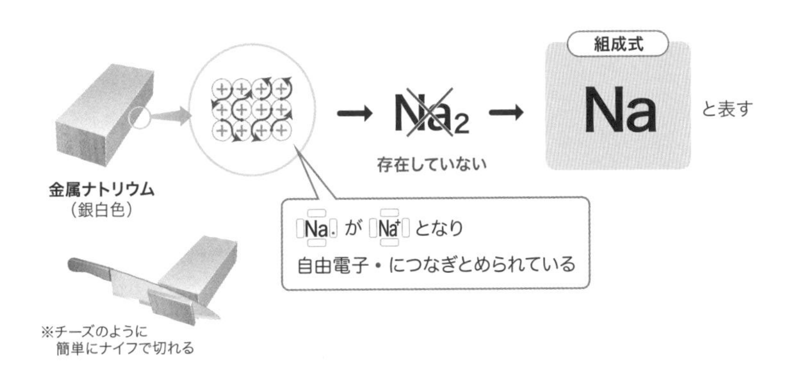

金属は特有の光沢（こうたく）があり、電気や熱をよく伝えますよね。
これらの性質は、自由電子の働きによるものです。
光沢があるのは自由電子が光を反射するから。
また、自由電子が金属内部をすばやく動きまわることで、
電気や熱がよく伝わるのです。

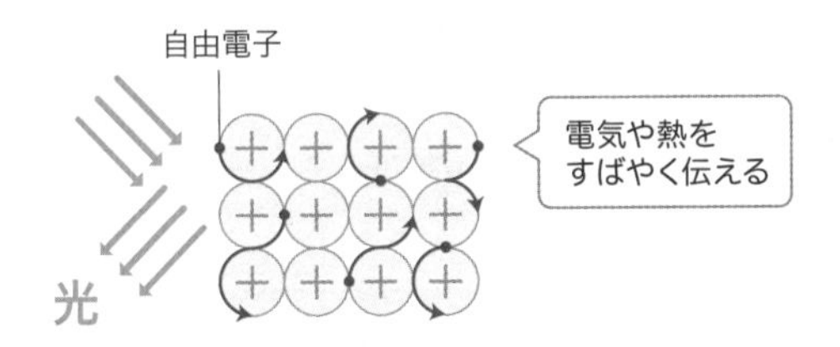

その他、金属には力を加えて引っ張ると延（の）びる性質（**延性**（えんせい））、
たたくと薄く広がっていく性質（**展性**（てんせい））があります。
なぜ変形できるかというと、原子の位置が多少ずれても
自由電子が原子どうしをつなぎとめてくれるからです。

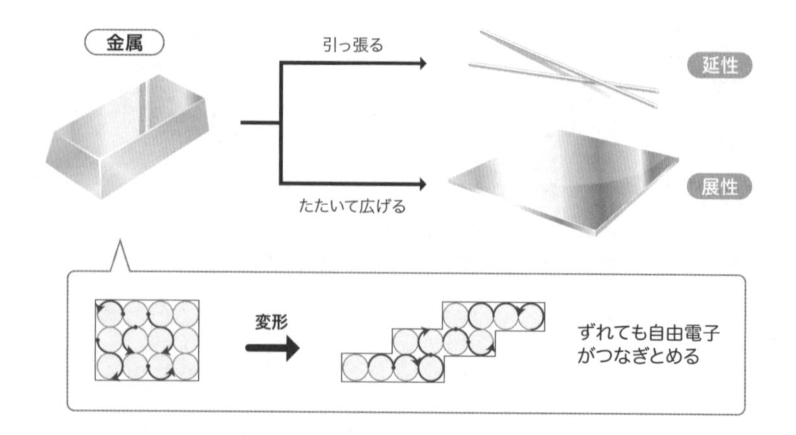

ここで、代表的な金属とその性質や用途を紹介しましょう。
一般に、**3〜11族の遷移元素の単体は融点が高く比較的硬い金属**です。

それに対して、**12族と典型元素の金属の単体は**
融点が低く比較的やわらかい金属です。
また、2種類以上の金属を高温で融解して混ぜ合わせたものを
合金といいます。
代表的な金属の単体とその合金についていくつか紹介しましょう。

主な金属と合金

名称と組成式	融点〔℃〕	性質	代表的な合金と用途
銅 Cu	1083	赤みを帯びた金属で銀Agの次に電気伝導性が大きい	黄銅(Cu－Zn)…五円硬貨、金管楽器 青銅(Cu－Sn)…ブロンズ像 白銅(Cu－Ni)…百円硬貨
アルミニウム Al	660	銀白色の金属で空気中に放置すると表面に酸化被膜が生じる。密度が小さく展性に富む	ジュラルミン…航空機の機体 (Al－Mg－Cu)
鉄 Fe	1535	銀白色の金属で強い磁性をもつ。さまざまな器具や構造物に使われている	ステンレス鋼…流し台、包丁 (Fe－Cr－Ni)
水銀 Hg	−38.8	銀白色の金属で、常温・常圧で液体として存在する唯一の金属である	アマルガム (Hgの合金の総称)
鉛 Pb	328	銀白色でやわらかい金属である。鉛蓄電池の電極や放射線しゃへい材に用いられる	はんだ…金属どうしの接合 (Sn－Pb) ※Pbは有毒なので現在は鉛フリーが主流

Reading Hints
被膜 … 物をおおいつつんでいる膜。

02 イオンの集合体とイオン結合

今度は陽イオンと陰イオンの集合体について考えていきましょう。
静電気的な引力で多数の陽イオンと陰イオンが集まったときの結合を、
イオン結合といいます。
岩塩(がんえん)や食塩の成分である塩化ナトリウムNaClが代表例です。
イオン結合でできた物質も金属と同じように、
分子の形で存在していないので組成式で表します。

塩化ナトリウムの組成

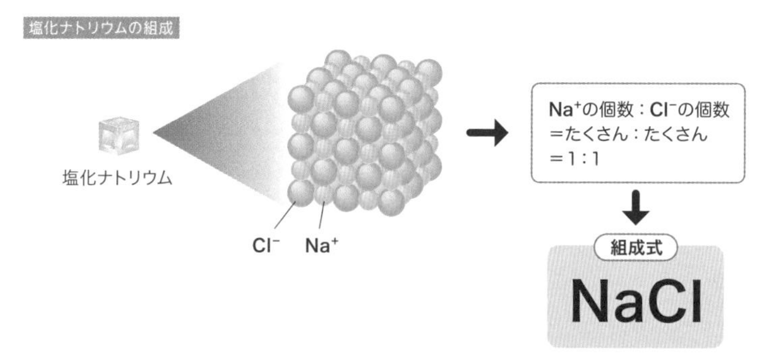

なぜこういう結合になるのか、
引き続き塩化ナトリウムを例に考えていきましょう。

まず、Na原子もCl原子も不対電子を１つもっていますね。
そうすると、まず次のようにNaCl分子をつくると考えられます。

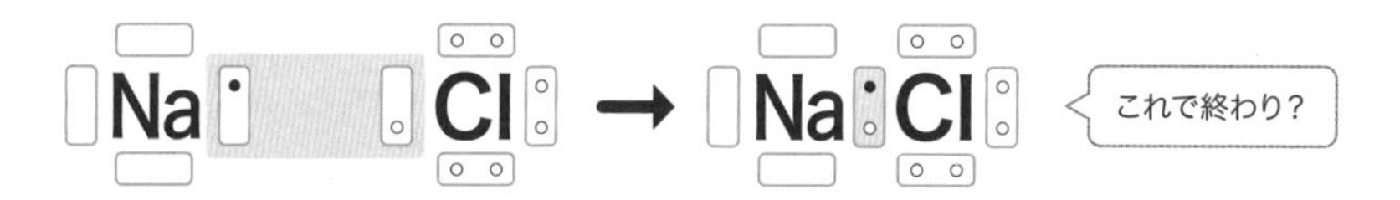

ここで気づいた人もいるかと思いますが、
Naは金属元素、一方の**Cl**は非金属元素ですね。
そうすると、電気陰性度の差が非常に大きいので、
共有電子対は事実上**Cl**のほうに偏ってしまいます。

ほぼNa^+とCl^-となっているペアの誕生です。

静電気的な引力は、第2章で取り上げた「クーロンの法則」で確認したとおり、
周囲にいる反対符号のイオン全部に対して働きますね。
つまり、Na^+の周りにはできるだけたくさんのCl^-が集まり、
Cl^-の周りにはできるだけたくさんのNa^+が集まってくるのです。
こうして、Na^+とCl^-が交互にたくさん集まったイオンの集合体が完成します。

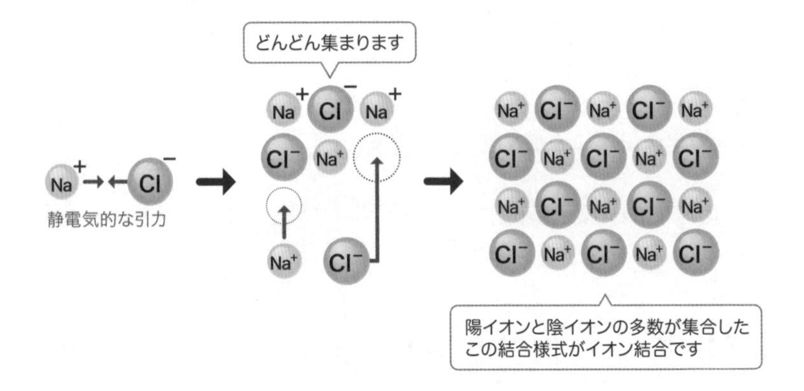

03 単原子イオンと多原子イオン

イオン結合は、陽イオンと陰イオンからなりましたね。
次に、単原子イオンと多原子イオンとの違いを見ていきましょう。
1つの原子から生じたイオンである単原子イオンでは、次のことがいえます。

1 単原子陽イオン

典型元素は価電子をすべて奪われ貴ガス型の電子配置をもつものが多く価数を予想しやすいですが、3〜11族の遷移元素は内側の電子殻の電子も価電子となりうるため価数の予想は難しいです。
次に挙げた単原子陽イオンの化学式だけでもまず記憶しましょう。

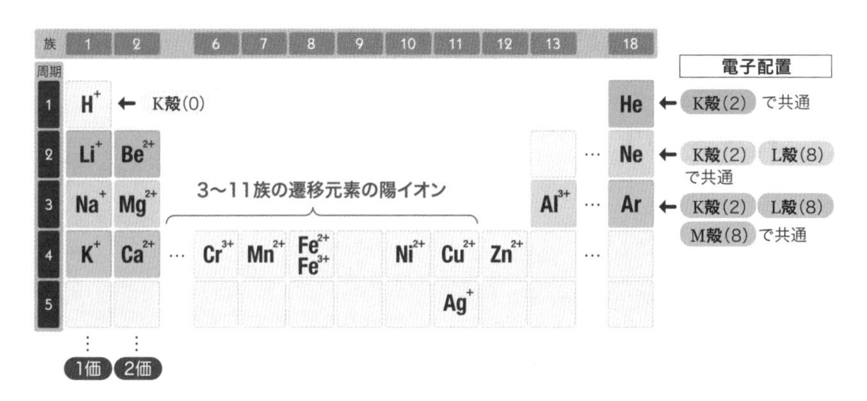

2 単原子陰イオン

原子が電子を取り込んで、最終的に貴ガス型の電子配置をとることが多いです。
一般に17族のハロゲンは1価の陰イオン、
16族の酸素と硫黄は2価の陰イオンとなります。

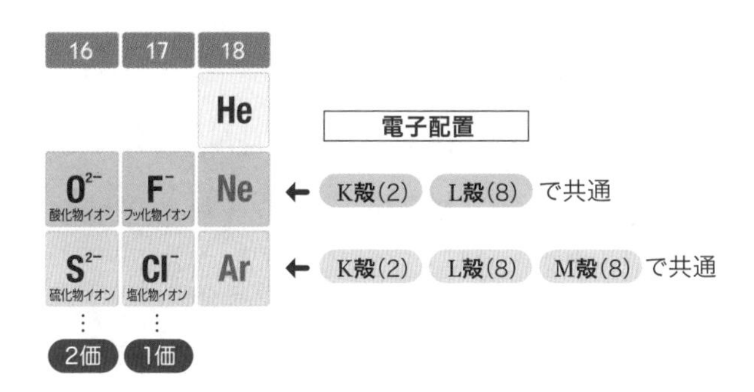

次に、**多原子イオン**について話します。
多原子イオンとは、**複数の原子からなるイオン**のことです。
共有結合によってつながった原子団が、全体として電荷をもっています。
多原子イオンについては次のようなことがいえます。

3 多原子陽イオン

アンモニアに水素イオンH^+が結合してできる、
アンモニウムイオンを例に説明しましょう。
アンモニア分子は非共有電子対をもっていましたね。
水素イオンはK殻が電子をもたず空(から)っぽですから、
ここに非共有電子対を一方的に提供してもらい
共有する形で結合することができます。

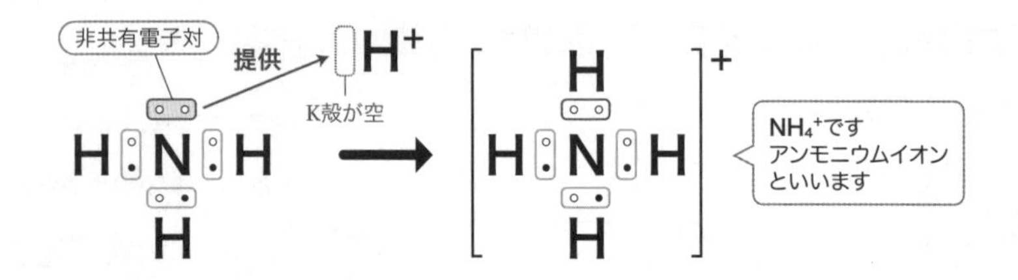

このような結合を**配位結合**(はいいけつごう)といいます。
できたイオンの化学式はNH_4^+、名前をアンモニウムイオンといいます。
「～ニウムイオン」は陽イオンであることを表しています。
配位結合は、非共有電子対が提供される方向に⟶(やじるし)で表します。
ただし、実際のアンモニウムイオンの4つのN−H結合は同等(どうとう)です。
どれが配位結合かを見分けることができません。

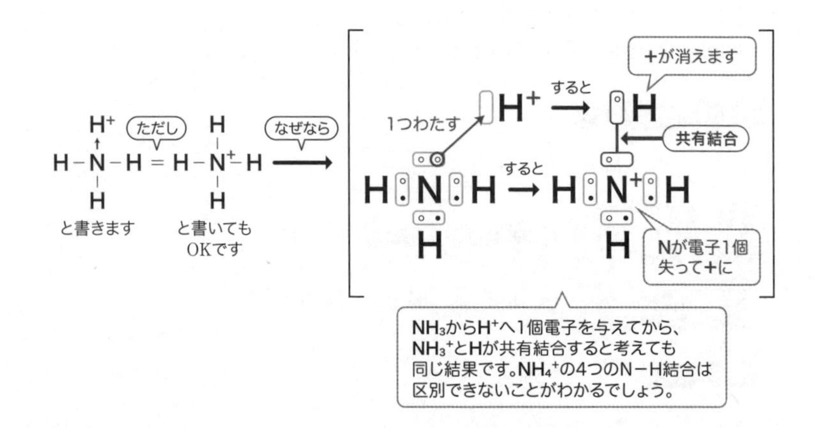

4 多原子陰イオン

詳しくは第６章で学習しますが、予習がてら紹介しましょう。
炭酸 H_2CO_3、硫酸 H_2SO_4、硝酸 HNO_3といった酸の分子や水分子から
水素イオンが離れたときに水素の価電子が置いていかれ、
残された原子団が負電荷をもち陰イオンとなります。
「～酸イオン」や、「水酸化物イオン」がこれに該当します。

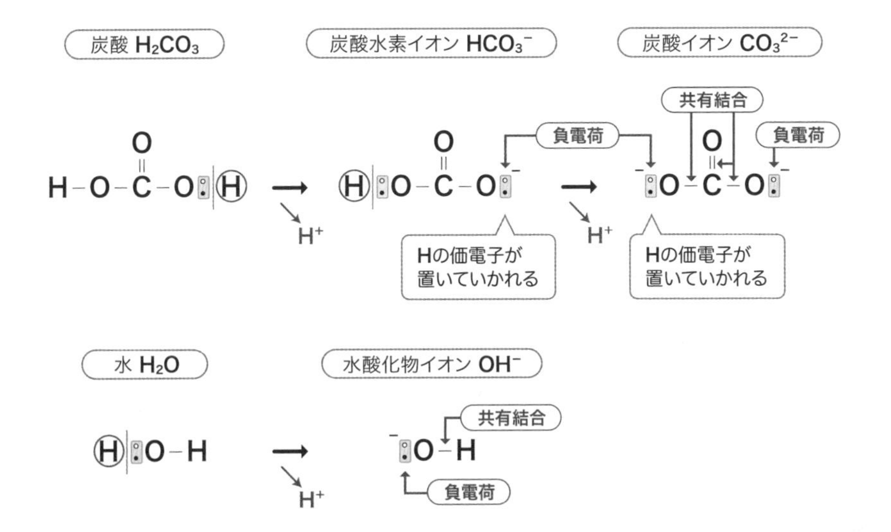

5 錯イオン

配位子（はいいし）と呼ばれる分子や陰イオンが非共有電子対を使って
金属イオンと配位結合をした複合的なイオンがあります。
これを**錯（さく）イオン**といいます。

全体の電荷は正負どちらの場合もあります。
詳しい性質は化学基礎ではあつかいませんが、
次の錯イオンの成り立ちだけは確認しておきましょう。

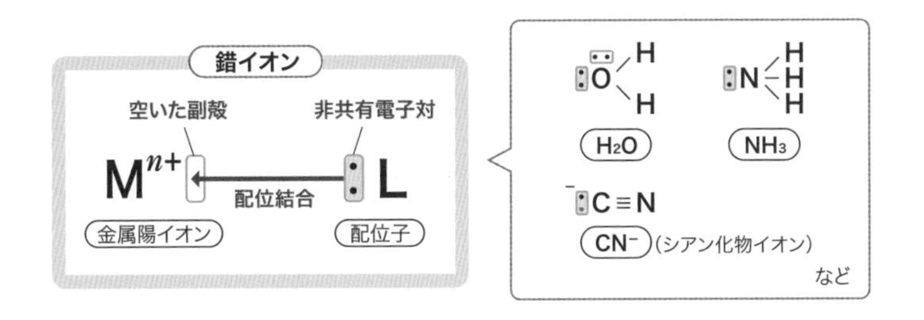

錯イオンの例

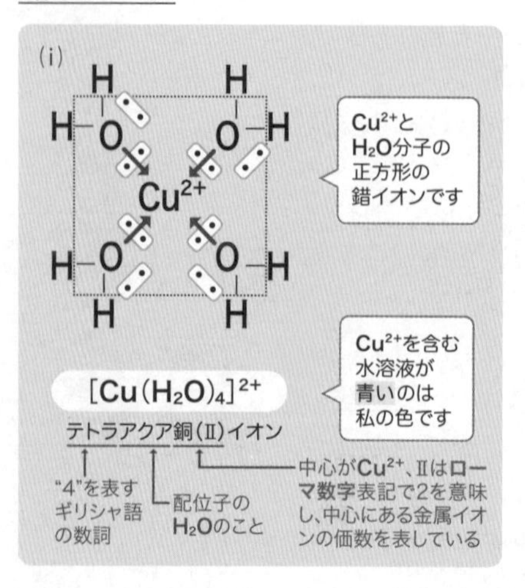

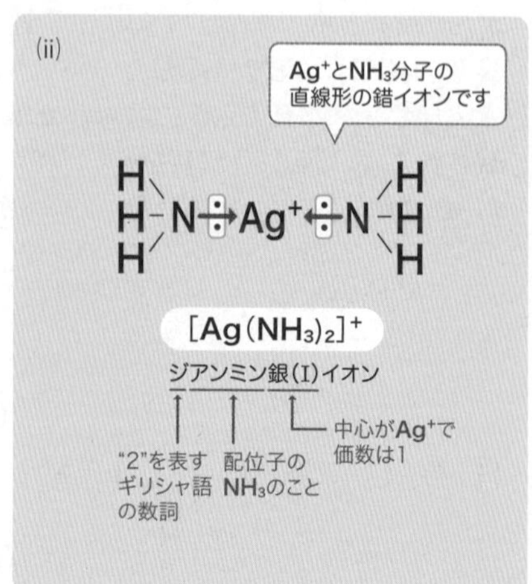

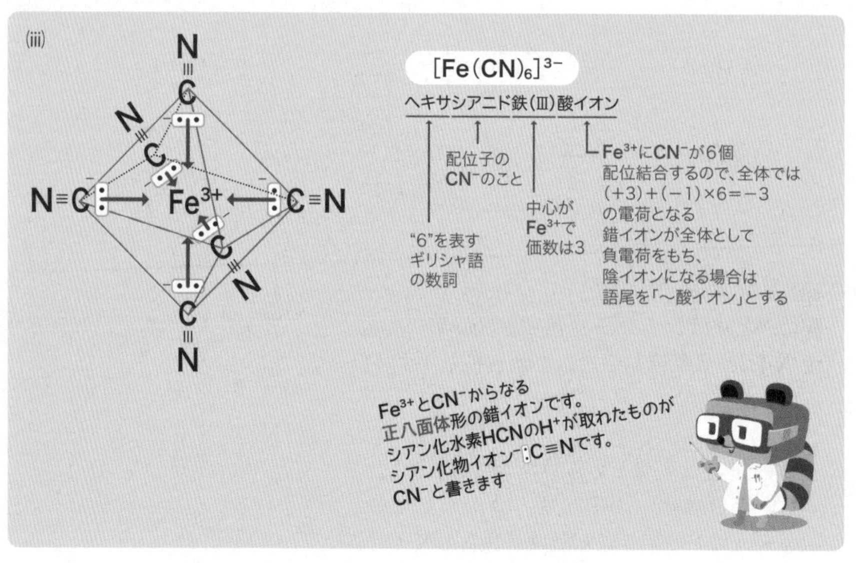

Fe^{3+}とCN^-からなる正八面体形の錯イオンです。シアン化水素HCNのH^+が取れたものがシアン化物イオン$^-$:C≡Nです。CN^-と書きます

ローマ数字 … 数を表す記号の一種。1、2、3、4、5はⅠ、Ⅱ、Ⅲ、Ⅳ、Ⅴと表す。
正八面体 … 立方体の6つの面の中心を結んでできた立体で、6つの頂点と8つの面をもち、面はすべて正三角形である。

04 イオン結合による物質の組成式と性質

最後に、イオン結合でできた物質を表す組成式について学習しましょう。
一般には、陽イオンを前に、陰イオンをうしろに書いて、
全体の電荷が0（ゼロ）になるように
組成比（ここではイオンの個数の比のこと）を決めます。

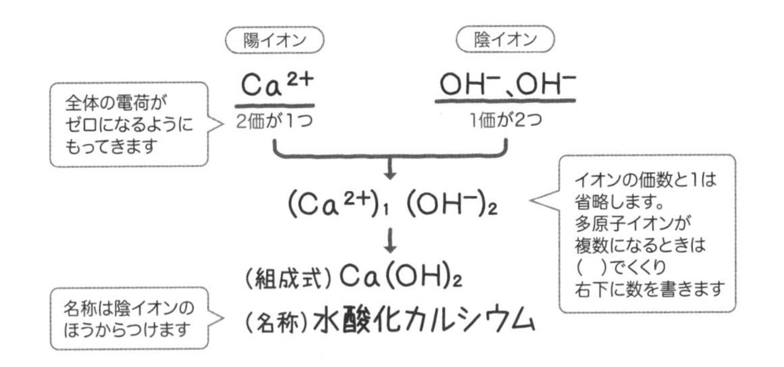

代表的な物質を次の表で紹介します。
それぞれの組成式を確認してください。

主な組成式

陽イオン＼陰イオン	Cl^- 塩化物イオン	OH^- 水酸化物イオン	SO_4^{2-} 硫酸イオン	O^{2-} 酸化物イオン
Na^+ ナトリウムイオン	$NaCl$ 塩化ナトリウム	$NaOH$ 水酸化ナトリウム	Na_2SO_4 硫酸ナトリウム	Na_2O 酸化ナトリウム
Ca^{2+} カルシウムイオン	$CaCl_2$ 塩化カルシウム	$Ca(OH)_2$ 水酸化カルシウム	$CaSO_4$ 硫酸カルシウム	CaO 酸化カルシウム
Al^{3+} アルミニウムイオン	$AlCl_3$ 塩化アルミニウム	$Al(OH)_3$ 水酸化アルミニウム	$Al_2(SO_4)_3$ 硫酸アルミニウム	Al_2O_3 酸化アルミニウム

イオン結合でできた物質は一般に融点が高いという特徴があります。
中でも価数が大きく、半径が小さなイオンからできたものは
強い静電気的な引力で結びついているため、融点が高くなる**傾向**にあります。

イオン結合性物質

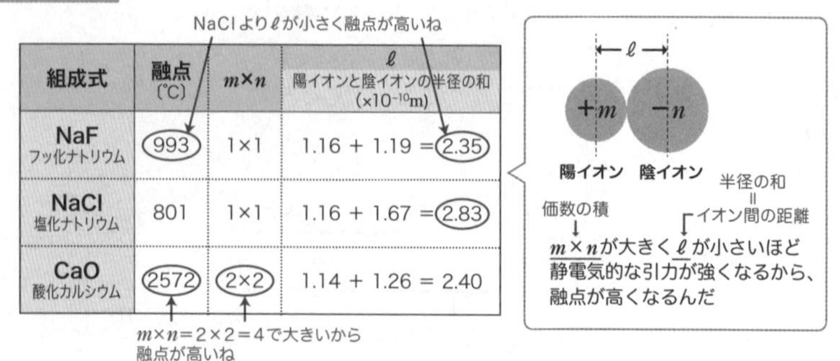

組成式	融点（℃）	$m \times n$	ℓ 陽イオンと陰イオンの半径の和（$\times 10^{-10}$m）
NaF フッ化ナトリウム	993	1×1	1.16 + 1.19 = 2.35
NaCl 塩化ナトリウム	801	1×1	1.16 + 1.67 = 2.83
CaO 酸化カルシウム	2572	2×2	1.14 + 1.26 = 2.40

イオン結合でできた物質の性質についても触れておきましょう。
まず、金属と異なり**固体状態では電気をほとんど通しません。**
これは陽イオンや陰イオンがガチガチにくっついて動けないからです。

固体のまま加熱し、融解させて液体状態にすると
構成イオンは自由に動けるようになるため
電気をよく伝えるようになります。

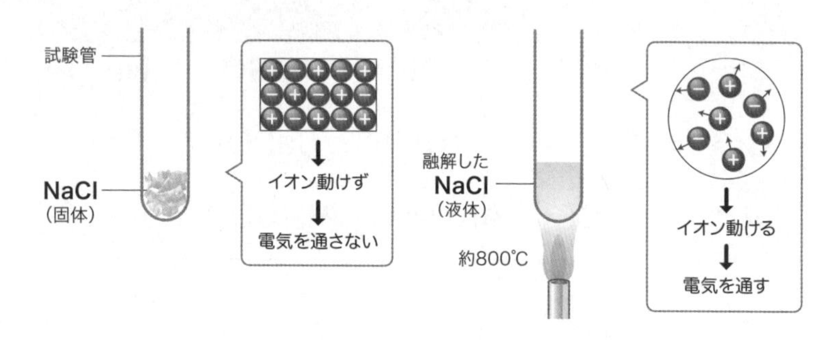

イオン結合でできた物質は、金属のような延性や展性はありません。
無理矢理に力を加えてイオンが並んだ面がずれてしまうと、
同符号のイオン間の斥力が働いて砕（くだ）けてしまいます。

Reading Hints

傾向 … 性質や状態がある方向にいきがちなこと。

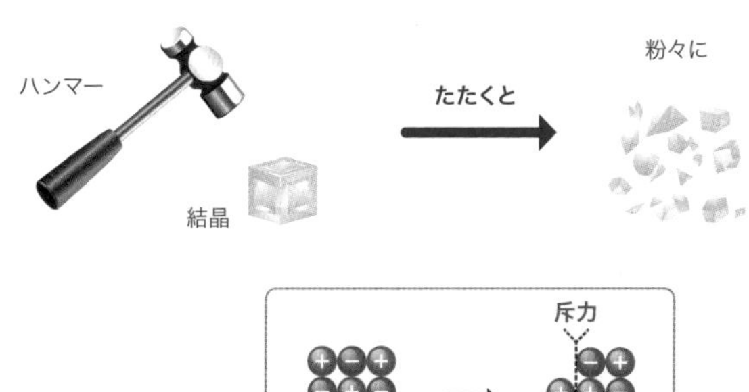

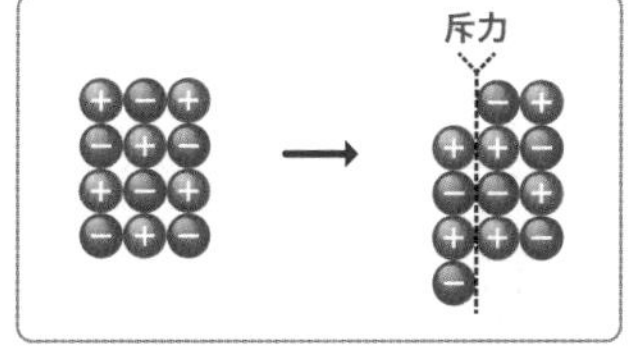

イオン結合でできた物質の多くは、
水に溶かすと構成イオンに分かれて溶けていきます。
このように物質がイオンに分かれることを**電離**（でんり）といい、
水に溶けたときに、電離する物質を**電解質**といいます。
なぜ電離が起こるかというと、
極性分子である水分子が構成イオンの周りに静電気的な引力で集まり、
電解質が構成イオンにばらされていくからです。

電離

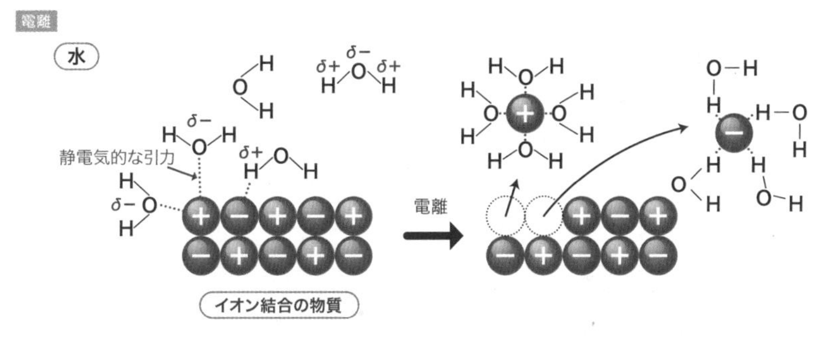

たくさんのアリがお菓子を少しずつバラして運ぶときに似ているかもしれません。
構成イオンは、水溶液中でも静電気的な引力を利用して
多数の水分子に取り囲まれています。
この現象を**水和**（すいわ）と呼んでいます。

ここまでよく頑張りました。
さあ、次のまとめで本章の内容をよく確認して、練習問題を解いてみましょう！

第 4 章のまとめ

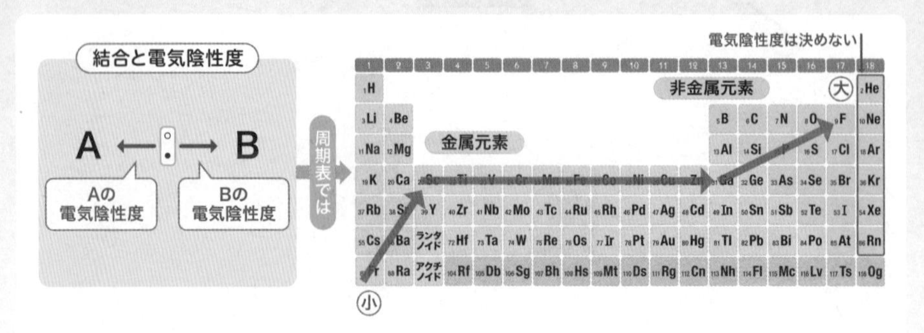

分子と共有結合 ——非金属元素からなる

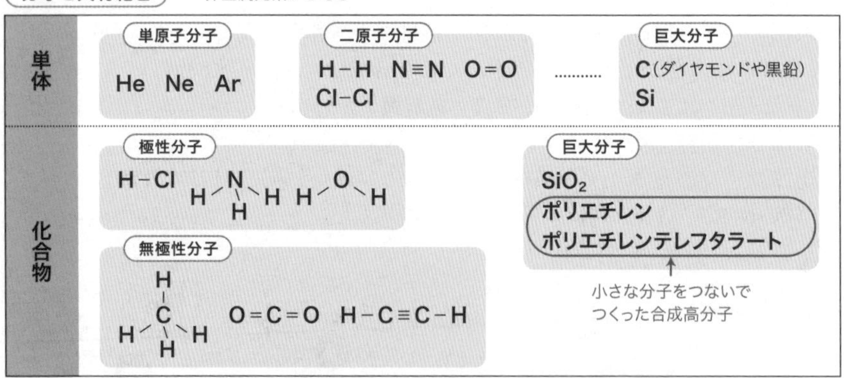

金属と金属結合 ——金属元素からなる

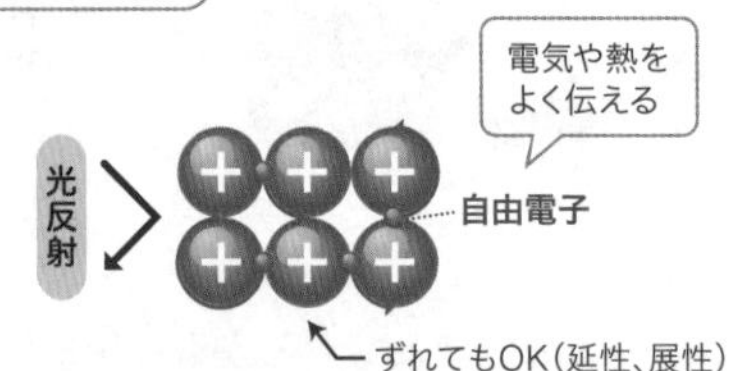

単　体…Cu、Al、Fe、Hgなど
化合物…黄銅、ジュラルミン、ステンレス鋼など

イオンの集合体とイオン結合

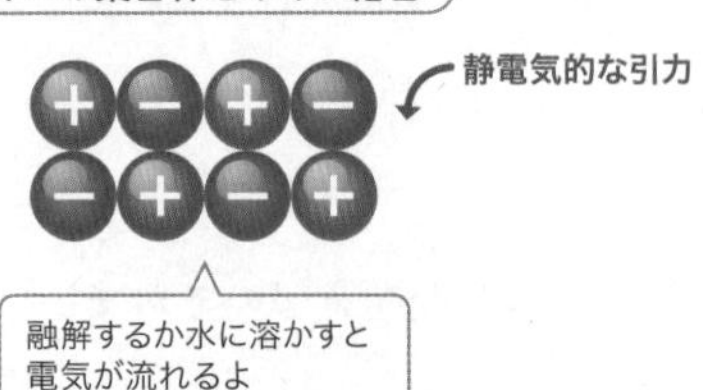

陽イオン(+)	陰イオン(−)
金属イオン NH_4^+	$(17族)^-$　$(16族)^{2-}$ 〜酸イオン OH^-　など

NH_3がH^+と配位結合してできる

練習問題

問1　水分子H_2Oでは、水素原子2個と酸素原子1個が共有結合して、最外殻の不足している電子を補い合っている。これにより、HはHeと同じ電子配置になり、Oは［ア］と同じ電子配置になっている。共有される2個（1対）の電子を共有電子対というが、水素原子と酸素原子の<u>共有電子対を引きよせる度合い</u>が異なり、水分子の共有電子対は［イ］原子に引きよせられている。水分子の酸素原子は2組の非共有電子対を持っており、水分子は右の図1に示すように折れ線形をしている。そのため、水分子は分子全体として電荷のかたよりがある［ウ］分子である。また、水分子はCu^{2+}と配位結合した場合には図2に示すように正方形の［エ］イオン$[Cu(H_2O)_4]^{2+}$となる。

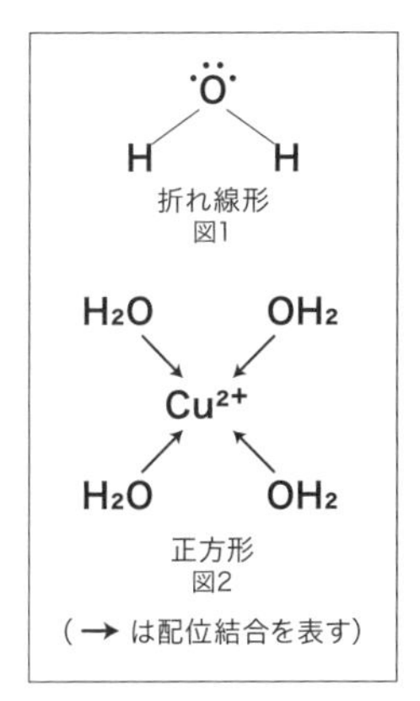

折れ線形
図1

正方形
図2

（→は配位結合を表す）

(1) 文章中の［ア］に入る適切な元素記号を記せ。
(2) 文章中の［イ］～［エ］に入る適切な語句を記せ。
(3) 下線の記述が表す用語を次から選べ。
(a) **電子親和力**　(b) **電離度**　(c) **イオン化エネルギー**　(d) **電気陰性度**

（長崎大）

解説

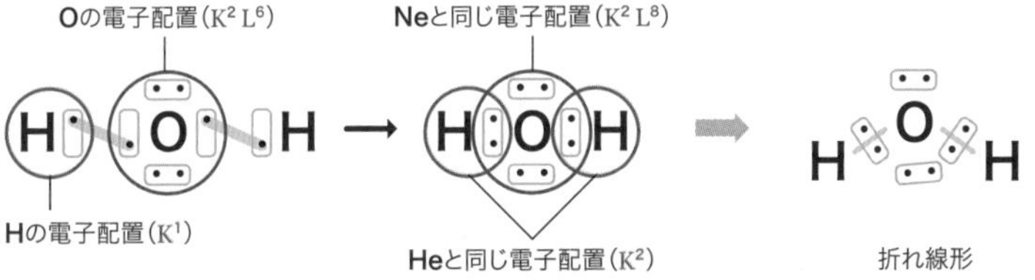

Oの電子配置（K^2L^6）
Neと同じ電子配置（K^2L^8）
H　O　H → H O H ⇒ H O H
Hの電子配置（K^1）
Heと同じ電子配置（K^2）
折れ線形

電気陰性度はO＞Hなので、共有電子対は酸素側に偏りますね。
よって、Oがδ−、Hがδ+。H_2Oは折れ線形の分子で結合の極性を打ち消し合わないので、分子全体でも極性をもつ極性分子となります。

解答　(1) Ne　(2) イ 酸素　ウ 極性　エ 錯　(3) (d)

問2 2つの原子間で共有結合ができるとき、それぞれの原子が共有電子対を引き付ける強さの程度を数値で表したものを［ア］という。［ア］の値は、陰性の強い元素ほど大きい。周期表上で比べてみると、同一周期の元素では右へいくほど増加し、［イ］で最大となる。また、［ウ］元素では上にいくほど大きくなる。

同種の原子間の共有結合では、共有電子対はどちらの原子にもかたよらずに存在する。一方、異種の原子間の共有結合では、共有電子対は、［ア］の大きい原子の方にかたよって存在する。このように、結合に電荷のかたよりがあることを、結合に極性があるという。多くの分子は結合の極性、分子の形などから、極性分子と無極性分子に分けられる。

(1) 文章中の［ア］〜［ウ］に適切な語句を記せ。

(2) 窒素、塩化水素、水、二酸化炭素、アンモニア、メタンの中から極性分子を3つ選び、それぞれの電子式および分子の形を記せ。また、残りの無極性分子3つについても、それぞれの電子式および分子の形を記せ。

（三重大）

(1) 電気陰性度は、周期表で18族を除いた右上の元素が大きかったことを思い出しましょう（→ p.89）。同一周期の元素ではハロゲンの電気陰性度が最大となります。

(2)

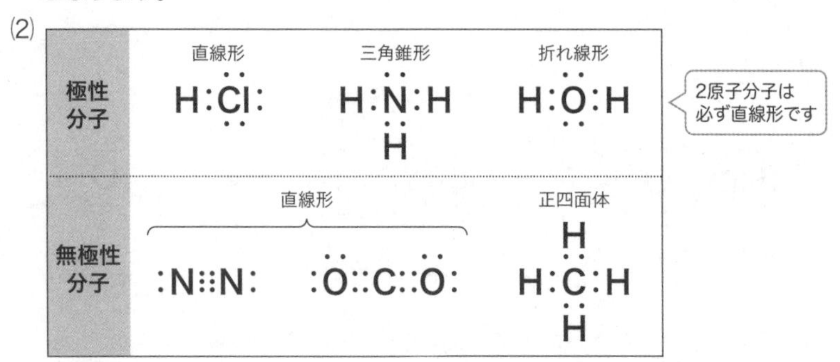

解答 (1) ア 電気陰性度　　イ ハロゲン　　ウ 同族

(2) **極性分子**

	塩化水素	水	アンモニア
電子式	H:C̤̈l:	H:Ö̤:H	H:N̤̈:H H
形	直線形	折れ線形	三角錐形

無極性分子

	窒素	二酸化炭素	メタン
電子式	:N⋮⋮N:	:Ö::C::Ö:	H H:C̤̈:H H
形	直線形	直線形	正四面体形

問3 次の文の（　a　）、（　b　）、（　d　）に適切な語句、（　c　）に化学式を記せ。

アンモニア分子には（　a　）1組を含む4組の電子の対があり、これらどうしの反発により、アンモニア分子は（　b　）形になる。アンモニアと酸が反応するとき、アンモニウムイオン（　c　）が生じる。このとき、アンモニア分子中の窒素原子**N**は、酸から出された水素イオンに（　a　）を一方的に与えて結び付く。このように、結合する原子間で一方の原子から（　a　）が提供され、それを各原子が互いに共有してできる結び付きを（　d　）結合という。アンモニウムイオンの**N－H**結合のうち、どれが（　d　）結合によるものかは区別できない。

（日本女子大）

04 化学結合

解説

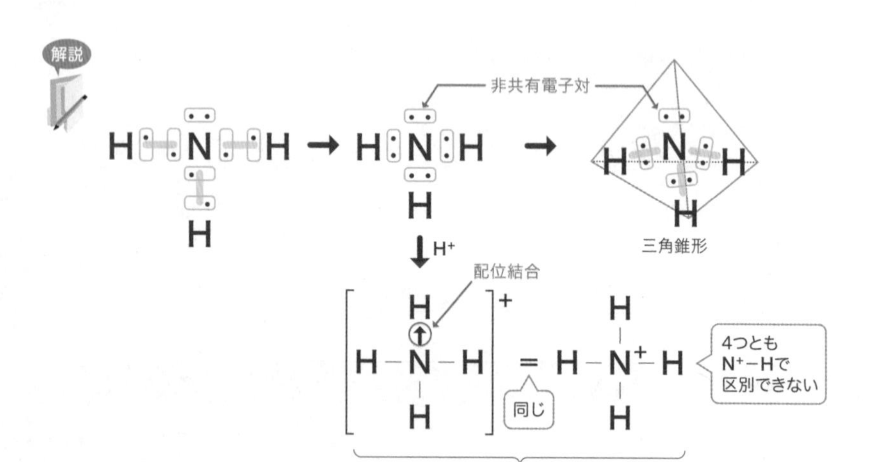

解答 a **非共有電子対**　b **三角錐**　c NH_4^+　d **配位**

問4 金属結合は［ア］が金属内のすべての原子によって共有されてできる結合である。金属は力を加えると変形しやすく、たたくと薄くなる性質を［イ］、引っ張るとのびる性質を［ウ］という。
一般に3〜11族の遷移元素の金属の融点は12族や典型元素の金属の融点より［エ］く、金属の単体で最も融点が低いものは［オ］である。また、2種類以上の金属を高温で混ぜ合わせてつくったものを①合金といい、私たちの生活にかかせないものである。

(1) **空欄［ア］〜［オ］に入る語句を記せ。**
(2) **下線①の合金の代表例を以下に記す。空欄に入る金属を下から選べ。**

合金	主な成分
ジュラルミン	**［①］、銅、マグネシウムなど**
白銅	**銅、［②］**
黄銅	**銅、［③］**
青銅	**銅、［④］**
ステンレス鋼	**鉄、［⑤］、ニッケル**

（語群）銀、鉄、銅、水銀、アルミニウム、クロム、スズ、鉛、亜鉛、金、ニッケル

解説 (1) 詳しくは、p.102〜104を参照してください。
3〜11族の遷移元素は内殻の電子も価電子となり、強い金属結合をもつものが多く、一般に硬くて融点が高いですね。最も融点が高い単体はタングステン**W**で、融点は3410℃です。
12族と典型元素の金属は融点が1000℃以下の低いものが多く、最も融点が低いものは水銀**Hg**です。
(2) p.104を参照してください。

解答 (1) **ア 自由電子　イ 展性　ウ 延性　エ 高　オ 水銀**
(2) **① アルミニウム　② ニッケル　③ 亜鉛　④ スズ　⑤ クロム**

問5 [イ]〜[ヘ]に適する数、語句を入れよ。

Na原子のK、L、M殻には、それぞれ[イ]、[ロ]、[ハ]個の電子が存在する。図は塩化ナトリウム**NaCl**の結晶構造である。1価のナトリウムイオン**Na^+**は貴ガス元素の[ニ]原子と同じ電子配置である。一方、塩化物イオン**Cl^-**は貴ガス元素の[ホ]原子と同じ電子配置である。**Na^+**と**Cl^-**間に働く主要な引力は[ヘ]とよばれ、このような結晶はイオン結晶とよばれる。

（京都大）

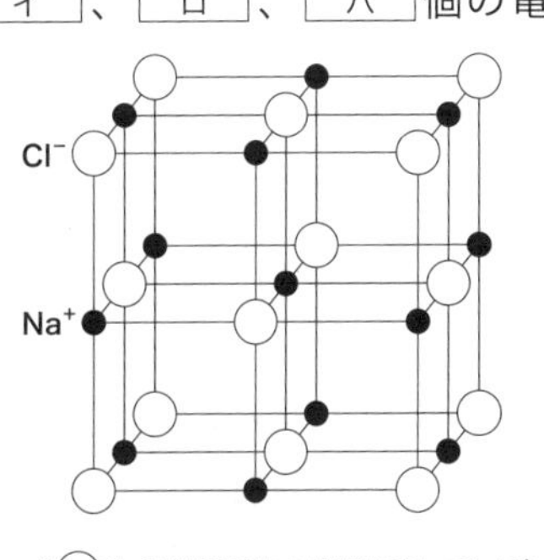

（○や●は原子核の位置を表している）

解説

	K殻	L殻	M殻
$_{11}Na$	2	8	1
$_{17}Cl$	2	8	7

→

	K殻	L殻	M殻
$_{11}Na^+$	2	8	~~1~~
$_{17}Cl^-$	2	8	7+1＝8

Na^+は**Ne**、**Cl^-**は**Ar**と同じ電子配置です。**Na^+**と**Cl^-**はどんどん静電気的な引力（クーロン力）で集まります。

解答 **イ 2　ロ 8　ハ 1　ニ Ne　ホ Ar　ヘ クーロン力（静電引力、静電気的な引力も可）**

問6 リン酸イオンPO_4^{3-}と次の陽イオンからなるイオン結合でできた物質の組成式を記せ。

① **ナトリウムイオン**　② **マグネシウムイオン**
③ **カルシウムイオン**　④ **アルミニウムイオン**
⑤ **アンモニウムイオン**

①、⑤は1価、②、③は2価、④は3価の陽イオンです。

	正電荷＝負電荷となるように個数を決める	
①	$(Na^+)_3$　$(PO_4^{3-})_1$	1と価数は省略し、多原子イオンが複数個の場合、(　)をつけて右下に数を書く
②	$(Mg^{2+})_3$　$(PO_4^{3-})_2$	
③	$(Ca^{2+})_3$　$(PO_4^{3-})_2$	
④	$(Al^{3+})_1$　$(PO_4^{3-})_1$	
⑤	$(NH_4^+)_3$　(PO_4^{3-})	

解答 ① Na_3PO_4　② $Mg_3(PO_4)_2$　③ $Ca_3(PO_4)_2$　④ $AlPO_4$
⑤ $(NH_4)_3PO_4$

問7 次の記述a～cは、ダイヤモンド、塩化ナトリウム、アルミニウムの性質に関するものである。記述中の物質A～Cの組合せとして最も適当なものを、以下の①～⑥のうちから一つ選べ。

a **A、B、Cのうち、固体状態で最も電気伝導性がよいのはAである。**
b **AとBは水に溶けないが、Cは水に溶ける。**
c **AとCの融点に比べて、Bの融点は非常に高い。**

	A	B	C
①	ダイヤモンド	塩化ナトリウム	アルミニウム
②	ダイヤモンド	アルミニウム	塩化ナトリウム
③	塩化ナトリウム	アルミニウム	ダイヤモンド
④	塩化ナトリウム	ダイヤモンド	アルミニウム
⑤	アルミニウム	塩化ナトリウム	ダイヤモンド
⑥	アルミニウム	ダイヤモンド	塩化ナトリウム

（センター試験）

ダイヤモンド	多くの炭素原子が共有結合でつながった巨大分子
塩化ナトリウム	Na^+とCl^-のイオン結合でできた物質
アルミニウム	金属結合でできた物質

a　固体で電気をよく通すのは金属。**A**＝アルミニウムです。

b　塩化ナトリウムは水に電離して溶けます。よって、**C**＝塩化ナトリウムです。

c　残りから**B**＝ダイヤモンドとわかります。多数の炭素原子が共有結合でつながった結晶であるダイヤモンドは融点が高いと考えられます。

解答　⑥

04 化学結合

問8　次の物質ア～オのうち、その結晶内に共有結合があるものはどれか。すべてを正しく選択しているものとして最も適当なものを、下の①～⑥のうちから一つ選べ。

ア **塩化ナトリウム**　イ **ケイ素**　ウ **カリウム**
エ **ヨウ素**　オ **酢酸ナトリウム**

①**ア、オ**　②**イ、ウ**　③**イ、エ**　④**ア、エ、オ**
⑤**イ、ウ、エ**　⑥**イ、エ、オ**

（共通テスト〔追試〕）

ア　多数のNa^+とCl^-がイオン結合で結びついた結晶です。

イ　多数の**Si**原子が共有結合で結びついたダイヤモンドと同じような構造の結晶です。

ウ　多数のK^+どうしが自由電子で結びついた金属結合でできた結晶です。

エ　二つの**I**原子が共有結合で結びついてI_2分子ができます。さらに多数のI_2分子が分子間力で集まった結晶です。

オ　酢酸イオンCH_3COO^-（p.169参照）とNa^+がイオン結合で結びついた結晶です。ただし、酢酸イオンの内にある**C**原子と**H**原子、**C**原子と**C**原子、**C**原子と**O**原子、の間は共有結合で結びついています。

よって、共有結合をもつものは**イ、エ、オ**なので正解は⑥となります。

解答　⑥

04 Column

分子間で働く引力

電気的に中性な分子でも分子間で引力が働いて多数の分子が集まり、液体や固体になります。化学基礎では深く取り上げないことになっていますが、多少は知っておいたほうがよいでしょう。

おおまかに分けると、分子間で働く引力には、(1) **ファンデルワールス力**(りょく)と(2) **水素結合**(すいそけつごう)の2つがあります。

(1) ファンデルワールス力

極性分子間において、それぞれ正負の電荷をもつ部分で静電気的な引力が働きます。

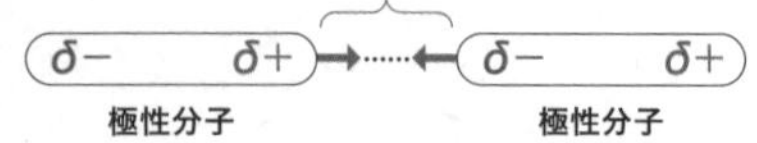

しかしファンデルワールス力の主な原因は、極性分子か無極性分子は関係なく**存在する、ある瞬間の電子の分布の偏り**。これが近くにいる分子の電子の分布に影響を与えて、その瞬間に静電気的な引力が働くのです。

(2) 水素結合

H—F、**H—O**、**H—N**のように電気陰性度に非常に差があり、極性の大きな共有結合をもつ場合は、正に帯電した**H**が負に帯電した**F**、**N**、**O**の非共有電子対を引きずりこむように強く引っ張ります。これを**水素結合**といい、フッ化水素、水、アンモニアなどの分子間でみられます。ファンデルワールス力より強いのが特徴です。

ファンデルワールス力

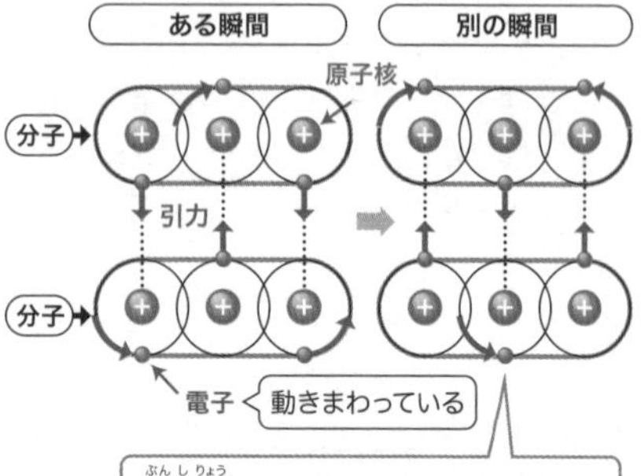

分子量(ぶんしりょう)(→p.127)が大きな分子は陽子数、すなわち分子内の電子数が多いため、引力が生じる回数が増えてファンデルワールス力が強くなります

HF フッ化水素

δ+ H−F δ− ……… δ+ H−F δ−

水素結合

NH_3 アンモニア

δ+ H, δ− N ……… δ+ H, δ− N

H_2O 水

δ+ H, δ− O

第5章

化学量論

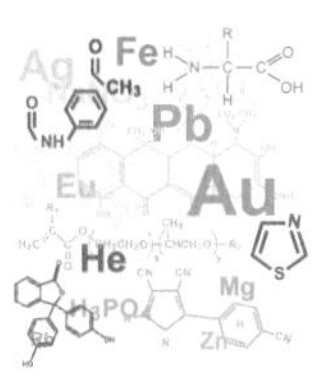

第1講

化学量

私たちが普段目にする物質には、とんでもない数の原子や分子が入っています。それを1個、2個……と数えるのは大変ですよね。そこで、原子や分子を集団としてあつかう考え方が登場します。

01 原子量、分子量、式量

化学量論は、化学変化における量的な関係を説明するための理論です。
原子や分子の数を1個ずつ数えるのは途方もないことですから、
その代わりに**物質を粒子の集団で表す物質量**を用います。
単位は“**mol**(**モル**)”です。
化学を学ぶ上で、これを使いこなせるようになることが
とても大事なことです。しっかりと身につけましょう。

物質量について学ぶ前に、まずはその前提となる話をしましょう。
たとえば、A君の質量(体重だと思ってください)が70kgで
B君の質量が60kgとします。
B君はA君がいなくても**絶対的**に60kgです。
では次にA君の質量を仮に7とすると、B君の質量はいくつになりますか?
6ですね。
A君の質量を3.5とすると、3です。
この場合の6や3といった値はA君という基準がないと成立しません。
これを**相対的な質量**、もしくは単に**相対質量**といいます。

体重70kg

体重60kg

絶対的 … 何にも制限されず単独で成立するさま。

ではここで、p.66で紹介した原子量をもう一度確認しましょう。
教科書などに載っている元素の周期表には
元素記号の下に原子量の値が記載されている場合が多いですね。
その値は、**質量数12の炭素原子^{12}Cの質量をちょうど12としたときのそれぞれの元素の原子の相対質量**です。
^{12}Cを基準の原子とするのは、1961年にIUPACという国際機関によって決められたからです。

$$原子の相対質量 = 12\times\frac{原子1個の質量}{^{12}C原子1個の質量}$$

ただし、自然界の炭素は^{12}Cが98.93%、^{13}Cが1.07%混ざっています。
このように、同じ元素の原子でも質量数の違う同位体が存在しています。

水素は自然界において^{1}Hや^{2}Hが存在します。
まずは^{1}H原子の相対質量を求めてみましょう。

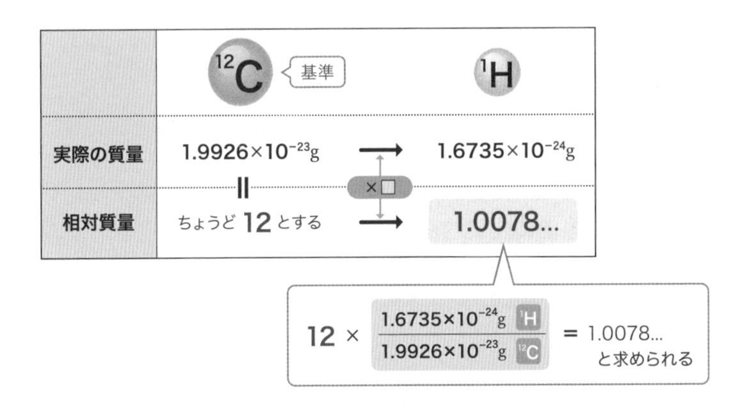

^{1}H原子の相対質量は1.0078...と決まりました。

このように、同位体を区別して相対質量の値を求めたら、
今度は各元素の同位体が自然界で存在する比率を考慮して
全部が同じ質量であると仮定した場合の値を出します。
いわゆる平均値ですね。
この値が、私たちが普段使う元素の原子量です。

IUPAC…1919年に設立された国際機関で、International Union of Pure and Applied Chemistryの略称。

先ほどは^{1}H原子を例に相対質量の値を求めましたが、
今度は塩素Clを例に原子量を計算してみましょう。

周期表でデータを調べると、塩素の原子量は**35.5**です。
塩素原子には^{35}Clと^{37}Clがありますが、これらの相対質量と
自然界での存在比から平均値を求め、原子量としています。
具体的には次のようにして計算します。

塩素の同位体	^{12}C＝12としたときの相対質量	自然界での存在比〔%〕
^{35}Cl	35.0	75
^{37}Cl	37.0	25

$$\text{塩素の原子量} = \frac{35.0 \times 75 + 37.0 \times 25}{100}$$

100個のClのうち75個が^{35}Clで、25個が^{37}Clです

$$= 35.0 \times 0.75 + 37.0 \times 0.25$$

$$= 35.5$$

同位体の相対質量に存在比率（全体を1あたりにする）をかけて和をとってもOK

つまり原子量とは、同位体ごとに相対質量は異なるものの、
同一元素はすべて同じ質量としてしまおう！　として求めた値なのです。

なぜこのようなことをするのでしょうか？
それは、**同位体は基本的に化学的性質が同じで同一元素に属するため、**
通常の化学反応を考えるときには区別しなくてよいからです。
ならば、あらかじめ全部同じ質量の塩素原子だと仮定して
相対的な質量をあつかったほうが便利だというわけですね。

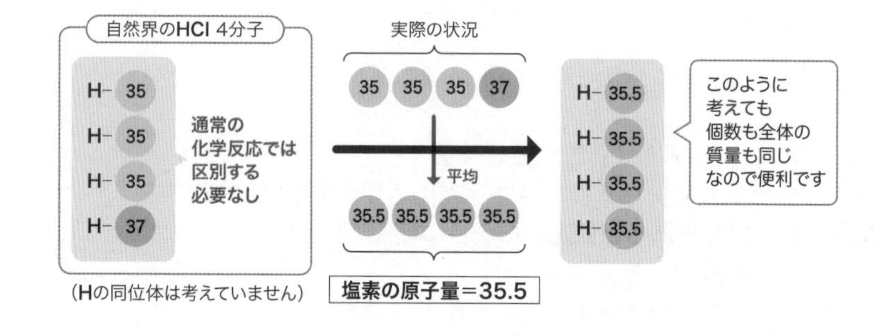

次の話に進む前に注意点を1つ。
同位体の相対質量は**質量数と近い数値になるように**
基準が設定されています。
しかし、陽子数と中性子数の和を取っただけの質量数の比は
実際の質量の比と厳密には一致しません。
注意してください。

	^{1}H	^{2}H
質量数	1	2
^{12}C＝12としたときの相対質量	1.0078	2.0141

正確には1:2にはならないよ

ここまで原子量について学んできましたが、しっかり理解できたでしょうか？

では、次に化学式1個分の相対質量を考えていきましょう。
分子式（→p.14）1つ、つまり**分子1個分の相対質量を分子量**といいます。
一方、組成式（→p.93）やイオン式（→p.59）1つ、
つまり**組成式で表した1単位分やイオン1個分の相対質量**を**式量**（しきりょう）といいます。

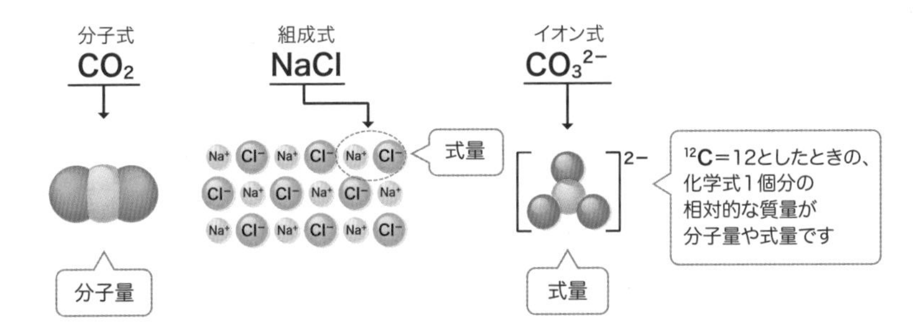

もちろん、これらも^{12}Cの質量をちょうど12としたときの
相対質量にしたいので、公的に発表された原子量の値を使って計算します。
なお、入試では原子量は問題文中か問題冊子の最初に記載されるので、
その値を使って解いてください。

では、次の値を使って(1)〜(3)の値を求めてみましょう。

分子量と式量の求め方

原子量 炭素 C=12.0　酸素 O=16.0
ナトリウム Na=23.0　塩素 Cl=35.5

(1) 二酸化炭素CO_2の分子量

$$CO_2\ 1分子 = C + O\ 2つ$$
$$= 12.0 + 16.0 \times 2$$
$$= 44.0$$

(2) 塩化ナトリウムNaClの式量

$$NaCl\ 1単位 = Na + Cl$$
$$= 23.0 + 35.5$$
$$= 58.5$$

(3) 炭酸イオンCO_3^{2-}の式量

$$CO_3^{2-}\ 1つ = C + O\ 3つ + \cancel{余分な電子2つ}$$
$$= 12.0 + 16.0 \times 3$$
$$= 60.0$$

電子は非常に軽いので質量を無視してよい

02 物質量

では、いよいよ物質量について学んでいきましょう。
普段の生活の中でも、ひとまとめに物質を数えることはよくありますね。
砂糖や塩ならスプーン1杯、2杯……、お米なら1合、2合……という具合に、
一粒ずつ数えるのではなく、ある程度まとめてあつかっています。
鉛筆やジュースでも数が多くなると12本で1ダースとまとめますよね。

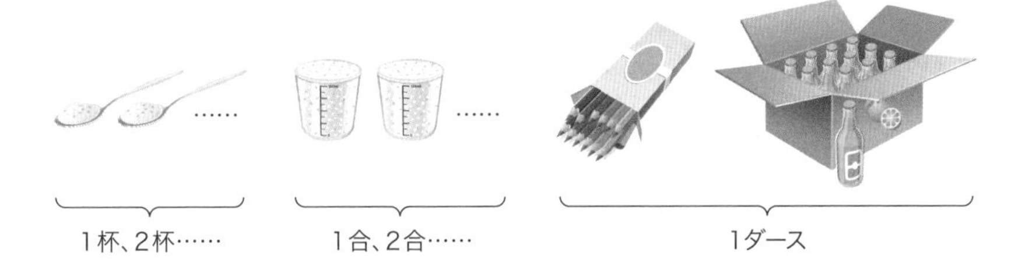

原子や分子といった**ミクロ**な粒子をあつかうときは、
種類に関係なく$6.02214076 \times 10^{23}$個で、
ひとまとめにして数えると国際的に決められています。
ここからは簡単に**6.02×10^{23}個**とします。
6.02×10^{23}個の粒子の集団を**1mol**とし、molを単位として表した量を
物質量といいます。

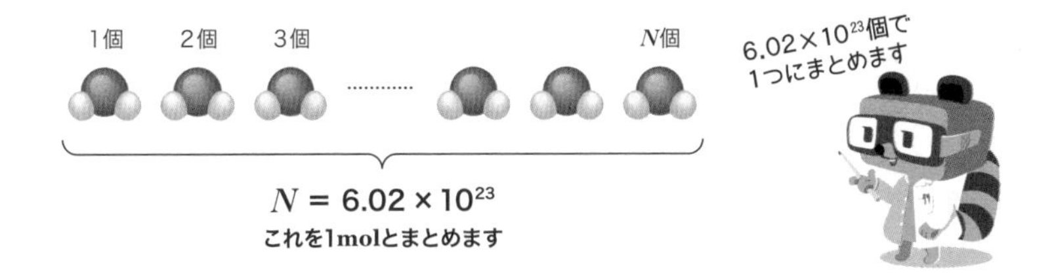

1molあたりの粒子数は〔/mol〕や〔mol^{-1}〕という単位で表され、
アボガドロ定数（Avogadro constant）といい、記号でN_Aと表記します。
アボガドロ定数N_Aの単位は日本語を用いて〔個/mol〕としたほうが
わかりやすいかもしれませんね。
国内外で認められている表記ではないですが……。
本書では、理解しやすいようちょくちょく使います。

ミクロ … 非常に小さいこと。

物質量の単位〔mol〕の由来はラテン語で塊（かたまり）を意味するmolesからですが、日本語の“盛（も）る”と同じイメージです。

まず、あつかい方に慣れるところから始めましょう。
たとえば、2molだったら$2 \times 6.02 \times 10^{23}$個$\fallingdotseq 1.2 \times 10^{24}$個の集団、
0.1molだったら$0.1 \times 6.02 \times 10^{23}$個$= 6.02 \times 10^{22}$個の集団のことです。
つまり、**$n \times 6.02 \times 10^{23}$個で$n$〔mol〕**となります。

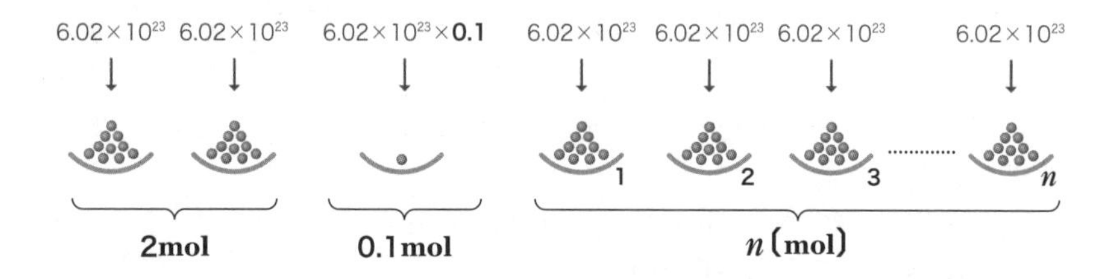

試験では、アボガドロ定数の値は原子量と同様に問題文で与えられますから正確に記憶する必要はありません。
とりあえず、6.02×10^{23}/molくらいであるとだけ知っておいてください。

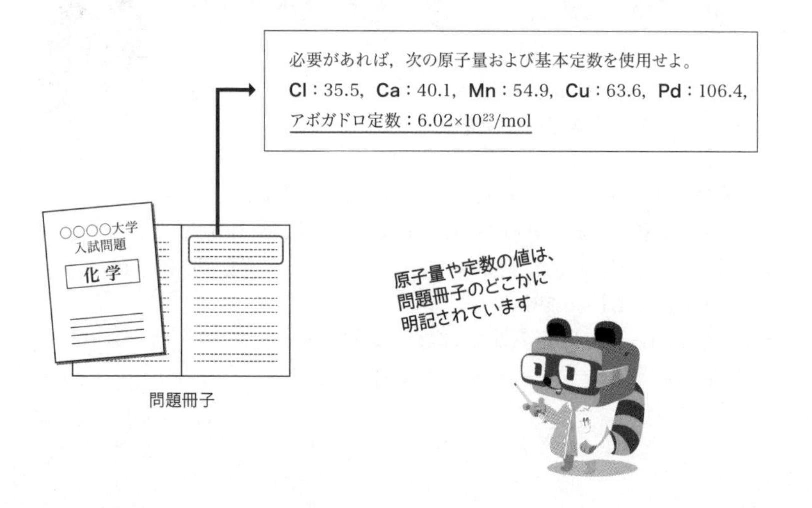

では、このアボガドロ定数を他の量と結びつけていきます。
まず状態や温度の変化に左右されない量である
質量からいきましょう。

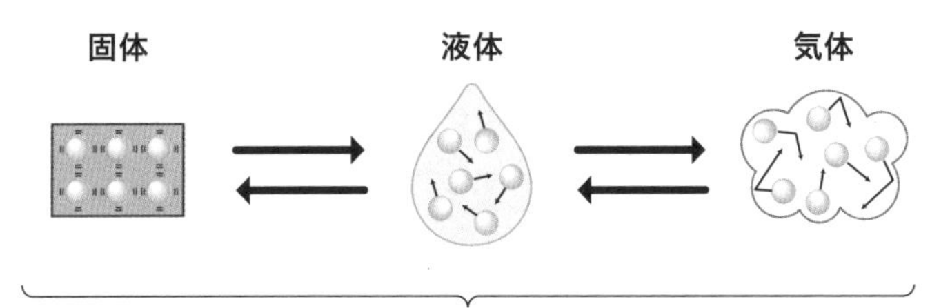

状態や温度が変わっても粒子数と質量は変わらないね

ミクロな世界の粒子の質量は、
原子量、分子量、式量といった相対的な質量としてあつかいましたね。
マクロな世界の質量との橋渡しがアボガドロ定数の役割です。

まず、ある粒子の原子量、分子量、式量に“g”をつけた
その粒子の集団を考えてください。
それが、6.02×10^{23} 個に相当します。
原子量の基準である ^{12}**C**で考えてみましょう。
^{12}**C**＝12でしたから、12gの ^{12}**C**だけの塊をもってきます。

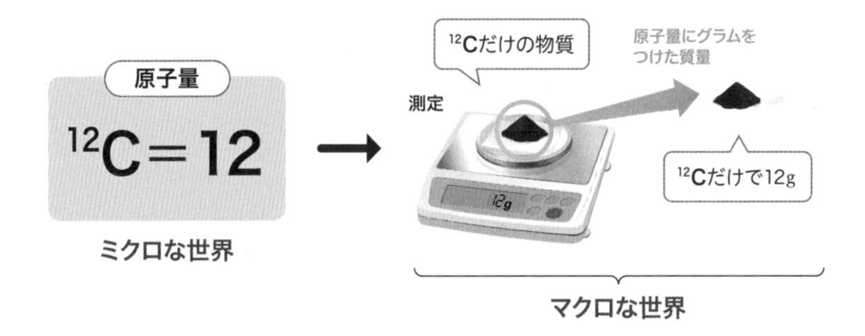

Reading Hints
マクロ … 非常に大きいこと。

^{12}C原子１個の質量の値を調べると、1.9926×10^{-23}g
となっています。
この値を用いて12gの^{12}Cだけの塊に含まれる^{12}C原子の数を
求めてみましょう。

$$\frac{12\text{g}}{\underbrace{1.9926 \times 10^{-23}\text{g/個}}_{^{12}\text{C原子1個の質量}}} \fallingdotseq 6.02 \times 10^{23}\text{個}$$

^{12}Cが12gあるとき、^{12}C原子は6.02×10^{23}個
すなわち１molありますね。

では、次にCO_2とNaClはどうでしょうか？
CO_2の分子量は44.0だったので44.0gの二酸化炭素を、
NaClなら式量は58.5だったので58.5gの塩化ナトリウムを考えましょう。

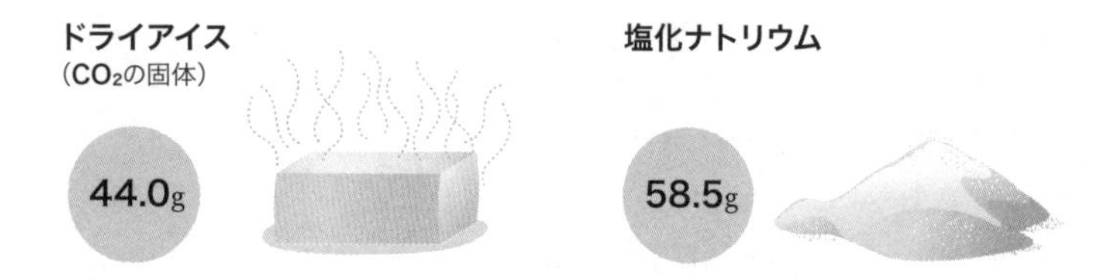

これらの中に、CO_2分子やNaClの組成単位はいくつ含まれるでしょうか？
CO_2分子１個の質量は^{12}C原子の$\dfrac{44.0}{12}$倍、

NaCl １単位の質量は^{12}C原子の$\dfrac{58.5}{12}$倍ですから、

やはり6.02×10^{23}個だけ集まったときに、質量が
それぞれ44.0g、58.5gになります。

^{12}C	12g	=	6.02×10^{23}	×	（^{12}C 1個の質量）
			‖		
CO_2	44.0g	=	6.02×10^{23}	×	（CO_2 1個の質量）
			‖		
NaCl	58.5g	=	6.02×10^{23}	×	（NaCl 1単位の質量）

（^{12}C 1個の質量）$\times \dfrac{44.0}{12}$ →（CO_2 1個の質量）

（^{12}C 1個の質量）$\times \dfrac{58.5}{12}$ →（NaCl 1単位の質量）

これは、他の物質にも当てはまりますね。
原子量、分子量、式量の数値に“g”をつけた質量には
その粒子が1molすなわち6.02×10^{23}個だけ含まれているのです。
物質1molあたりの質量を**モル質量**といい、
数字は原子量・分子量・式量と同じですが、
〔**g/mol**〕という単位をもっています。

モル質量

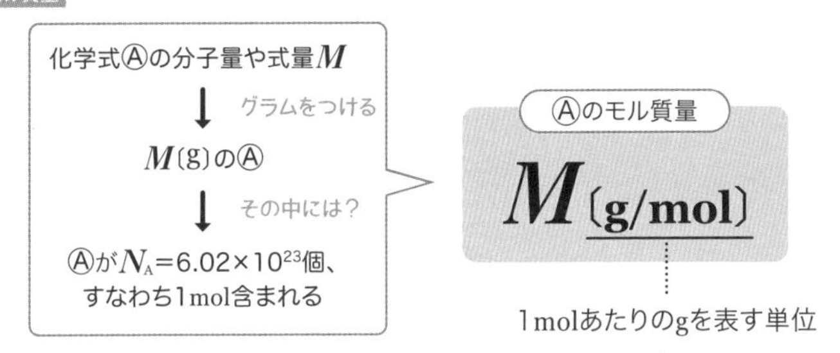

なお、^{12}C原子を厳密に
$6.02214076 \times 10^{23}$個集めて
質量を測定すると、
11.999999...gとなりますが、
12gとしてかまいません

03 物質量とその他の量との換算

まず、物質量と粒子の数、物質量と質量の関係をまとめ直しておきましょう。
単位に注意して確認してください。

$$\text{物質量(mol)} = \frac{\text{質量(g)}}{\text{モル質量(g/mol)}} \longleftarrow \text{単位}\ \frac{\cancel{\text{g}}}{\cancel{\text{g}}/\text{mol}} = \frac{1}{1/\text{mol}} = \text{mol}$$

$$\text{物質量(mol)} = \frac{\text{粒子数}}{\text{アボガドロ定数(/mol)}} \longleftarrow \text{単位}\ \frac{\cancel{\text{個}}}{\cancel{\text{個}}/\text{mol}} = \frac{1}{1/\text{mol}} = \text{mol}$$

今度は、体積と物質量の関係を考えてみましょう。
一般には、同じ物質が同じ物質量あったとしても、
温度や圧力が変化すると**熱運動の激しさや粒子の集まり方が変化**するので
物質の体積は変わるはずです。

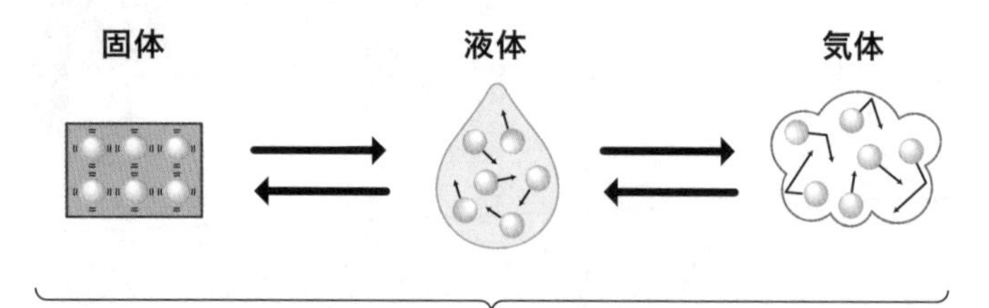

粒子数や質量が変わらなくても体積は変わります

気体は、液体や固体にくらべて分子と分子の間がかなり離れています。
スカスカな空間ですね。
そこで、気体では分子の大きさや分子間の引力といった
物質の種類による影響がかなり小さいはずです。
ということは、**同じ温度・同じ圧力のもとで気体状態にある物質だけは、**
同じ分子数で同じ体積を示すと考えてもよさそうです。
これを**アボガドロの法則**といいます。

0℃、1.013×10⁵Paの標準状態にある気体では、種類によらず
1molの分子が示す体積はだいたい**22.4L**(リットル)を示します。
バスケットボールくらいのサイズです。
この値を気体の**モル体積**といい、単位は〔**L/mol**〕となります。

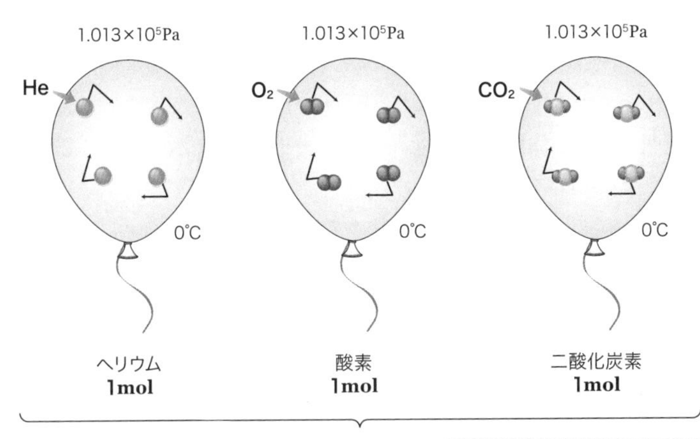

一方、固体や液体の場合は、先ほども話したとおり
粒子の大きさや集まり方、結合の違いによる影響が大きくなるので、
同温・同圧でも種類が異なると体積は変わってきます。

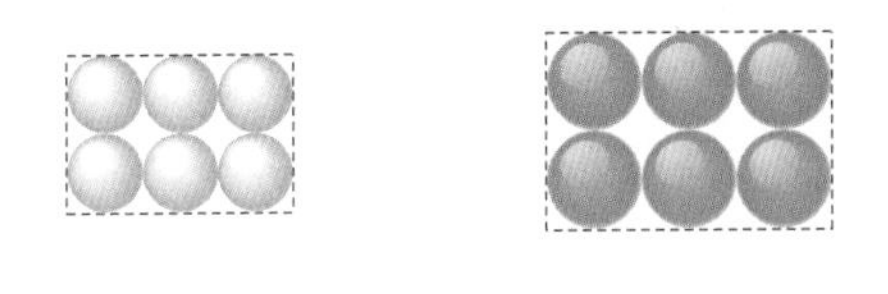

同じ粒子数でも種類が異なると体積が変わります

固体や液体の体積から物質量を求める場合は、
密度を用いて質量を求めてから計算しましょう。
密度とは$1cm^3$や1mLといった**単位体積あたりのその物質の質量**です。
〔$\mathbf{g/cm^3}$〕や〔$\mathbf{g \cdot cm^{-3}}$〕などの単位で表します。

たとえばダイヤモンドの密度は3.5g/cm³です。
これは1cm³のダイヤモンドが3.5gに相当することを意味しています。

密度〔g/cm³〕＝ **質量**〔g〕／**体積**〔cm³〕

ダイヤモンドなら3.5g/cm³ ＝ 3.5g／1cm³ で、1cm³で3.5gです

ここまで説明してきた体積と物質量の関係をまとめると、次のようになります。
単位をよく確認しましょう。

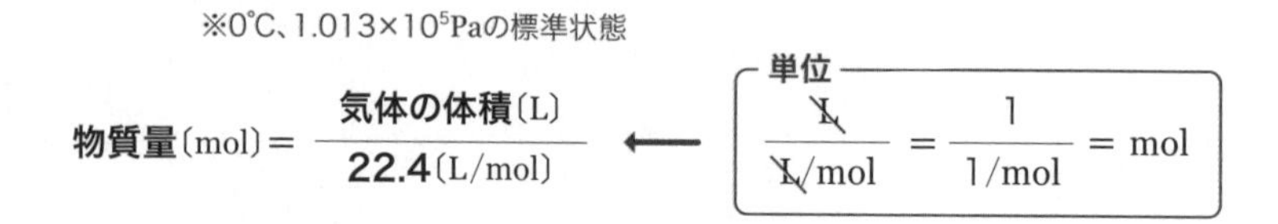

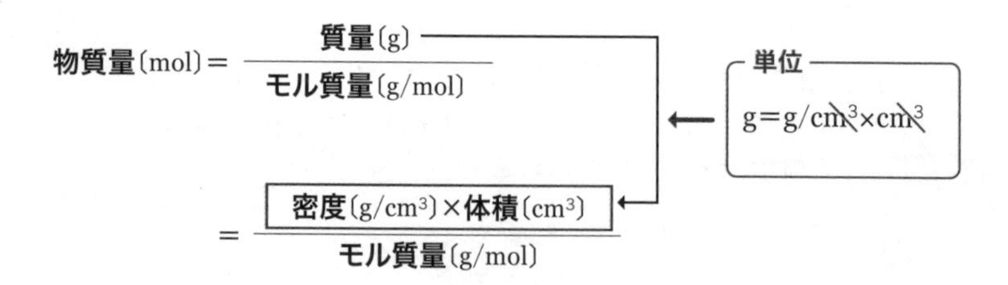

第2講
溶液の濃度

化学反応を起こそうと、溶液をつくってこれらを混ぜ合わせることがありますね。このとき、物質量を求めるために溶液の濃度が必要となってきます。ここでは、その濃度について考えていきましょう。

01 溶液の濃度

ある物質を適当な液体に溶かして完全に均一（きんいつ）になった液体混合物を、
溶液といいます。
前者の"ある物質"を溶質（ようしつ）、後者の"（ある物質を）溶かす液体"を
溶媒といいます。

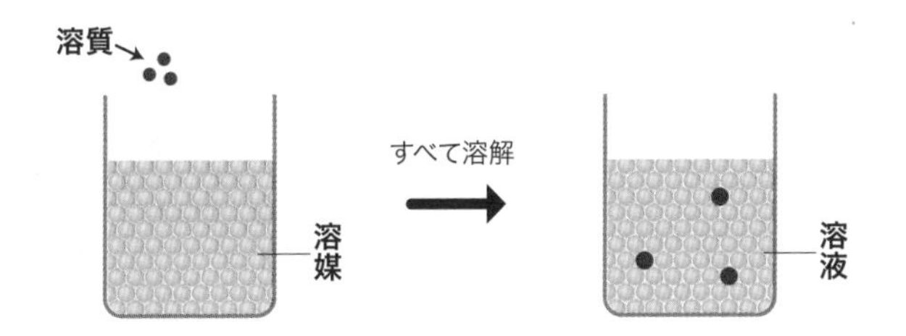

溶液の中に溶質がどの程度溶けているかを表す量が濃度です。
高校化学では、**質量パーセント濃度**や**モル濃度**をよく使います。
まずは、これらの定義を記憶しましょう。
次のページを見てください。

均一 … どの部分をとっても性質や様子が同じであること。

質量パーセント濃度

溶液の質量〔g〕に対し、溶けている溶質の質量〔g〕の割合を**パーセント**〔%〕で表した濃度。単位をもたない数値であるが、溶液100gあたりに含まれる溶質の質量〔g〕を表している。

求め方

$$\text{質量パーセント濃度〔\%〕} = \frac{\text{溶質の質量〔g〕}}{\text{溶液の質量〔g〕}} \times 100$$

$$= \frac{\text{溶質の質量〔g〕}}{\text{溶質の質量〔g〕} + \text{溶媒の質量〔g〕}} \times 100$$

塩化ナトリウム25gを
水100gに溶かすと
溶液全体の質量は125gとなります。
よって、濃度は

$\frac{25}{125} \times 100 = 20\%$ です

モル濃度

溶液1Lあたりに溶けている溶質の物質量〔mol〕で表した濃度。
単位は〔mol/L〕である。

求め方

$$\text{モル濃度〔mol/L〕} = \frac{\text{溶質の物質量〔mol〕}}{\text{溶液の体積〔L〕}}$$

0.1mol/Lの塩化ナトリウム水溶液とは、水1Lに塩化ナトリウムを0.1mol溶かしたものではなくて、水に塩化ナトリウム0.1molを溶かしたあとに体積を1Lにしたものです

同じ溶液でも、濃度の表し方が異なると数値が異なります。
表し方を変えるときは、単位をよく見て計算しましょう。

Reading Hints **パーセント** … 全体を100としたときの割合。パーセント記号〔%〕で表す。

例題

> **問**　ある物質（分子量M）の溶液があり、質量パーセント濃度でA%、溶液の密度はd〔g/cm^3〕であった。この溶液のモル濃度をC〔mol/L〕とする。Cを文字式で表せ。

解説

まず、この溶液100gに対して溶質がA〔g〕溶けていますね。
モル濃度の単位は〔mol/L〕ですから、
溶質A〔g〕が物質量で何molか、溶液100gが体積で何Lか、
それぞれ求めてからmolをLで割り算すればよいのです。

手順1　溶質：質量から物質量へ
溶質のモル質量がM〔g/mol〕なので、
A〔g〕に相当する溶質の物質量は次のように求まります。

$$\text{溶質の物質量〔mol〕} = \frac{A\text{〔g〕}}{M\text{〔g/mol〕}} \quad \cdots\cdots (1)$$

手順2　溶液：質量から体積へ
密度がd〔g/cm^3〕なので、溶液d〔g〕が1cm^{3}に相当します。
まず、溶液の質量〔g〕から体積〔cm^3〕を求めましょう。
次に1L=1000mL=1000cm^{3}の換算関係を用いてcm^{3}からLに直します。

溶液の質量〔g〕　溶液の体積〔cm^3〕　溶液の体積〔L〕

$$100\text{g} \longrightarrow \text{溶液}\ 100\text{g} \times \frac{1\text{cm}^3}{d\text{〔g〕}} = \frac{100}{d}\text{〔cm}^3\text{〕} \longrightarrow \frac{100}{d}\text{〔cm}^3\text{〕} \times \frac{1\text{〔L〕}}{1000\text{〔cm}^3\text{〕}}$$

gからcm^3　　溶液d〔g〕が1cm^{3}に相当します　　cm^{3}からL

$$= \frac{1}{10d}\text{〔L〕} \quad \cdots\cdots (2)$$

05 化学量論

手順3 **単位に注意して、答えを求める**

モル濃度の単位がmol/Lであることに注意して割り算を実行します。

$$\text{モル濃度〔mol/L〕} = \frac{\text{溶質の物質量〔mol〕}}{\text{溶液の体積〔L〕}}$$

(1)、(2) 代入

$$= \frac{\dfrac{A}{M}\text{〔mol〕}}{\dfrac{1}{10d}\text{〔L〕}} = \frac{10Ad}{M}\text{〔mol/L〕}$$

02 溶解度

ある温度で一定量の溶媒に溶質を溶かしていくと、
どこかで溶質が溶けずに残るようになります。
溶け残った溶質をろ過すると、**その温度での最も濃い溶液が得られます**。
これを**飽和溶液**(ほうわようえき)といい、
飽和溶液中における溶質の濃度のことを**溶解度**といいます。

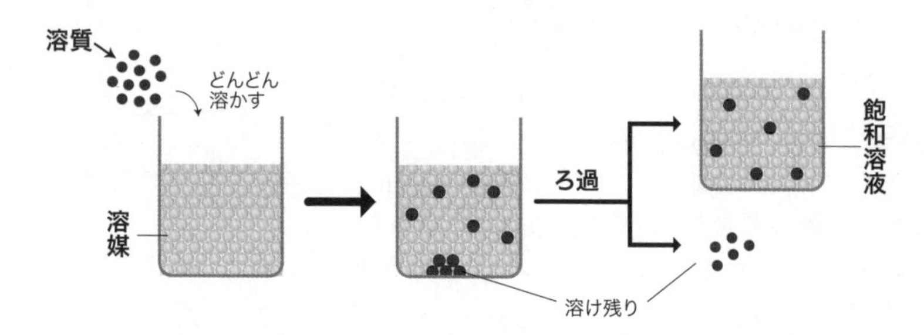

溶解度の表し方にはいろいろありますが、最も一般的なのは
一定量の溶媒に対して溶かすことができる溶質の最大質量で表す方法です。

Reading Hints
飽和 … 目いっぱい満たされている状態。

たとえば、硝酸カリウムKNO_3は10℃で水100gに22gまで溶けるので、溶解度を**22〔g/100g水〕**と表します。
この溶液の濃度を質量パーセント濃度で表すと、次のようになります。

飽和溶液の濃度

水100gに22g溶けている　　　　溶液(100+22)gに22g溶けている

$$22\left[\mathrm{g}/100\,\mathrm{g}\,\text{水}\right] \Rightarrow \frac{22\,\mathrm{g}}{100\,\mathrm{g}\,(\text{水})} \rightarrow \frac{22\,\mathrm{g}}{(100+22)\,\mathrm{g}\,(\text{溶液})}\times 100$$

$$\fallingdotseq \underline{18.0}\,\%$$

質量パーセント濃度

また、溶解度は温度によって変化します。
70℃の水100gに硝酸カリウムを40g溶かした溶液を
10℃まで冷却したとしましょう。
10℃では水100gに硝酸カリウムは22gまでしか溶けません。
40－22＝18gに相当する硝酸カリウムが溶けきれなくなり、
結晶として析出します。

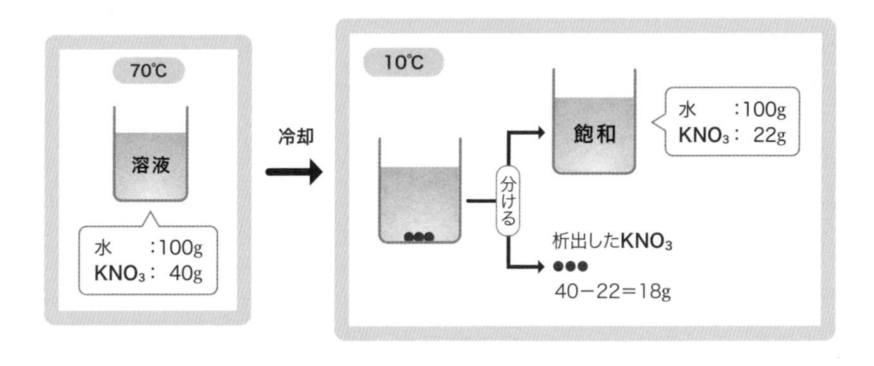

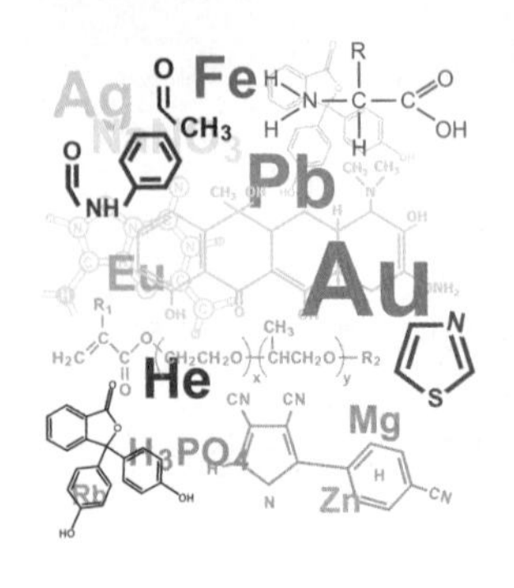

第3講

化学反応式と物質量

化学反応式の係数は、化学式で表された粒子が、反応によって何個できたりなくなったりするかを表していましたね。これを利用して、化学反応におけるマクロな量的変化を考えていきましょう。

01 化学反応式の係数と物質量

まずは、水素と酸素から水が生じる反応を考えてみましょう。
化学反応式では次のように表せます。

$$2H_2 + O_2 \longrightarrow 2H_2O$$

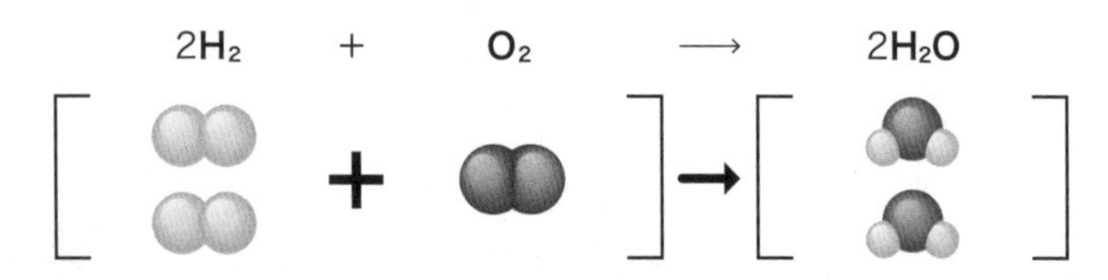

化学式の前の係数は、水素分子 H_2 2個と酸素分子 O_2 1個から水分子 H_2O が2個できることを表しています。
1回反応が起こって変化する分子数を比で表すと、2:1:2です。
マクロなレベルで反応が起こると、多くの水素分子と酸素分子からこれまた多くの水分子が生じますが、
このとき増減する分子数の比も同様に2:1:2になります。

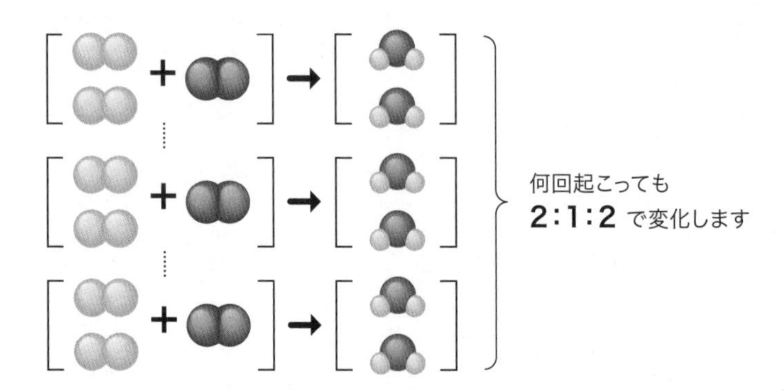

では、この反応で水素分子 H_2 $2N$ 個がなくなったとしましょう。
$N = 6.02 \times 10^{23}$ とすると、
水素分子は2molなくなったということになります。
このとき酸素分子 O_2 は N 個（＝1mol）なくなっていないといけませんね。
さらに水分子 H_2O が $2N$ 個（＝2mol）生じているはずです。

$$(2H_2 + O_2 \longrightarrow 2H_2O) \times N$$

↓

2molの H_2 と1molの O_2 ⟶ 2molの H_2O

つまり、
化学反応式の係数の比は、反応によって変化した物質量の比を表している
といえるのです。

02 化学反応式を用いた反応によって変化した量の計算

化学反応式の係数を使って、
反応による量的な変化を計算することができます。
たとえば、水素 H_2 4molと酸素 O_2 6molを用意して、
水素が完全に反応したとしましょう。
まず反応前の量、変化した量、反応後の量に分けて考えます。

	$2H_2$	＋ O_2	→ $2H_2O$	
反応前の量	4	6	0	mol
変化した量				mol
反応後の量				mol

反応前の物質量〔mol〕をそれぞれの化学式の下に書いてみました。

化学反応式の係数から、反応によって変化する物質量の比は
水素 H_2：酸素 O_2：水 H_2O＝2：1：2でしたね。
4molの水素 H_2 が反応によって全部なくなると
消費される酸素 O_2 と増加する水 H_2O の物質量は次のようになります。

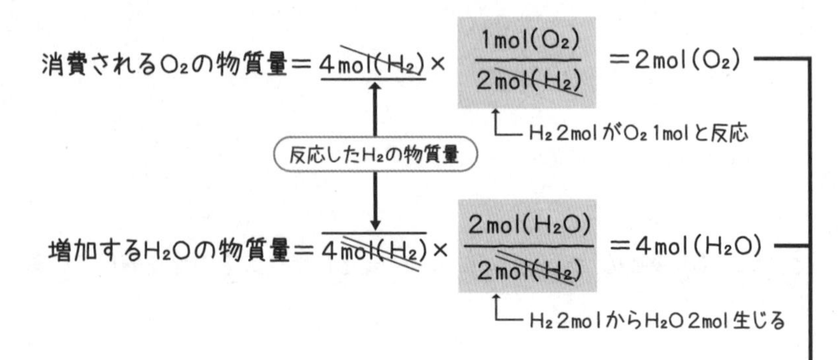

そこで、反応後に残っている酸素 O_2 と水 H_2O の物質量は
次のように求めることができます。

	$2H_2$	＋ O_2	→ $2H_2O$	
反応前の量	4	6	0	mol
変化した量	−4	−2	＋4	mol
反応後の量	0	4	4	mol
		残っています		

ここで、「残っている酸素 O_2 の質量を求めよ」と問われれば、
酸素の原子量 O＝16.0を用いて、分子量 O_2＝32.0として
次のように計算できますね。

$$4\,\text{mol} \times 32\,\frac{\text{g}}{\text{mol}} = 128\,\text{g}$$

残っているO_2の物質量　O_2のモル質量　残っているO_2の質量

もう1題練習してこの章を終わりにしましょう。

例題

問　3.0gの黒鉛Cを十分な量の酸素O_2を用いて完全に燃焼したときに生じる二酸化炭素は0℃、1.013×10^5Paの標準状態で何Lの体積を示すか？小数点以下第1位まで求めよ。0℃、1.013×10^5Paの標準状態の気体のモル体積は22.4L/molとし、Cの原子量は12とせよ。

解説

(1) まず化学反応式を正確に書く。

$$C + O_2 \rightarrow CO_2$$

係数から物質量比は1:1:1です

(2) 与えられた量を物質量に直す。

$$\text{Cの物質量} = \frac{3.0\,\text{g}}{12\,\text{g/mol}} = 0.25\,\text{mol}$$

(3) 反応前、変化量、反応後に分けて考える。

	C	+	O_2	→	CO_2	
反応前	0.25		十分量		0	mol
変化量	−0.25		−0.25		+0.25	mol
反応後	0		十分量		0.25	mol

(4) 物質量を要求された量に直す。

二酸化炭素の体積（0℃、1.013×10^5Paの標準状態）$= 0.25\,\text{mol} \times 22.4\,\text{L/mol}$

$= 5.6\,\text{L}$

05 化学量論

第５章のまとめ

原子量

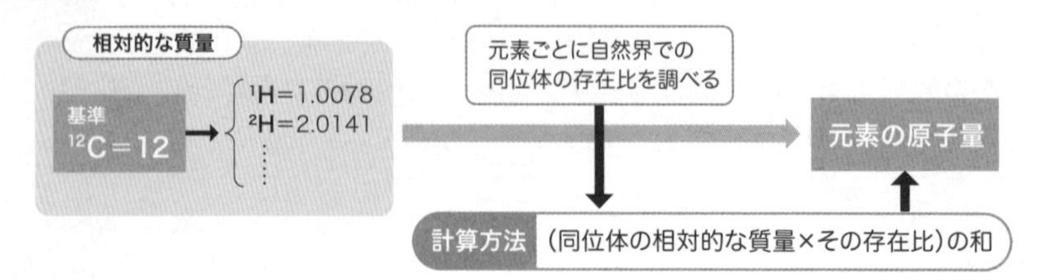

物質量

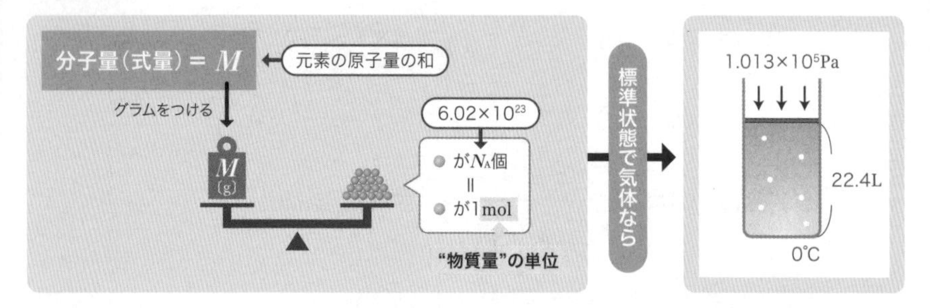

濃度

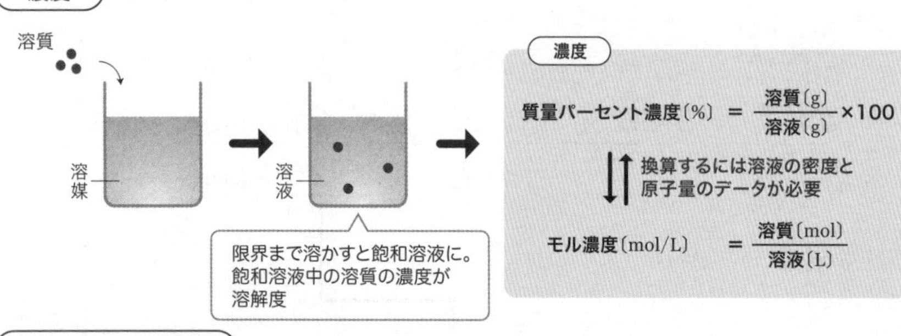

化学反応式と物質量

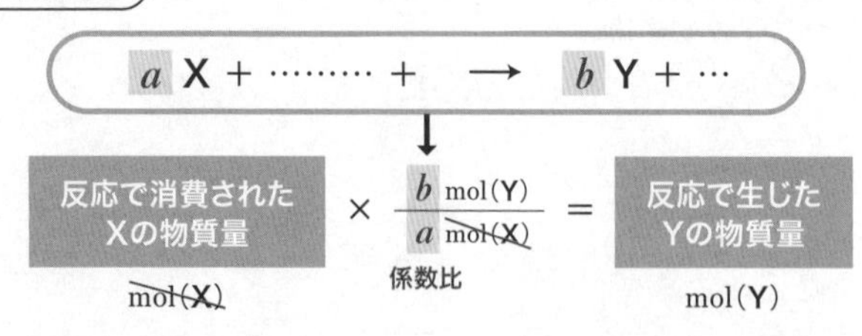

練習問題

問1　原子の質量は、「炭素原子 ^{12}C 1個の質量を（　a　）とする」という基準をもとにした原子の相対質量であつかう。各元素の原子量は、その原子の（　ア　）の相対質量に（　イ　）をかけて求めた平均値で表される。原子量と同じ基準に従って表した分子の相対質量の平均値を分子量という。イオンやイオンでできた物質では、分子量のかわりにイオン式や（　ウ　）式中の全構成原子の原子量の総和で表した（　エ　）を用いる。

6.02×10^{23} 個の同一種類の粒子集団を1molと表し、molを単位として表した粒子集団の量を物質量という。また、同一種類の粒子1molあたりの質量を（　オ　）という。

アボガドロの法則により「すべての気体は、（　カ　）のもとでは、同体積中に同数の分子を含む」ということがわかっている。実際の測定において0℃、1.013×10^{5}Paの標準状態では窒素や酸素など、ほとんどの気体の1molの体積は22.4Lである。

［問］　**aには整数値を、ア～カには適当な語句を入れ文章を完成せよ。**

（京都薬科大）

解説　すべてp.124～136の本文中で解説した用語と数値ですね。間違えた人はもう一度読み直しましょう。アボガドロの法則については05 Column（→ p.158）も参照してください。

解答　**a 12**
ア 同位体　イ 存在比（もしくは存在比率や存在割合でもOK）
ウ 組成　エ 式量　オ モル質量　カ 同温・同圧

問2　カリウムの原子量は39.10である。カリウムには質量数39（相対質量38.96）の同位体のほかに、質量数41（相対質量40.96）の同位体が天然に存在する。質量数39の同位体の存在比は何％か。小数点以下第1位まで求めよ。

（名古屋大）

05 化学量論

^{39}Kの存在比がx%なら、^{41}Kの存在比は$100-x$%となります。K原子100個のうち、^{39}Kがx個なら^{41}Kは$100-x$個ということですね。

同位体	相対質量	存在比〔%〕
^{39}K	38.96	x
^{41}K	40.96	$100-x$

平均 ⟶ Kの原子量 39.10

$$38.96 \times \frac{x}{100} + 40.96 \times \frac{100-x}{100} = 39.10$$

同位体の相対質量 × 存在比 の和　　　原子量

$$38.96x + 40.96 \times 100 - 40.96x = 3910$$
$$-40.96x + 38.96x = 3910 - 4096$$
$$-2x = -186$$

よって、$x = 93.0$

解答 93.0%

問3 次の①～⑤のうちから、式量の値が最も小さいものを一つ選べ。原子量は次の値を用いよ。

① NaCl　② $MgCl_2$　③ MgO　④ Na_2SO_4　⑤ K_2SO_4

元素	O	Na	Mg	S	Cl	K
原子量	16.0	23.0	24.3	32.1	35.5	39.1

（センター試験）

①Na＋Cl＝23.0＋35.5＝58.5
②Mg＋Cl×2＝24.3＋35.5×2＝95.3
③Mg＋O＝24.3＋16.0＝40.3
④Na×2＋S＋O×4＝23.0×2＋32.1＋16.0×4＝142.1
⑤K×2＋S＋O×4＝39.1×2＋32.1＋16.0×4＝174.3

よって、③が最も小さい値です。

解答 ③

問4 次の記述ア〜ウで示される物質量a〜cの大小関係として最も適当なものを、以下の①〜⑥のうちから1つ選べ。ただし、アボガドロ定数を6.0×10^{23}〔1/mol〕とする。

ア **塩化物イオン8.0×10^{23}個を含む塩化マグネシウムの物質量**a
イ **分子数が5.0×10^{23}個のアルゴンの物質量**b
ウ **水素原子9.0×10^{23}個を含むアンモニアの物質量**c

① $a>b>c$　② $a>c>b$　③ $b>c>a$
④ $b>a>c$　⑤ $c>a>b$　⑥ $c>b>a$

（センター試験）

ア **Mg^{2+}**と**Cl^-**のイオン結合からなる物質が塩化マグネシウムなので組成式は**$MgCl_2$**、つまり**Cl^-**2個で**$MgCl_2$**が1単位できます。8.0×10^{23}個の**Cl^-**からは8.0×10^{23}個$\times \dfrac{1単位}{2個} = 4.0 \times 10^{23}$単位の**$MgCl_2$**ができます。
よって、物質量は

$$a = \frac{4.0 \times 10^{23}単位}{6.0 \times 10^{23}単位/\mathrm{mol}} = \frac{2}{3} = 0.667\ldots \mathrm{mol}$$

イ アルゴン**Ar**は18族の元素であり単原子分子として存在します。
よって、物質量は

$$b = \frac{5.0 \times 10^{23}個}{6.0 \times 10^{23}個/\mathrm{mol}} = \frac{5}{6} = 0.833\ldots \mathrm{mol}$$

ウ **N**原子1個と**H**原子3個が共有結合することでアンモニア**NH_3**分子が1個、つまり**H**原子3個で**NH_3**が1つできます。9.0×10^{23}個の**H**からは

9.0×10^{23}個(H)$\times \dfrac{1個(NH_3)}{3個(H)} = 3.0 \times 10^{23}$個の**$NH_3$**ができます。
よって、物質量は

$$c = \frac{3.0 \times 10^{23}個}{6.0 \times 10^{23}個/\mathrm{mol}} = \frac{1}{2} = 0.5\,\mathrm{mol}$$

よって$b>a>c$。

④

問5 最新のインクジェットプリンターは、その微細孔から射出される液滴1滴が1pL（ピコリットル、10^{-12}L）まで微細化されているため、高精細な印刷が可能である。この液滴が水のみから構成されている場合、液滴1滴の中に含まれる水分子の数は何個か。最も近いものを1つ選べ。なお、水の密度は1g/cm^{3}とする。原子量はH＝1.0、O＝16.0、アボガドロ定数はN_A＝6.0×10^{23}/molとする。

① **3×10^{10}個**　② **3×10^{11}個**　③ **3×10^{13}個**　④ **3×10^{14}個**
⑤ **6×10^{11}個**　⑥ **6×10^{12}個**　⑦ **6×10^{14}個**　⑧ **6×10^{15}個**

（中央大）

解説 1滴＝1×10^{-12}L、1L＝1000cm^{3}と密度から水1滴の質量を求めます。

$$\underbrace{1\times10^{-12}\,\cancel{L}\times\frac{1000\,\cancel{cm^3}}{1\,\cancel{L}}}_{1滴の体積〔cm^3〕}\times1\,\frac{g}{\cancel{cm^3}}=1\times10^{-9}\,g$$

H_2Oの分子量は1.0×2＋16.0＝18.0なのでH_2Oのモル質量は18.0g/mol。この中に含まれるH_2Oの物質量は、

$$\frac{1\times10^{-9}\,\cancel{g}}{18.0\,\cancel{g}/mol}=\frac{1}{18}\times10^{-9}mol$$

よって、分子数は

$$\frac{1}{18}\times10^{-9}\cancel{mol}\times6.0\times10^{23}個/\cancel{mol}$$

$$=\frac{1}{3}\times10^{14}$$

$$=0.333\ldots\times10^{14}\leftarrow\underbrace{(0.333\ldots\times10)\times10^{13}}_{\times10^{14}}=3.33\ldots\times10^{13}$$

$$\fallingdotseq3\times10^{13}個$$

となり、③が正解になります。

解答 ③

問6　水溶液に関する以下の問いに答えよ。解答の数値は小数点以下第1位まで求めよ。原子量は**H**＝1.0、**C**＝12.0、**O**＝16.0、**Cl**＝35.5とする。

(1) シュウ酸二水和物（$(COOH)_2 \cdot 2H_2O$）を用いて、0.250mol/Lの水溶液を500mLつくりたい。シュウ酸二水和物は何g必要か。

(2) 実験に用いる濃塩酸は、濃度35.0%、密度1.18g/cm³である。この塩酸のモル濃度は何mol/Lか。

（静岡県立大）

解説　(1) シュウ酸の構造式は、

```
O
‖
C-O-H
|
C-O-H
‖
O
```

です。これを$(COOH)_2$と表しています。
$H_2C_2O_4$と表すこともあります。

必要なシュウ酸$(COOH)_2$の物質量は

$$= 0.125\,\text{mol}$$

シュウ酸二水和物$(COOH)_2 \cdot 2H_2O$とは、$(COOH)_2$1分子あたりH_2Oを2分子含んだ固体です。この水分子は水和水（もしくは結晶水）といい、水に溶かすと溶媒の水分子と区別がつきません。$(COOH)_2 \cdot 2H_2O$を0.125mol用意すると、水溶液中に$(COOH)_2$が0.125mol含まれます。

$$
\begin{aligned}
(COOH)_2 \cdot 2H_2O\text{の式量} &= (COOH)_2 + H_2O \times 2 \\
&= (12.0 + 16.0 \times 2 + 1.0) \times 2 \\
&\quad + (1.0 \times 2 + 16.0) \times 2 \\
&= 126.0
\end{aligned}
$$

なので、$(COOH)_2 \cdot 2H_2O$のモル質量は126.0g/molだから、

$$0.125\,\text{mol} \times 126.0\,\text{g/mol} = 15.\overset{8}{75}\,\text{g}$$

⑵ 質量パーセント濃度は35.0%なので濃塩酸100gにHClが35.0g含まれます。HClの分子量は1.0＋35.5＝36.5で、モル質量は36.5g/molです。よって、35.0gのHClの物質量は

$$\frac{35.0\,\text{g}}{36.5\,\text{g/mol}} \fallingdotseq 0.958\,\text{mol}$$

濃塩酸100gの体積〔L〕は

$$\underbrace{\frac{100\,\text{g}}{1.18\,\text{g/cm}^3}}_{\text{濃塩酸の体積〔cm}^3\text{〕}} \times \frac{1\,\text{L}}{1000\,\text{cm}^3} \fallingdotseq 0.0847\,\text{L}$$

よって、モル濃度〔mol/L〕は

$$\frac{0.958\,\text{mol}}{0.0847\,\text{L}} = 11.31\cdots\,\text{mol/L}$$

解答 ⑴ **15.8g**
⑵ **11.3mol/L**

問7　温度60℃で水100gに硝酸カリウムを溶解させて飽和溶液をつくった。その後60℃で溶液から水を10g蒸発させると、何gの硝酸カリウムが析出するか、整数で求めよ。ただし、硝酸カリウムは60℃で水100gに最大109g溶ける。

（神奈川大）

解説

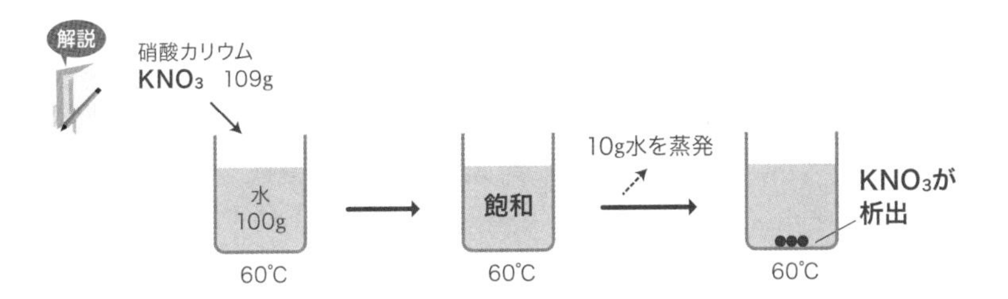

蒸発した10gの水に溶けていたKNO_3が溶けきれなくなって析出します。水100gあたりKNO_3は109g溶けているので

$$10\text{g(水)} \times \frac{109\text{g}(KNO_3)}{100\text{g(水)}}$$

$$= 10.9\text{g}$$

解答　11g

問8 化学反応式$2CO + O_2 \longrightarrow 2CO_2$を用いて、次の(1)〜(3)の問いの答えとして最も適当なものを、それぞれの解答群①〜⑤のうちから一つずつ選べ。原子量はC＝12.0、O＝16.0

(1) CO_2分子5個ができるためにはCO分子が何個必要か。
① **2**　② **5**　③ **10**　④ **15**　⑤ **20**

(2) CO21.0gが十分量のO_2と反応したとき、生じるCO_2は何molか。
① **0.15**　② **0.25**　③ **0.50**　④ **0.75**　⑤ **1.00**

(3) 0℃、1.0×10^5Paの標準状態でCO_2が33.6L生成したとすると、COとO_2はそれぞれ何gずつ反応したか。0℃、1.0×10^5Paの標準状態での気体のモル体積を22.4〔L/mol〕とする。
① **70gと40g**　② **56gと32g**　③ **56gと16g**
④ **42gと16g**　⑤ **42gと24g**

（東北学院大）

(1) $2CO + O_2 \longrightarrow 2CO_2$では$CO_2$ 2個できたときにCOが2個なくなります。$CO_2$5個できたときには、COは$5個(CO_2) \times \frac{2個(CO)}{2個(CO_2)}$＝5個なくなるため、5個必要です。よって②が正解です。

(2) 21.0gのCOの物質量は、COの分子量＝12.0＋16.0＝28.0であることから

$$\frac{21.0\,g}{28.0\,g/mol} = 0.75mol$$

反応で変化した物質量が2:1:2なので

	$2CO$	＋ O_2	→ $2CO_2$	
反応前	0.75	十分量	0	mol
変化量	−0.75	$-0.75 \times \frac{1}{2}$	＋0.75	mol
反応後	0	十分量	0.75	mol

よって、0.75molのCO_2が生じます。正解は④です。

(3) 0℃、1.013×10^5Pa（標準状態）で33.6LのCO_2の物質量は

$$\frac{33.6\cancel{L}}{22.4\cancel{L}/mol} = 1.5mol$$

反応によって変化する物質量が2：1：2なので、反応によって消費されたCOは1.5mol、O_2は$1.5\cancel{mol(CO_2)} \times \frac{1mol(O_2)}{2\cancel{mol(CO_2)}} = 0.75mol$です。

COの分子量＝28.0、O_2の分子量＝16.0×2＝32.0なので、質量に換算すると、COは1.5mol×28.0g/mol＝42g、O_2は0.75mol×32.0g/mol＝24gずつ消費されたことになります。

よって正解は⑤です。

解答 (1) ② (2) ④ (3) ⑤

問9 次の3段階の反応を利用すると、硫化鉄(II) FeSから硫酸をつくることができる。

$4FeS + 7O_2 \longrightarrow 2Fe_2O_3 + 4SO_2$ ……(1)

$2SO_2 + O_2 \longrightarrow 2SO_3$ ……(2)

$SO_3 + H_2O \longrightarrow H_2SO_4$ ……(3)

硫化鉄(II) FeSから、質量パーセント濃度80%の濃硫酸196gをつくるのに必要な酸素は何molか。最も適当な数値を、次の①～⑥のうちから一つ選べ。なおH_2SO_4の分子量は98とする。

① **0.8** ② **1.4** ③ **1.8** ④ **2.8** ⑤ **3.6** ⑥ **5.6**

（センター試験）

Sに注目すれば、FeSに含まれるSはSO_2、SO_3を経て最終的にすべてH_2SO_4分子に含まれています。

(1)で生じたSO_2はすべて(2)でSO_3になるので、(1)+(2)×2で両辺のSO_2の係数をそろえて両辺を足し合わせて、SO_2を消去すると

$$\begin{array}{lllll} & 4FeS & + \ 7O_2 & \longrightarrow 2Fe_2O_3 + 4SO_2 & \\ +) & (2SO_2 & + \ O_2 & \longrightarrow 2SO_3 &) \times 2 \\ \hline \end{array}$$

$4FeS + \cancel{4SO_2} + \underbrace{(7+2)}_{9}O_2 \rightarrow 2Fe_2O_3 + \cancel{4SO_2} + 4SO_3$ ……(4)

さらにSO_3はすべて(3)でH_2SO_4となるので(4)+(3)×4で両辺のSO_3の係数をそろえ両辺を足し合わせて、SO_3を消去すると

$$
\begin{array}{rl}
 & 4FeS + 9O_2 \rightarrow 2Fe_2O_3 + 4SO_3 \\
+) & (SO_3 + H_2O \rightarrow H_2SO_4) \times 4 \\
\hline
 & 4FeS + 9O_2 + \cancel{4SO_3} + 4H_2O \rightarrow 2Fe_2O_3 + \cancel{4SO_3} + 4H_2SO_4 \quad \cdots\cdots(5)
\end{array}
$$

(5)より、H_2SO_4 4molつくるのに一連の反応でO_2が9mol必要なことがわかります。

80%の濃硫酸196gに含まれるH_2SO_4の質量は

$196 \times \frac{80}{100}$ gです。H_2SO_4の分子量=98なので、

H_2SO_4のモル質量が98g/molだから、

物質量に換算すると

$$\frac{196 \times \frac{80}{100}\ \cancel{g}}{98\cancel{g}/mol} = 1.6mol$$

となります。そこで必要なO_2の物質量は

$$1.6\cancel{mol\ (H_2SO_4)} \times \frac{9mol\ (O_2)}{4\cancel{mol\ (H_2SO_4)}} = 3.6mol\ (O_2)$$

となります。

解答 ⑤

問10 鉄 Fe は、式(1)に従って、鉄鉱石に含まれる酸化鉄(III) Fe_2O_3 の製錬によって工業的に得られている。

$$Fe_2O_3 \ + \ 3CO \ \rightarrow \ 2Fe \ + \ 3CO_2 \qquad (1)$$

Fe_2O_3 の含有率(質量パーセント)が48.0%の鉄鉱石がある。この鉄鉱石1000kgから、式(1)によって得られる Fe の質量は何 kg か。最も適当な数値を、次の①～⑥のうちから一つ選べ。ただし、鉄鉱石中の Fe はすべて Fe_2O_3 として存在し、鉄鉱石中の Fe_2O_3 はすべて Fe に変化するものとする。原子量は C＝12、O＝16、Fe＝56とせよ。

① 16.8　② 33.6　③ 84.0　④ 168　⑤ 336　⑥ 480

（共通テスト）

Fe_2O_3 の式量＝2×56＋3×16=160なので、Fe_2O_3 1molで160gです。また(1)の化学反応式の係数より Fe_2O_3 1molから Fe が2mol得られることがわかります。

鉄鉱石 1000kg=1000×10³gのうち48.0%が Fe_2O_3 で、Fe のモル質量＝56g/molなので、

ここから得られる Fe の質量〔g〕は

$$1000\times10^3\,\text{g(鉄鉱石)}\times\frac{48.0\,\text{g}(Fe_2O_3)}{100\,\text{g(鉄鉱石)}}\times\frac{1\text{mol}(Fe_2O_3)}{160\,\text{g}(Fe_2O_3)}\times\frac{2\text{mol(Fe)}}{1\text{mol}(Fe_2O_3)}\times56\frac{\text{g (Fe)}}{\text{mol(Fe)}}$$

$$=336\times10^3\,\text{g}$$

すなわち、336kgなので正解は⑤です。

解答 ⑤

05 Column

気体反応の法則とアボガドロの分子説

フランスの化学者**ゲーリュサック**は、1808年に「気体どうしから気体が生成するとき、同温・同圧でのそれらの気体の体積の間には簡単な整数比が成り立つ」という**気体反応の法則**（反応体積比の法則）を発表しました。たとえば、塩素1体積と水素1体積からは塩化水素が2体積できるのです。

1体積（塩素）
1体積（水素）
2体積（塩化水素）
1:1:2です

J.L.Gay-Lussac
(1778-1850)

当時のドルトンの原子説では単体の気体は原子1個からなると考えられていたため、これを矛盾なく説明することができませんでした。分割できない原子を分割しなくてはいけなくなるのです。

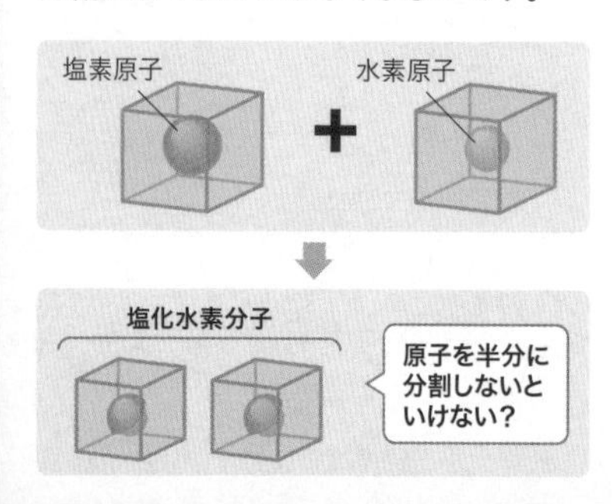

これを解決したのがイタリアの化学者**アボガドロ**でした。彼は1811年に、「**単体でも分子をつくっているとした上で、気体は種類によらず同温・同圧・同体積中に同じ数の分子を含む**」という仮説を発表します。

先の例では水素がHじゃなくてH_2、塩素がClじゃなくてCl_2で存在していると考えると気体反応の法則を説明できますね。

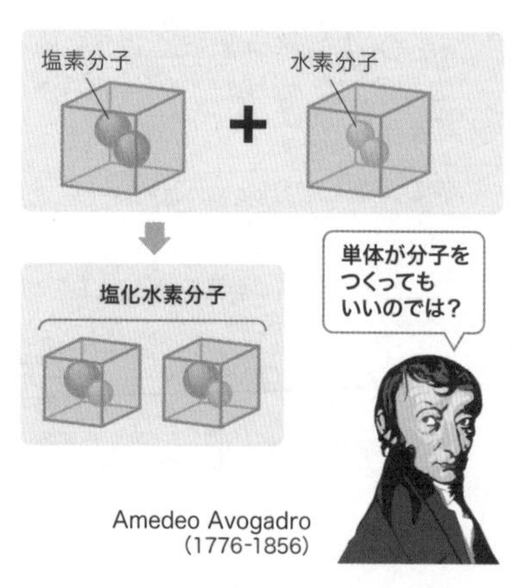

Amedeo Avogadro
(1776-1856)

いまでこそ当たり前ですが、当時はこの革新的なアボガドロの仮説は支持されませんでした。なんでHが2個くっつくんだよ！ というわけです。

60年後の国際会議でようやく注目され出した頃には、アボガドロはこの世にはいませんでした。

第6章

酸と塩基

第1講

酸と塩基の性質

小学校や中学校の理科で、酸とアルカリを学習したのを覚えていますか？　酸もアルカリも、私たちの生活に密接に関わる物質ですね。ここでは、それらの性質について考えていきましょう。

01 定義

まず、酸(さん)と**アルカリ**について、小・中学校で習ってきたことのおさらいです。
酸を水に溶かしたものが酸性の水溶液、
アルカリを水に溶かしたものがアルカリ性の水溶液でしたね。
高校ではアルカリではなく、一般的に塩基(えんき)という言葉を用います。
まず、これらの性質をミクロなレベルで考えるところから始めていきましょう。
酸性の水溶液や塩基性の水溶液は、次のような特徴があります。

	酸性の水溶液	塩基性の水溶液
味	酸(す)っぱい	にがい
リトマス紙	青色→赤色	赤色→青色
電気	よく通す	よく通す

両方とも電気をよく通すことから、スウェーデンの化学者**アレニウス**は
酸や塩基を水に溶かすとイオンに電離（→p.113）していると考えて、
1887年に、水素イオンを生じる物質を**酸**、
水酸化物イオンを生じる物質を**塩基**と定義しました。
次ページのアレニウスの定義を見てください。

現在でもアルカリという単語は、アレニウスの定義の塩基と
ほぼ同じ意味で使う場合があります。
水酸化ナトリウム**NaOH**や水酸化カリウム**KOH**のように
水によく溶けて塩基性を示す物質という意味で用いるのが一般的です。

アルカリ…もともとはアラビア語で植物の灰を意味し、それを水に溶かしたときの性質をアルカリ性と呼んでいる。
リトマス…リトマスゴケなどの地衣類から得られる紫色の色素で、酸性では赤、塩基性では青くなる。

分類名	酸 英語 acid	塩基 英語 base
性質	水に溶かすと水素イオンH^+が生じる物質	水に溶かすと水酸化物イオンOH^-が生じる物質

では、酸や塩基の電離について考えていきましょう。
水酸化ナトリウムを例に見ていきます。
水酸化ナトリウムは、Na^+とOH^-の**イオン結合でできた物質**です。
水に溶かすと電離してOH^-が生じるのは、
水溶液中で水分子がイオンと結びつくからですね。

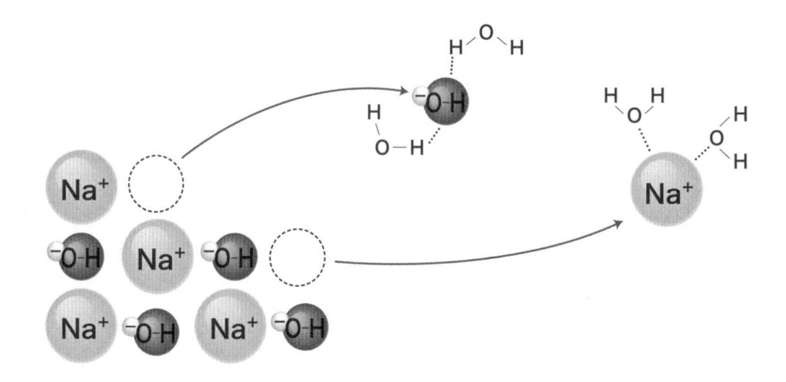

一方で、イオン結合ではなく**共有結合でできた分子からなる物質**は、
どのようにして水中で電離してイオンが生じるのでしょうか？
実は、塩化水素HClや硫酸H_2SO_4といった酸、
アンモニアNH_3のような塩基の分子は、
次のように水と反応することでイオンが生じます。

$$HCl + H_2O \longrightarrow Cl^- + H_3O^+$$

塩化水素　　　　　　オキソニウムイオン

$$NH_3 + H_2O \longrightarrow NH_4^+ + OH^-$$

アンモニア　　　　　　アンモニウムイオン

H_2Oを省略して
$HCl \longrightarrow H^+ + Cl^-$
と書くことが多い

詳しく見ていきましょう。
まず、塩化水素や硫酸などの酸は、
分子内で正の電荷をもつ水素原子を水素イオンとして水分子に与えます。
水分子は**水素イオンと配位結合**し、
オキソニウムイオンH_3O^+となります。
このオキソニウムイオンが水中での水素イオンの真の姿であり、
酸性を示す原因なのです。

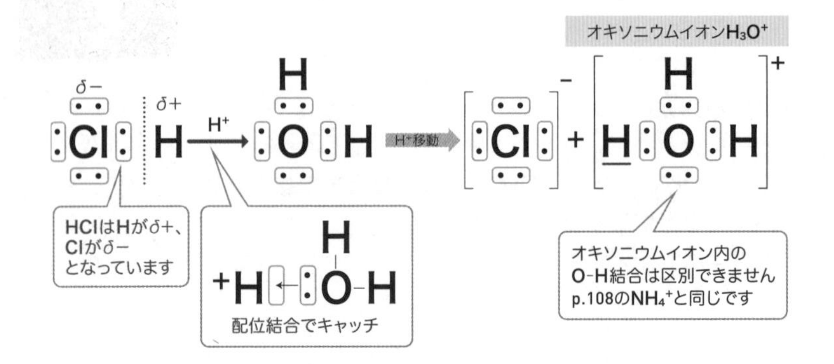

アンモニアのような塩基の場合は、次のように反応します。
アンモニア分子は、酸とは逆に水分子から水素イオンを受け取ります。
そして、水素イオンと配位結合してアンモニウムイオンNH_4^+となります。
このとき、**水酸化物イオン**OH^-が同時に生じるのです。

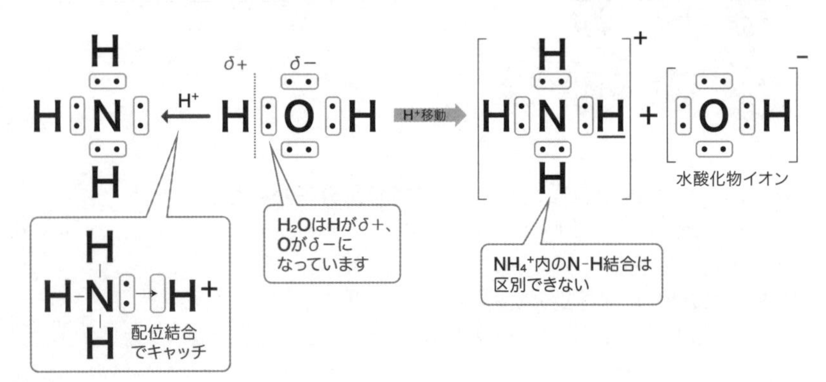

以上のことをふまえ、
デンマークの化学者**ブレンステッド**やイギリスの化学者**ローリー**は、
1923年に酸と塩基を次のように定義しました。

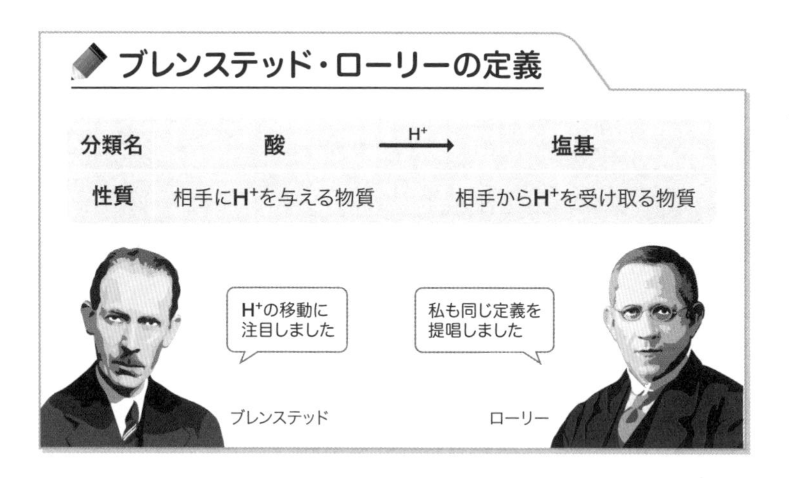

アレニウスの定義と違って、ブレンステッド・ローリーの定義は、
水溶液の性質を示すものではなく、
水素イオンが移動する反応における役割に注目したものです。

水素イオンをボールと見て、キャッチボールをしたときの
投手を酸、捕手（ほしゅ）を塩基と呼んでいるにすぎないのです。
ですから、下の例のH_2Oのように、
相手によって酸になったり塩基になったりする物質も出てきます。

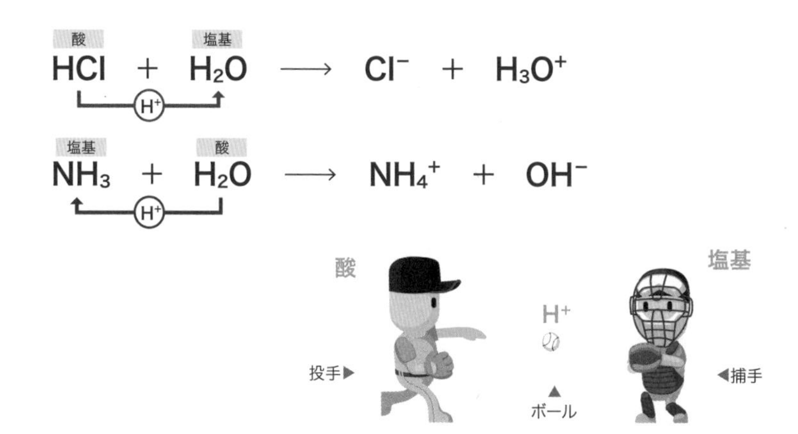

ブレンステッド・ローリーの定義は水溶液でなくても利用できます。
たとえば塩化水素HClとアンモニアNH_3の気体を混ぜ合わせると、
白煙(はくえん)が生じます。

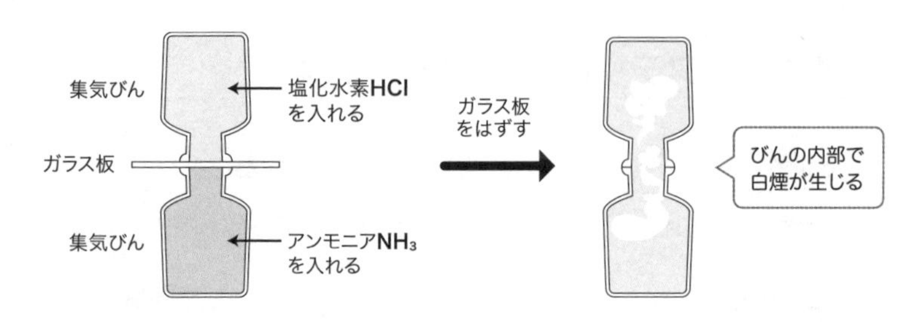

この白煙の正体は、NH_4^+とCl^-のイオン結合で生じた
塩化アンモニウムNH_4Clの粉末固体です。
気相(きそう)中で出会ったHClとNH_3の間では、
次のようにH^+が移動してCl^-とNH_4^+が生じます。

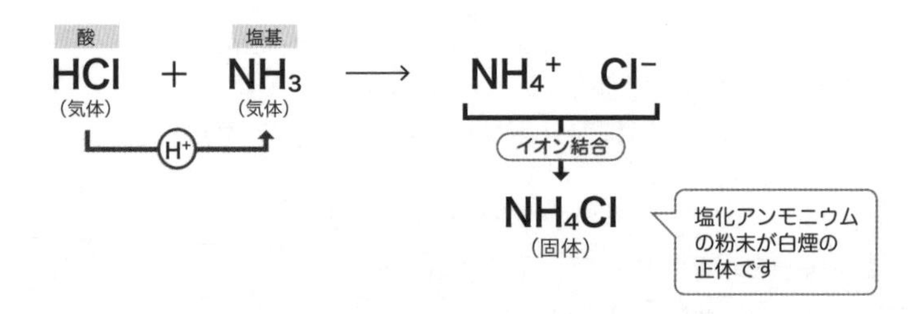

静電気的な引力でCl^-とNH_4^+が集まり、イオン結合をすることによって
生じたNH_4Clの固体が、白煙として見えたのです。
この反応ではHClからNH_3へとH^+が移動したので、
ブレンステッド・ローリーの定義でHClが酸、NH_3が塩基となります。

Reading Hints **気相** … 気体で満たされた領域のこと。

02 強弱による酸と塩基の分類

アレニウスの定義では**水素イオンが生じる物質が酸**、
水酸化物イオンが生じる物質が塩基でした。
ここでは、アレニウスの定義による酸や塩基の強弱について話しましょう。

酸の化学式を**HA**とすると、水溶液中では次のように電離しますね。

$$HA + H_2O \longrightarrow A^- + H_3O^+$$

上の反応は、ある程度進むと今度は逆向きの反応も起こるとしましょう。
このように両方向に進む化学反応は**可逆反応**(かぎゃくはんのう)といい、
両矢印「$\rightleftarrows$」を使って、次のように表します。

$$HA + H_2O \rightleftarrows A^- + H_3O^+$$

（H^+ が HA から H_2O へ、H_3O^+ から A^- へ移る）

$A^- + H_3O^+ \longrightarrow HA + H_2O$
も起こります

両方向の反応の勢いがつり合うと、その時点で
反応はどちら向きにも進んでいないように見えます。
これを**化学平衡の状態**(かがくへいこう)といい、可逆反応は終わりをむかえます。

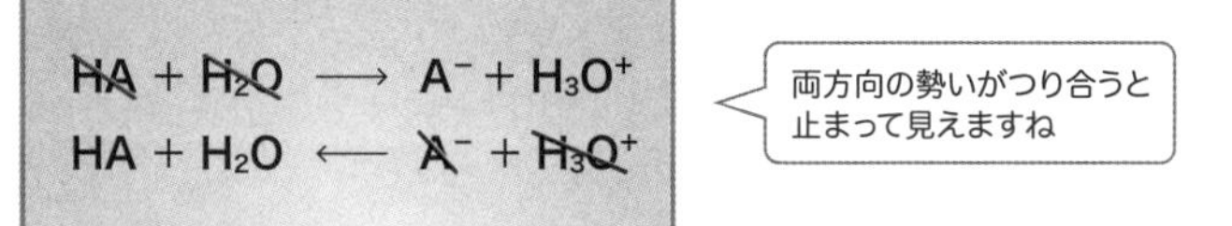

平衡 … つり合いが取れていること。

この可逆反応はH_3O^+からH_2Oを省略して、**便宜的**にH^+と表して次の右側のように書いてもかまいません。

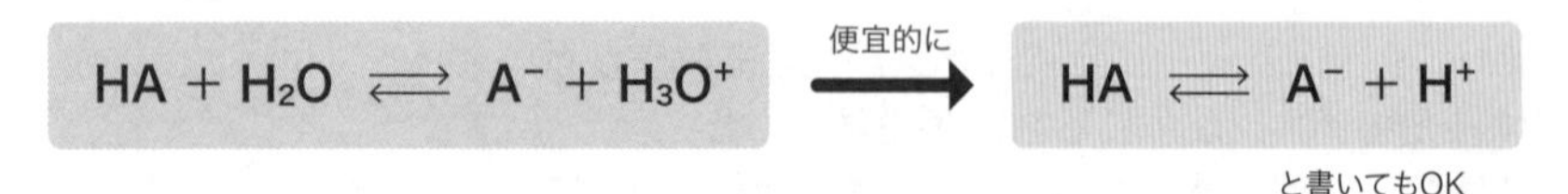

可逆反応を学んだところで、いよいよ本題です。
モル濃度を仮にCmol/Lとし、
Cmol/Lの酸HAの水溶液を考えてみましょう。

Cmol/Lの酸HAの水溶液ということは、
1LあたりCmolのHA分子が溶解しているということです。
このうち、**電離してH^+とA^-になったHAの割合**を
電離度αとし、次のように定義します。

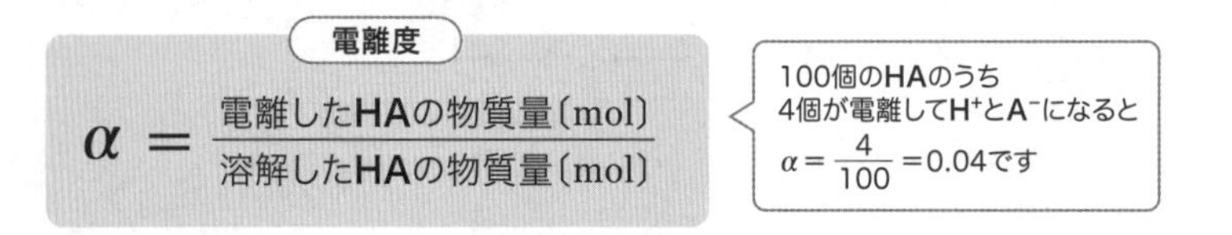

最初の状態から化学平衡の状態になるまでの
1Lあたりの物質量を追いかけると、次のようになります。

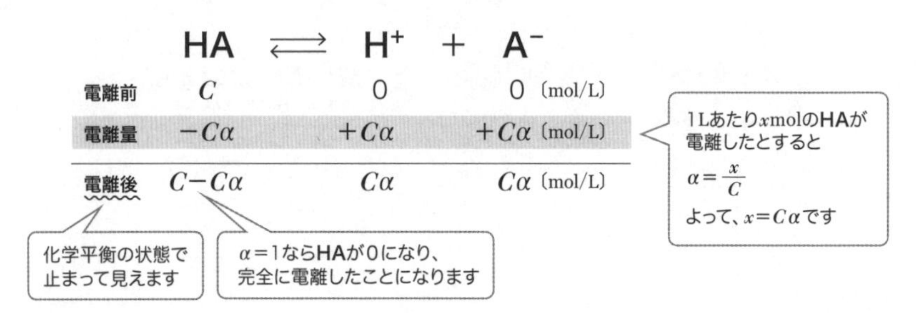

Reading Hints **便宜的** … 物事をその場の都合に合わせる形で処理するさま。

私たちが化学の実験などで一般的によく使用する水溶液は、
だいたい 10^{-3}～1mol/L程度の濃度です。
極端に薄(うす)すぎず、また濃すぎずといったところでしょうか。
この程度の濃度でも、
ほとんど完全に電離していて電離度αが1に近い酸が**強酸**(きょうさん)です。
塩化水素 HCl、硝酸 HNO_3、硫酸 H_2SO_4 などが強酸の代表例です。

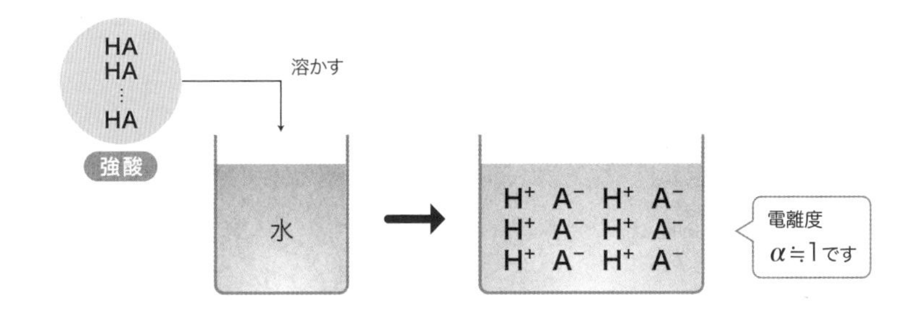

なお、第1章で触れたように、塩化水素の水溶液を塩酸と呼びますが、
硝酸や硫酸の水溶液は単に硝酸や硫酸と呼ぶこともあるので
気をつけましょう。

これらは、濃度によって呼び方が変わるということも
第1章で話したとおりです。
濃度が高い場合は濃塩酸や濃硫酸のように“濃”、
低い場合は希塩酸や希硝酸のように“希”と前につけて表します。
“希”は、**希釈**(きしゃく)の希と覚えてください。

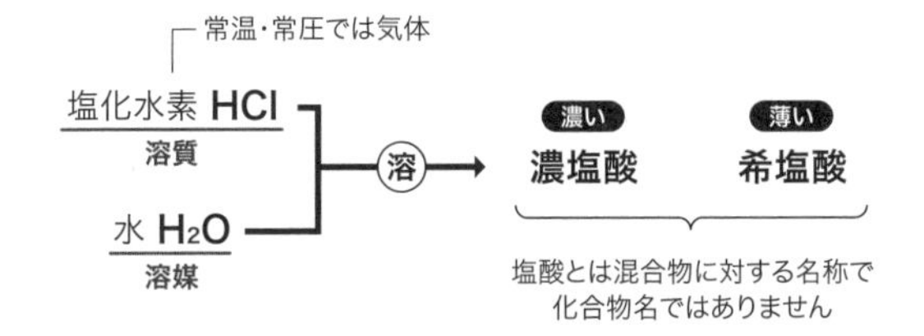

強酸に対し、この程度の濃度ではあまり電離しておらず、
電離度αが1より十分に小さい酸を**弱酸**(じゃくさん)と呼びます。
酢酸(さくさん) CH_3COOH や炭酸 H_2CO_3 などが代表例です。

希釈 … 溶媒の量を増やして濃度を小さくすること。薄めること。

なお、酢酸の分子式は$C_2H_4O_2$ですが、
同じ分子式をもつ構造式の異なった物質があるため、
原子の結合の順序を意識してCH_3COOHと書きます。
このような化学式を示性式(しせいしき)といいますが、詳しくは有機化学で学ぶので
今は慣れるだけでけっこうです。

分子式
$C_2H_4O_2$

H−C(−H)(−H)−C(=O)−O−**H** → CH_3COOH
酢酸

Hが電離します

↕ 構造式が異なる

H−C(=O)−O−C(−H)(−H)−H → $HCOOCH_3$
ギ酸メチル

分子式は
酢酸と同じですが、
別の物質です

塩基の場合も同様に強弱を決めます。
強塩基(きょうえんき)とは、先ほどの濃度の範囲でもほとんど**完全に電離している塩基**、
弱塩基(じゃくえんき)とは、**あまり電離していない塩基**となります。

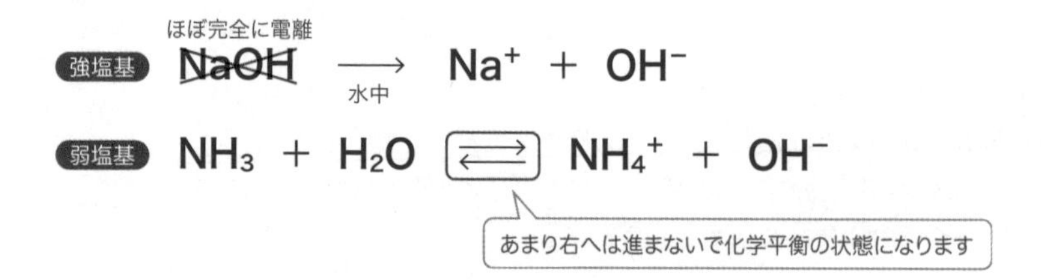

ただし、同じ物質でも電離度は温度や濃度によって変わります。
たとえ弱酸でもどんどん水を加えて薄めていくと
弱酸が水分子にH^+を与える方向に反応が進み、電離度が大きくなるのです。

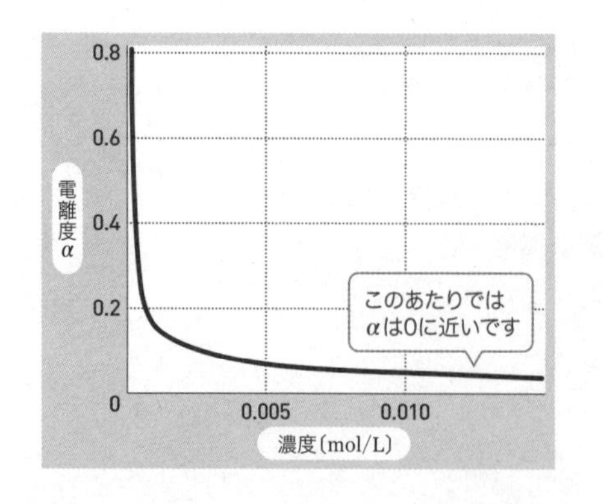

酸1分子や塩基1組成単位（もしくは1分子）から
電離できるH^+やOH^-の数を、その**酸や塩基の価数**といいます。
たとえば酢酸1分子からは1つだけH^+が電離できるので、
酢酸は**1価の酸**です。

ここが切れる

$$\mathrm{H{-}\overset{\displaystyle H}{\underset{\displaystyle H}{C}}{-}\underset{\displaystyle O}{\overset{}{\underset{\|}{C}}}{-}O{-}\underline{H}} \rightleftarrows \mathrm{H{-}\overset{\displaystyle H}{\underset{\displaystyle H}{C}}{-}\underset{\displaystyle O}{\overset{}{\underset{\|}{C}}}{-}O^-} + \underline{H^+}$$

酢酸　　　　酢酸イオン

$CH_3COOH \rightleftarrows CH_3COO^- + H^+$
と書きます

ではここで、酸と塩基の強弱や価数での分類を確認しておきましょう。
下のまとめにある物質は、特に高校化学において重要なものです。
色字のものは最優先で記憶しましょう。

価数	強酸	弱酸	強塩基	弱塩基
1	HCl 塩化水素 HNO_3 硝酸	CH_3COOH 酢酸	$NaOH$ 水酸化ナトリウム KOH 水酸化カリウム	NH_3 アンモニア
2	H_2SO_4 硫酸	$(COOH)_2$ シュウ酸 H_2CO_3 炭酸 H_2S 硫化水素	$Ca(OH)_2$ 水酸化カルシウム $Ba(OH)_2$ 水酸化バリウム	$Mg(OH)_2$ 水酸化マグネシウム $Cu(OH)_2$ 水酸化銅(II)
3		H_3PO_4 リン酸		

化学式H_nXではnが価数です。
ここではCH_3COOHと$(COOH)_2$だけ例外です

アルカリ金属と
BeとMgを除く
アルカリ土類金属の
水酸化物が強塩基です

左の強塩基以外は
だいたい弱塩基です

03 水のイオン積とpH

水の電離についても見ていきましょう。
液体の水は、一部が次のように電離して平衡状態になっています。

$$H_2O \rightleftarrows H^+ + OH^-$$

一般に、水素イオンH^+と水酸化物イオンOH^-のモル濃度〔mol/L〕を
$[H^+]$、$[OH^-]$と表します。
$[H^+]$は**水素イオン濃度**、$[OH^-]$は**水酸化物イオン濃度**です。

詳しくは「化学」の化学平衡の分野であつかう内容ですが、
ここで重要なのは、
平衡状態で、2つの**モル濃度の積(せき)の値が一定**になるという関係です。
この値を**水のイオン積**といい、K_wと表します。
wは、水(英語でwater)を表す添え字です。
この値は温度によって変化し、**25℃で1.0×10^{-14}〔mol/L〕^{2}**です。

水のイオン積

$$K_w = [H^+] \times [OH^-] = 1.0 \times 10^{-14} \text{〔mol/L〕}^2$$

（↑ 25℃では）

水1分子が電離するとH^+とOH^-が1個ずつ生じますね。
よって、**純水**では$[H^+]=[OH^-]$となり、この状態が中性です。
中性のとき、25℃でのモル濃度を求めると、
水のイオン積から$[H^+]=[OH^-]=1.0\times10^{-7}$〔mol/L〕とわかります。
とても低い濃度ですね。

$$[H^+]=[OH^-]=\sqrt{1.0\times10^{-14}}=1.0\times10^{-7}\text{〔mol/L〕}$$

また、この式は純水だけでなく、
比較的薄い水溶液ならば溶質の種類によらず成立します。
たとえば、25℃の0.1mol/Lの希塩酸(電離度$\alpha=1$とする)では
次のように$[H^+]$や$[OH^-]$を求めることができます。

純水 … 不純物の大部分を取り除いた水のこと。

0.1mol/Lの希塩酸の場合

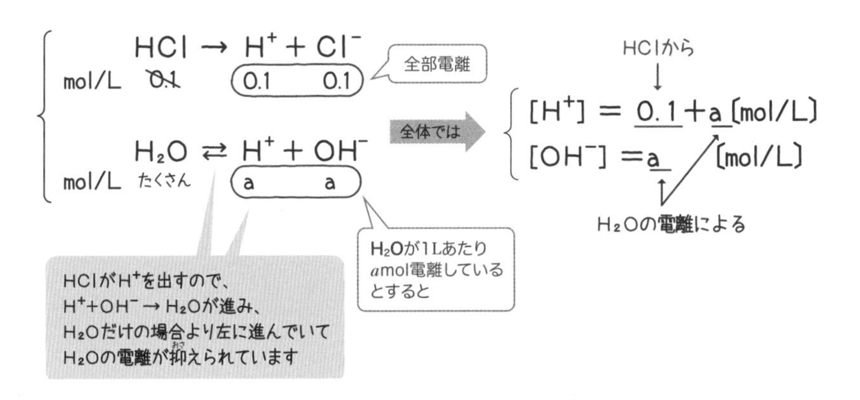

$[H^+][OH^-] = 1.0 \times 10^{-14}$ に代入すると

$(0.1 + a) \cdot a = 1.0 \times 10^{-14}$ …………(1)

(1)でaは0.1に比べてかなり小さいので、$0.1 + a \fallingdotseq 0.1$としてかまいません。

つまり

$$\begin{cases} [H^+] = 0.1 + a \fallingdotseq 0.1 \text{〔mol/L〕} \\ [OH^-] = a \text{〔mol/L〕} \end{cases}$$

としてよいのです。

(1)は $0.1 \times a = 1.0 \times 10^{-14}$ となり、$a = 1.0 \times 10^{-13}$、

つまり $[OH^-] = 1.0 \times 10^{-13}$ となります。

酸性の水溶液でもOH^-が存在しているのは、
水分子がほんのごくわずか電離しているからなのですね。

以上のことから、酸性、中性、塩基性の水溶液において、
$[H^+]$と$[OH^-]$は次のようなバランスになっています。
何性の水溶液であったとしても、**水素イオン濃度$[H^+]$がわかれば、**
水のイオン積から水酸化物イオン濃度$[OH^-]$が求められるのです。

水溶液	酸性	中性	塩基性
イメージ図	H^+ Cl^- H_2O H^+ Cl^- H_2O H^+ OH^- H_2O	H_2O H_2O H_2O H_2O H^+OH^- H^+OH^-	Na^+ OH^- H_2O Na^+ OH^- H_2O H^+ OH^- H_2O
濃度バランス	$[H^+]>[OH^-]$	$[H^+]=[OH^-]$	$[H^+]<[OH^-]$
25℃では	$\begin{cases}[H^+]>10^{-7}\\ [OH^-]<10^{-7}\end{cases}$	$\begin{cases}[H^+]=10^{-7}\\ [OH^-]=10^{-7}\end{cases}$	$\begin{cases}[H^+]<10^{-7}\\ [OH^-]>10^{-7}\end{cases}$

薄い水溶液なら何性でも$[H^+][OH^-]$=一定としてかまいません

次に、水溶液の液性を**定量的**に表すために考案された
水素イオン指数pH（ピーエイチ）という数値を紹介しましょう。
水素イオン濃度$[H^+]=10^{-x}$〔mol/L〕の水溶液のpHをxと表します。

$$[H^+] = 10^{-x}\,\text{〔mol/L〕} \Rightarrow \text{pH} = x$$

$[H^+]=10^{-1}$ならpH＝1、$[H^+]=10^{-13}$ならpH＝13です

25℃の純水では$[H^+]=[OH^-]=10^{-7}$ですから、**pH＝7が中性**です。
25℃の水溶液では、pH=7が中性だということを基準にして
pH<7となると酸性となります。
pHが小さくなればなるほど、酸性は強くなるということです。
また、**pH>7となれば塩基性**となります。
ここからpHが大きくなるにつれて塩基性が強くなるのです。

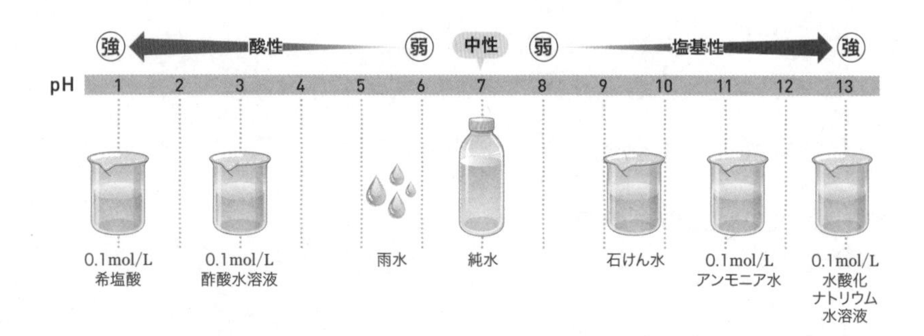

Reading Hints **定量的** … 分量を測定して決めること。

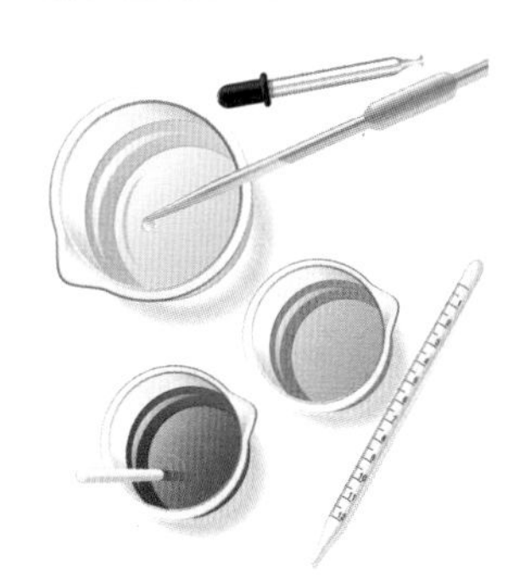

第2講
酸と塩基の反応

性質の次は、酸と塩基の反応について学んでいきましょう。ここでは、3タイプの反応を取り上げます。アレニウスの定義の酸と塩基の強弱に対する理解が前提となりますので、復習してから読み進めてください。

01 中和反応

酸と塩基の反応として、次の3タイプの反応を挙げることができます。

❶ **中和反応**（ちゅうわ）
❷ **塩の加水分解**（えん・かすいぶんかい）
❸ **弱酸および弱塩基の遊離**（ゆうり）

まずは、**中和反応**から見ていきましょう。
たとえば、塩酸と水酸化ナトリウム水溶液を混ぜ合わせたとします。

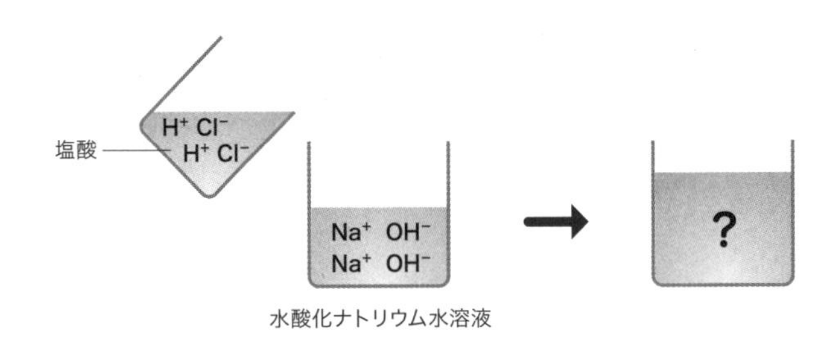

H^+とOH^-の2つのイオンが高い濃度で一緒にいることはできません。
25℃では$[H^+] \times [OH^-] = 1.0 \times 10^{-14}$〔mol/L〕^{2}が成立するまで

$$H^+ + OH^- \longrightarrow H_2O$$

と反応が進むのです。

加水分解 … 化合物が水と反応して分解する反応のこと。
遊離 … 他と離れた形になること。

もし、1Lの水に**HCl**と**NaOH**を1molずつ混ぜたとすると、
次のように**H^+**と**OH^-**が反応します。

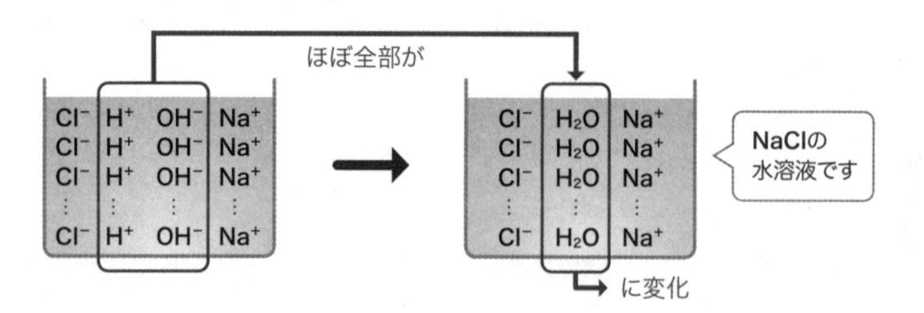

H_2Oがほんの少し**H^+**と**OH^-**に電離しますが、
用意した**HCl**と**NaOH**は、ほぼすべてなくなったと考えてかまいません。
そこで化学反応式では、次のような**不可逆**(ふかぎゃく)的変化として表します。

$$HCl + NaOH \longrightarrow NaCl + H_2O$$

このように、**HCl**と**NaOH**がほぼすべてなくなること、すなわち
酸と塩基が互いの性質を打ち消し合うことを**中和**といい、
その反応を**中和反応**といいます。
中和反応では、**塩**(えん)と呼ばれる
酸の陰イオンと塩基の陽イオンからなる物質もできます。
今回生じた塩は、塩化ナトリウム**NaCl**です。

$$HCl + NaOH \longrightarrow \underline{NaCl} + H_2O$$

└ Na^+とCl^-からなる塩

Reading Hints **不可逆** … 変化する前の状態にもどせないこと。

強酸、強塩基、水に溶けている塩は、
水溶液中で完全に電離しています。
これを考慮して反応式を書いてみましょう。

$$\underbrace{H^+ + \cancel{Cl^-}}_{HCl} + \underbrace{\cancel{Na^+} + OH^-}_{NaOH} \longrightarrow \underbrace{\cancel{Na^+} + \cancel{Cl^-}}_{NaCl} + H_2O$$

↓

$$H^+ + OH^- \longrightarrow H_2O$$

反応の前後でNa^+とCl^-は変化していませんから、これを消去しました。
水が電離するときと逆向きの反応がここで起こった反応であるとわかります。

つまり、中和反応は**酸のH^+と塩基のOH^-から水H_2Oができるのが実体**で、
塩はその**副産物**(ふくさんぶつ)というわけです。

では、さらに中和反応について理解を深めましょう。
1価の弱酸である酢酸CH_3COOHが1molあり、
これで水酸化ナトリウム$NaOH$を中和するとします。
最低何molの水酸化ナトリウム$NaOH$が必要かわかりますか？
答えは1molです。
この反応を化学反応式で表すと、次のようになりますから当然ですね。

$$\underset{酢酸}{CH_3COOH} + NaOH \longrightarrow \underset{酢酸ナトリウム}{CH_3COONa} + H_2O$$

しかし、酢酸は弱酸なので少ししか電離していないから
$NaOH$も少しでいいのでは？　と疑問をもつ人も
いるかもしれませんね。
次のページで、もう少し追加で説明させてください。

副産物 … 物ができるときに、ついでにできるもの。

結論からいうと、弱酸や弱塩基を中和するのに必要な量を求める場合は、
電離度を考慮する必要はないのです。
なぜならば、酢酸の場合では電離によって生じたH^+が中和されると、
残った酢酸分子はさらに電離して再びH^+が生じるからです。
そのため、またOH^-を加えて中和しなければなりません。

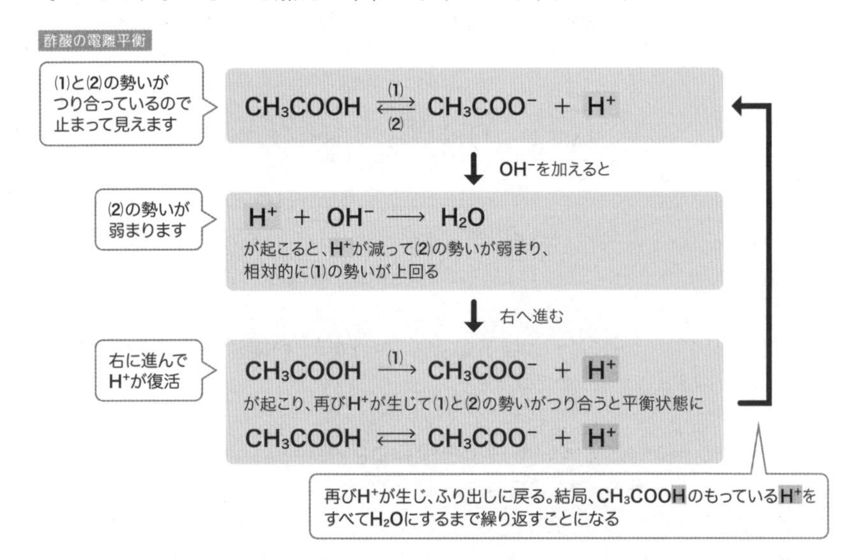

n価の酸H_nAとm価の塩基$B(OH)_m$との中和反応の化学反応式は
酸や塩基の強弱（電離度の大小）を考慮せず、次のように書くのです。

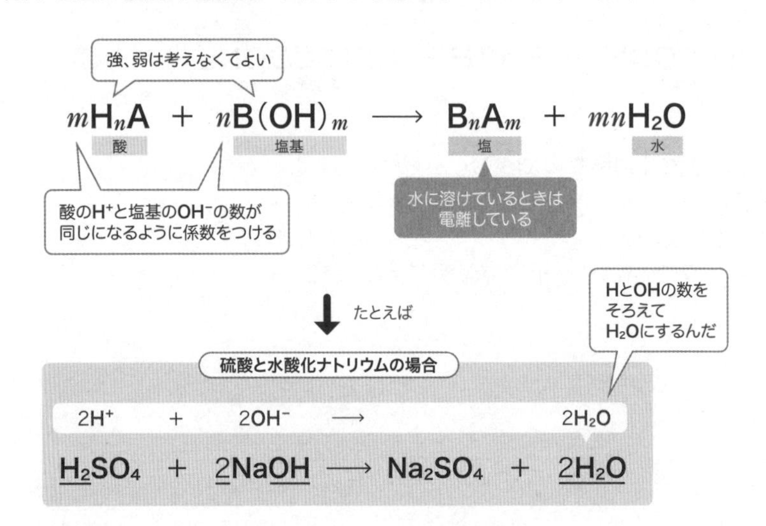

02 塩と加水分解

2つ目に説明する反応は、**塩の加水分解**です。
まず、塩の分類について説明します。
なお「塩」を「しお」とは読みません。
塩を「しお」と読むときは、一般的には食塩を指します。
塩=「えん」は、先ほど学んだとおり、
酸の陰イオンと塩基の陽イオンからなる物質です。
もう少し詳しくいうと、
酸から生じた陰イオンと塩基から生じた陽イオンからなる
イオン結合でできた物質のことです。

塩は、塩化ナトリウム**NaCl**や硝酸カリウム**KNO_3**のように
電離して水によく溶ける塩や、
硫酸バリウム**$BaSO_4$**、塩化銀**AgCl**、炭酸カルシウム**$CaCO_3$**のように
ほとんど水に溶けず沈殿する塩もあります。

	水によく溶ける塩	水に溶けにくい塩
水に溶かすと	電離しています	ほとんどが沈殿してしまいます
例	NaCl、KNO_3	$BaSO_4$、AgCl、$CaCO_3$

どのような塩が水に溶けにくいかは化学の無機物質の分野で学びます。
とりあえず**$BaSO_4$、AgCl、$CaCO_3$**の
3つだけ覚えておいてください。
3つとも白色です。

次に、組成にしたがって塩を3つに分類しましょう。
酸の陰イオンに未電離のH^+が残っているものを<u>酸性塩</u>、
塩基の陽イオンに未電離のOH^-が残っているものを<u>塩基性塩</u>、
どちらも残っていないものを<u>正塩</u>といいます。

塩の種類

	例		特徴
酸性塩	$Na\underline{H}CO_3$ $Na\underline{H}SO_4$	炭酸水素ナトリウム 硫酸水素ナトリウム	酸の<u>H</u>が残っている
塩基性塩	$CaCl(\underline{OH})$ $MgCl(\underline{OH})$	塩化水酸化カルシウム 塩化水酸化マグネシウム	塩基の<u>OH</u>が残っている
正塩	NaCl K_2CO_3 CH_3COONa	塩化ナトリウム 炭酸カリウム 酢酸ナトリウム	酸のHも塩基のOHも残っていない

ここで注意点を1つ。
酸性塩の水溶液だから酸性、塩基性塩の水溶液だから塩基性、
と単純には判断できません。
たとえば重曹の成分として有名な炭酸水素ナトリウム$NaHCO_3$は
酸性塩に分類されますが、**水溶液は塩基性**です。
ここで紹介した塩の分類は、
水溶性の液性による分類ではないので、気をつけてください。

中和の副産物といっても、
塩の水溶液は必ずしも中性とは限りません。
正塩の水溶液だとしてもです。
なぜならば、弱酸から生じた陰イオンや弱塩基から生じた陽イオンが
水の電離によるH^+やOH^-と少しくっついて、
水溶液中での両者のバランスを変えるからです。
このような現象を**塩の加水分解**といいます。

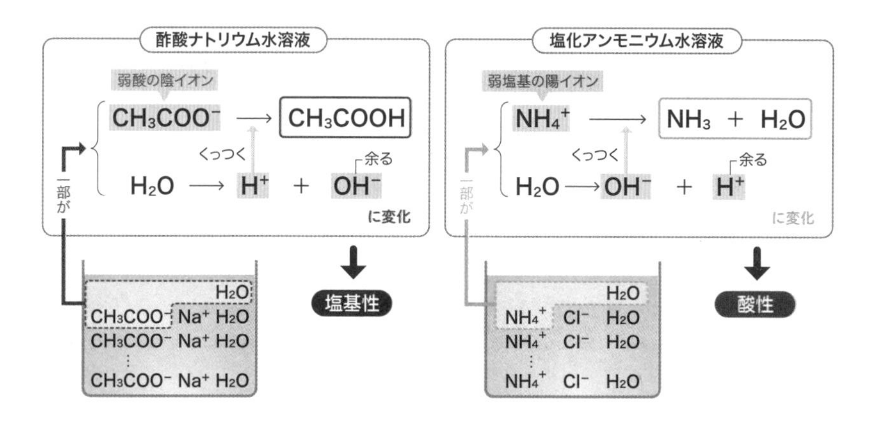

そもそも、塩を構成するイオンが生じたもとは、酸や塩基の中和でしたね。
そこで、正塩の水溶液の液性は、
中和する前の酸や塩基の強弱から次のように判断することができます。

どんな正塩？	例	水溶液の液性
強酸と強塩基の中和で生じる正塩	$NaCl$（$\leftarrow NaOH+HCl$） Na_2SO_4（$\leftarrow 2NaOH+H_2SO_4$） KNO_3（$\leftarrow KOH+HNO_3$）	中性
弱酸と強塩基の中和で生じる正塩	CH_3COONa （$\leftarrow CH_3COOH+NaOH$）	塩基性
強酸と弱塩基の中和で生じる正塩	NH_4Cl（$\leftarrow NH_3+HCl$）	酸性

強酸の陰イオンや強塩基の陽イオンはH^+やOH^-とくっつきにくく、加水分解が起こりません。強酸vs強塩基は引き分けと覚えましょう

弱酸の陰イオンがH^+とくっついてOH^-が残るからです。弱酸vs強塩基で塩基が勝つと覚えましょう

弱塩基の陽イオンがOH^-とくっついてH^+が残るからです。強酸vs弱塩基で酸が勝つと覚えましょう

なお、**弱酸から生じた陰イオンと弱塩基から生じた陽イオンからなる正塩**（例：酢酸アンモニウムCH_3COONH_4）・**酸性塩・塩基性塩の水溶液**
の3つは、水溶液の液性を化学式だけで判断できません。

とりあえず以下の酸性塩の水溶液は試験でよく問われるので、
記憶しておきましょう。

酸性塩	水溶液	
炭酸水素ナトリウム $NaHCO_3$	塩基性	$HCO_3^- + H_2O \rightleftarrows H_2CO_3 + OH^-$ が起こります
硫酸水素ナトリウム $NaHSO_4$	酸性	$HSO_4^- \rightleftarrows H^+ + SO_4^{2-}$ が起こります

03 弱酸および弱塩基の遊離

紹介する反応も、これで最後になります。
3つ目は、**弱酸および弱塩基の遊離**についてです。

塩の加水分解でも説明しましたが、
弱酸から生じた陰イオンや弱塩基から生じた陽イオンは
H^+やOH^-とくっつく性質があります。
もとになった酸や塩基が弱ければ弱いほど、
これらとくっつきやすいと考えてください。

酸HAが弱いほど ⟷ H^+とA^-は電離しにくい ⟷ H^+とA^-はくっつきやすい
塩基BOHが弱いほど ⟷ B^+とOH^-は電離しにくい ⟷ B^+とOH^-はくっつきやすい

たとえば、酢酸ナトリウム CH_3COONa のような**弱酸**から生じた陰イオンを含む塩の水溶液に、**強酸**である塩酸 HCl を加えたとしましょう。
強酸がどんどん H^+ を出してきますから、
酢酸イオンは H^+ とくっついてどんどん酢酸分子に戻っていきます。

このように、イオン化していない酸のことを遊離酸（ゆうりさん）といい、
この反応を**弱酸の遊離**（**弱酸遊離反応**）といいます。

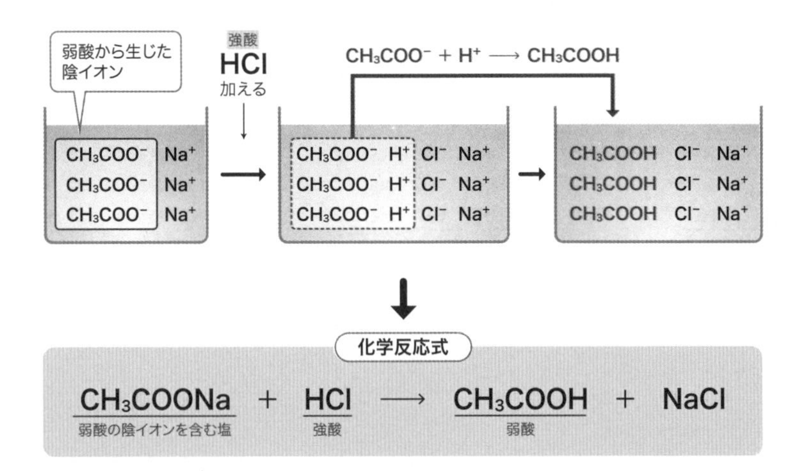

もう1つ、弱酸遊離反応の例を挙げましょう。
炭酸カルシウム $CaCO_3$ に希塩酸 HCl を加えると、
二酸化炭素 CO_2 が発生します。
このとき弱酸である炭酸 H_2CO_3 分子が遊離しますが、
ほとんどは二酸化炭素 CO_2 と水 H_2O に分解してしまいます。

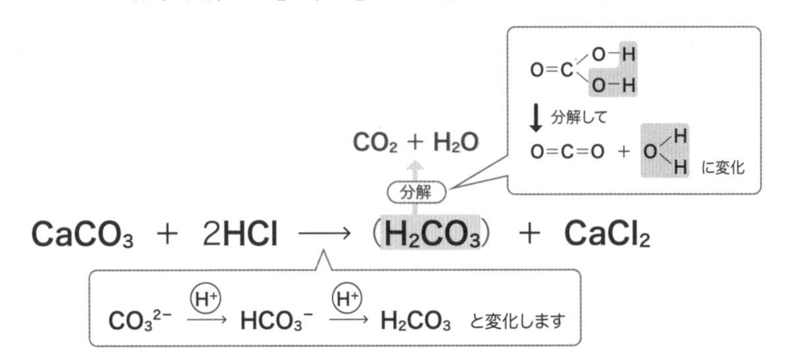

一方、塩基ではどうでしょうか？
塩化アンモニウムNH_4Clのように**弱塩基**から生じた陽イオンを含む塩の水溶液に、**強塩基**である水酸化ナトリウム**NaOH**の水溶液を加えるとします。
強塩基がどんどんOH^-を出してきますから、
NH_4^+とOH^-が出会うと、NH_4^+からOH^-へとH^+が移動して、
アンモニアNH_3と水H_2Oに戻っていきます。
これを**弱塩基の遊離**といいます。

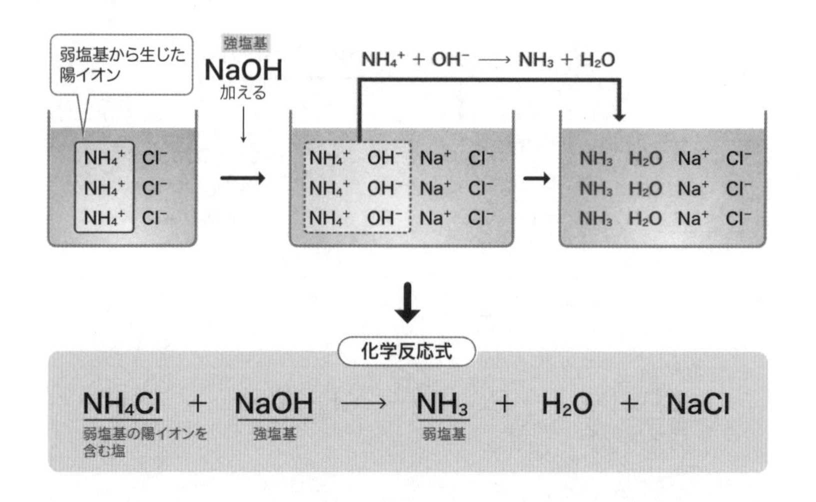

これで、中和、塩の加水分解、弱酸（弱塩基）の遊離の
3つの反応についての説明は終わりです。
重要なところですので、何度も繰り返し復習してくださいね。

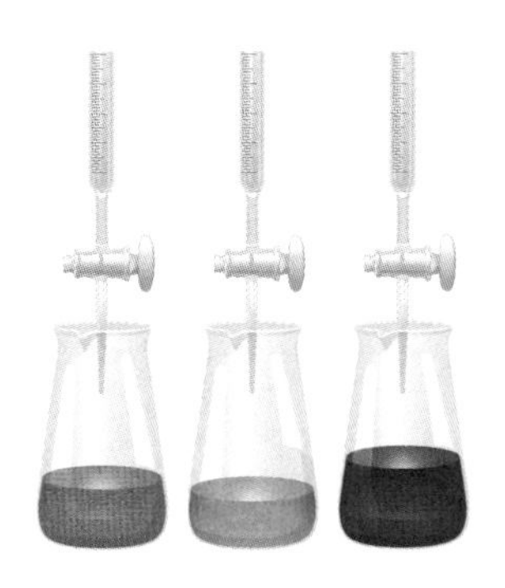

第3講
中和滴定

酸と塩基についての話も、これが最後。なかなかボリュームがありましたが、ここまでよく頑張ってきましたね。最後に、先ほどみた中和反応についてさらに説明を加えていきましょう。

01 滴定で用いるガラス器具

さて、ここに濃度がわかっている溶液と濃度のわからない溶液があるとします。
一方の一定量に対して、もう一方が**過不足**なく反応するには
どれくらいの体積が必要であるかを調べるために、ある実験を行います。
実験結果と化学反応式をもとに物質量を計算して
濃度を決定する実験を、**滴定**(てきてい)といいます。
そして、中和反応を利用した滴定のことを、**中和滴定**と呼びます。

まずは、滴定で用いるガラス器具について説明をしておきましょう。
ある濃度の水溶液を正確につくるには
メスフラスコというガラス器具を用います。

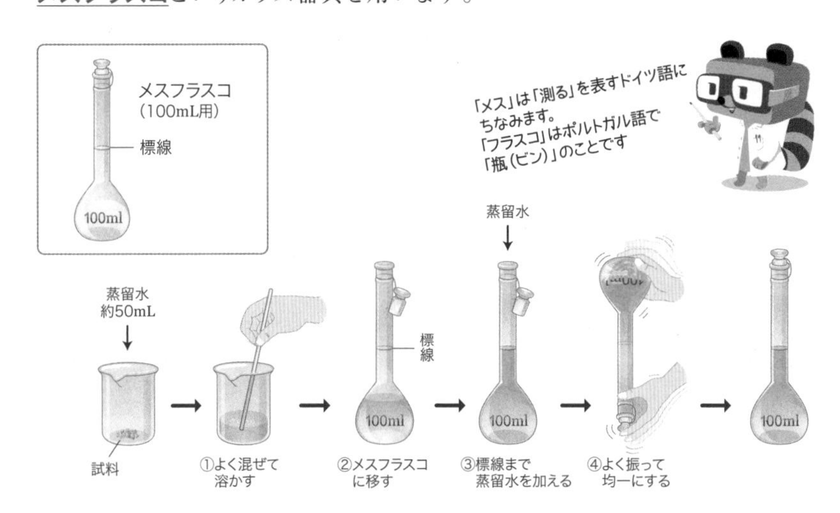

過不足 … 余ることと足りないこと。

また、**ある濃度の水溶液をある体積だけ正確に取り出す**ときは**ホールピペット**というガラス器具を用います。

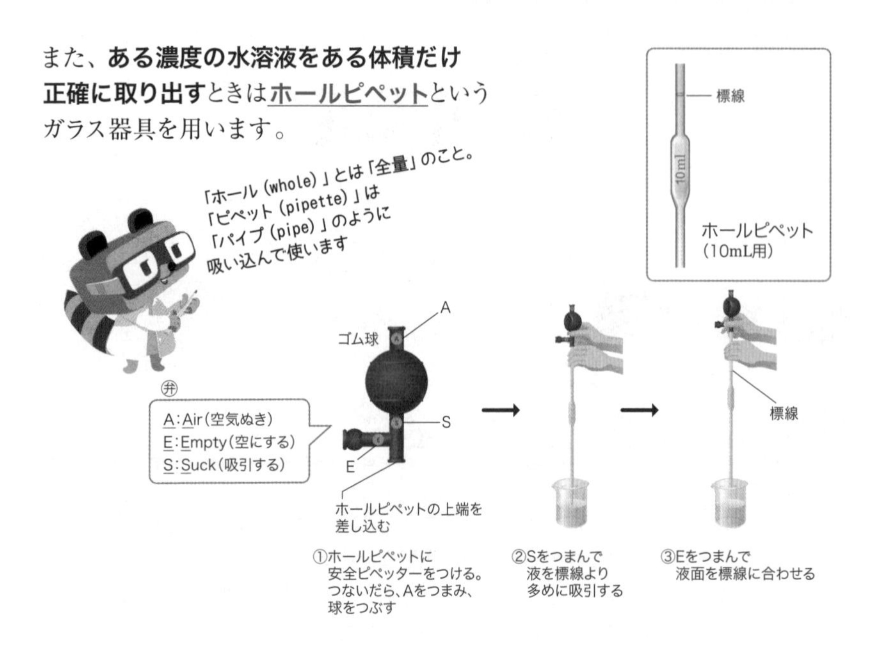

ビュレットと呼ばれるガラス器具は、コックを開いて中の溶液を**滴下**（てきか）し、**その体積を読み取る**のに使います。
まず一定量の**試料**（しりょう）溶液を**三角フラスコ**や**コニカルビーカー**のようなガラス器具に入れておきます。
そして、その試料溶液と反応する溶液をビュレットから滴下します。
反応が終了した時点で、コックを閉じてビュレットからの滴下をやめて、目盛の差から滴下量を求めます。

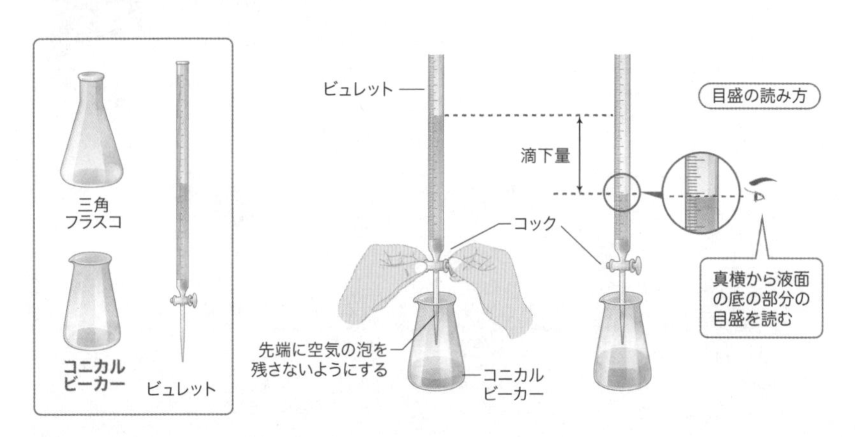

滴下 … 液体がしずくになって落ちること。
試料 … 試験や実験で使うもの。サンプル。
コニカル … 円錐形のこと。
ビーカー … くちばし（英語でbeak）状の注ぎ口のついた器具。

これらのガラス器具を急いで実験に使うときは次のように洗います。

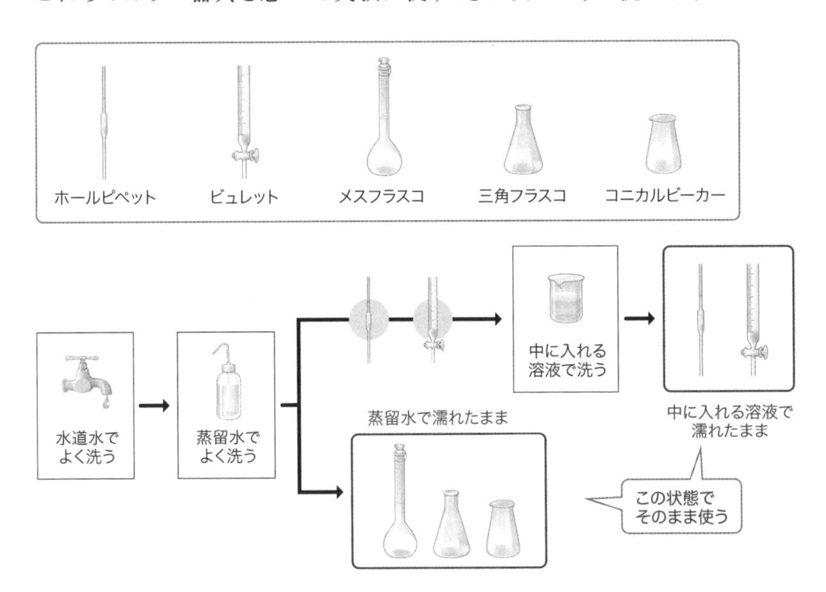

ホールピペットとビュレットは、蒸留水で濡れたまま使うと、
中に入れる溶液の濃度が変わってしまいます。
そこで、蒸留水でよく洗ったあとに中に入れる溶液で数回洗いましょう。
この操作を**共洗い**（ともあらい）といいます。

一方、メスフラスコ、三角フラスコ、コニカルビーカーは
溶質の物質量が変わらなければ実験に影響はないので、
蒸留水で濡れたまま使ってかまいません。

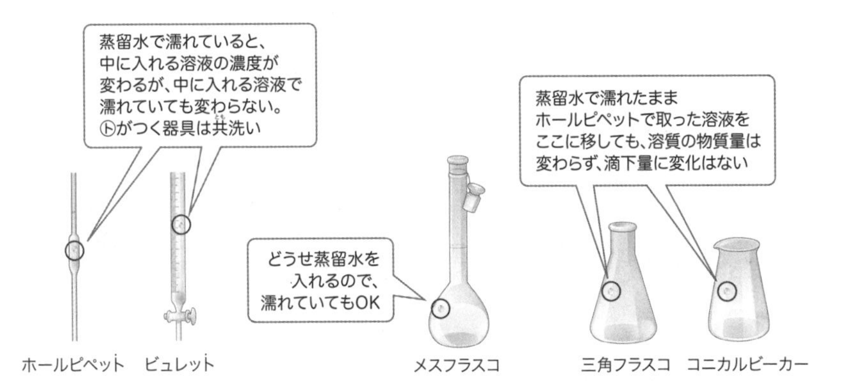

なお、メスフラスコ、ホールピペット、ビュレットといった
体積計量用のガラス器具は、
ドライヤーや乾燥機で加熱乾燥してはいけません。
加熱すると、ガラスの熱膨張によって
正確に刻んである目盛が不正確になってしまうからです。
洗浄後に乾かすときは**自然乾燥**してください。

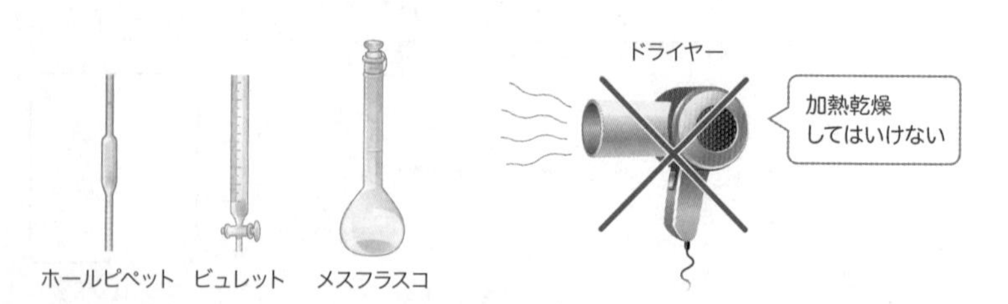

02 滴定曲線と指示薬

では、中和滴定の手順を説明しましょう。
ここに、酸性の水溶液と塩基の水溶液が用意されているとします。
まず、C_A〔mol/L〕のn価の酸H_nAの水溶液v_a〔mL〕をホールピペットに取り、
三角フラスコに移します。
そこに、C_B〔mol/L〕のm価の塩基$B(OH)_m$の水溶液をビュレットから
滴下して中和させるとき、どのくらいの量が必要かを求めてみましょう。

中和するのにv_b〔mL〕必要だったとすれば、次の関係式が成立します。

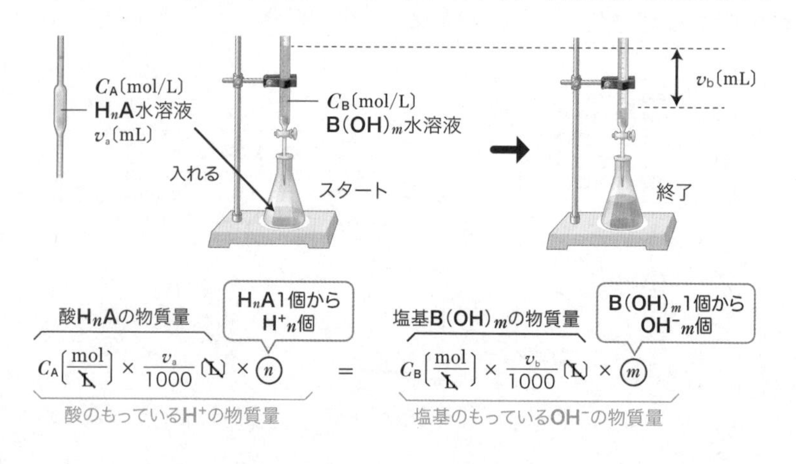

酸と塩基が過不足なく反応したと見なせるところを**中和点**といいます。
ビュレットからの滴下は、
できるだけこの中和点に近しいところで止めなければなりません。
それを知るための１つの手段として**指示薬**と呼ばれる物質を
あらかじめ試料溶液に適量加えます。

中和滴定で用いる指示薬には次のような物質があります。
これらは複雑な構造をした有機化合物で、
溶液のpHが変化すると分子構造が変化し、
色が変わるという性質をもっています。

指示薬（略号）	溶液のpH（0～11）
ブロモチモールブルー（BTB）	黄←6.0　～　7.6→青
フェノールフタレイン（PP）	無←8.0　～　9.8→赤
メチルレッド（MR）	赤←4.4　～　6.2→黄
メチルオレンジ（MO）	赤←3.1　～　4.4→黄

指示薬の色が変わるpHの範囲を**変色域**といいます。
上の表で、特によく用いるフェノールフタレインとメチルオレンジの
だいたいの変色域と色の変化を覚えておきましょう。

中和滴定でビュレットからの滴下量と、
三角フラスコやコニカルビーカー内の試料溶液のpHの変化を示したグラフを
滴定曲線といいます。
強酸か強塩基どちらか一方でも中和滴定に用いると
中和点付近のpHの変化は非常に大きくなります。
なお、中和点のpHと指示薬の変色域が多少ずれていても
誤差の範囲なので実験上問題はありません。

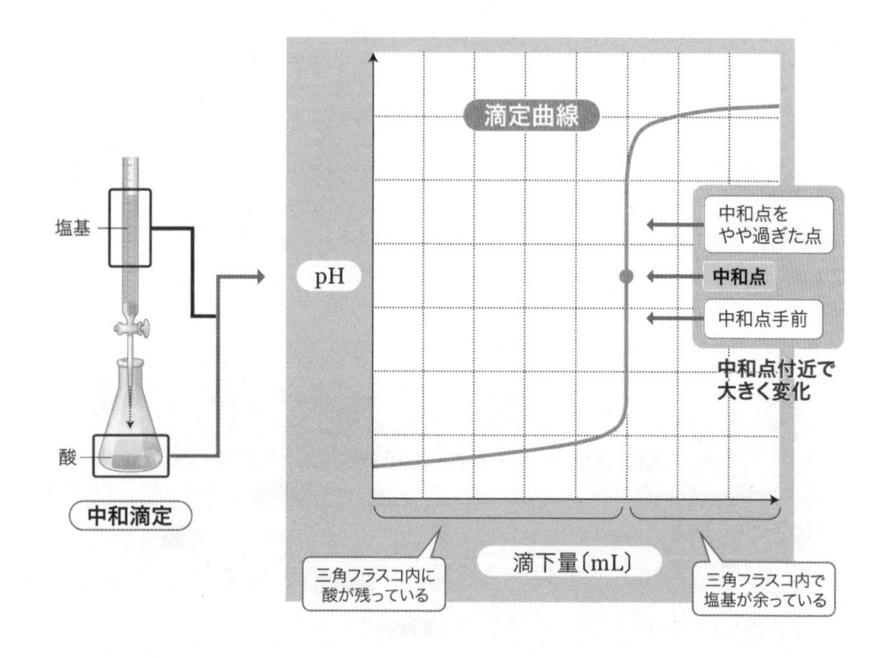

ではいくつか例を挙げて、
滴定曲線の形と中和点のpHから指示薬を選んでみましょう。

滴定曲線の例

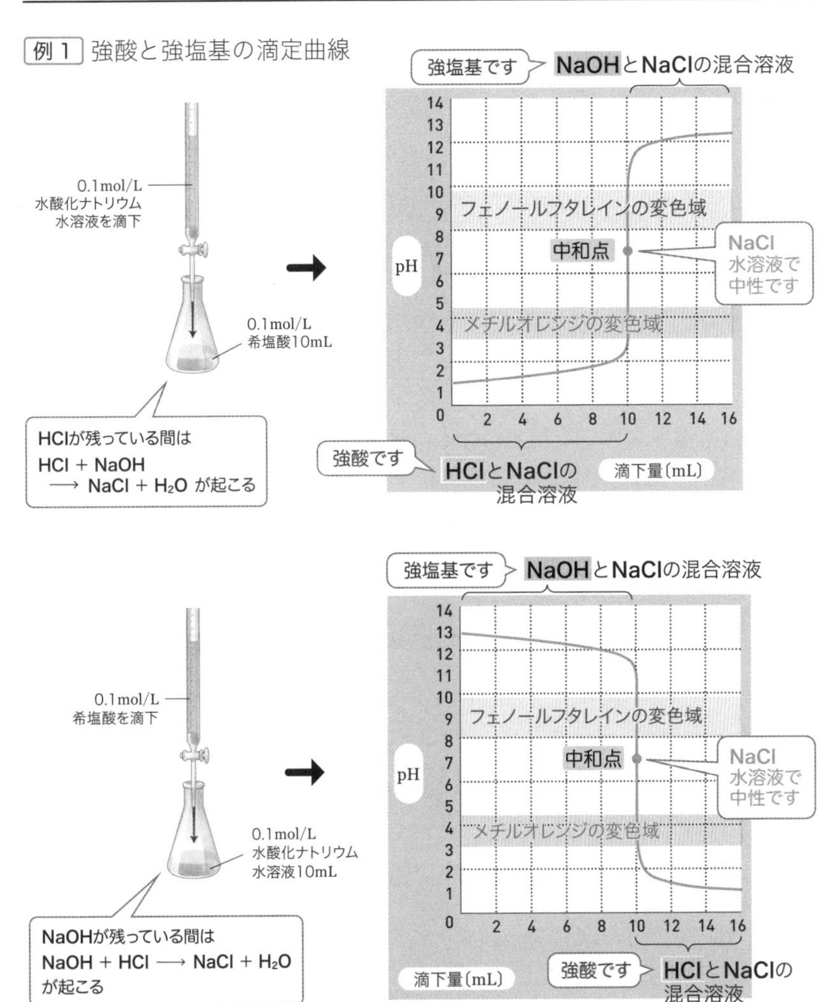

強酸と強塩基を混ぜる場合、
中和点は基本的に中性であり25℃ではpH7です。
中和点付近のpHは強酸性側から強塩基性側へと
変動幅が非常に大きいので、メチルオレンジやフェノールフタレインのどちらを
指示薬として用いてもかまいません。
変色域までの滴下量と中和点までの滴下量とは誤差の範囲です。

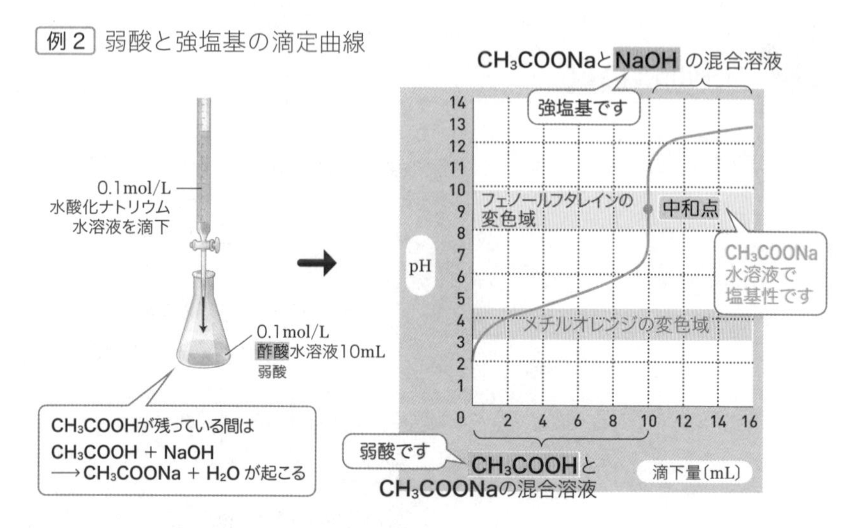

中和点は酢酸ナトリウムCH_3COONaのような
弱酸の陰イオンを含む塩の水溶液です。p.179で学びましたね。
酢酸イオンCH_3COO^-の加水分解によって塩基性を示すので、
塩基性側に変色域をもつフェノールフタレインを選びましょう。

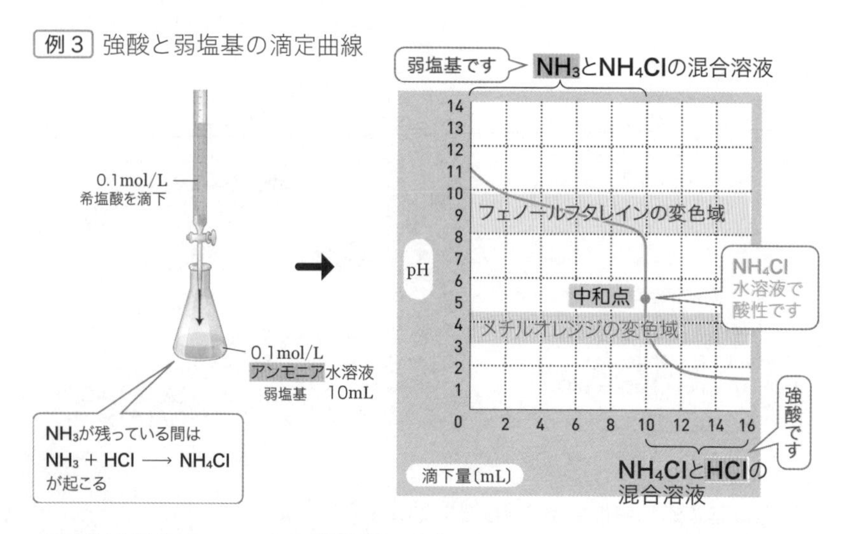

中和点は塩化アンモニウムNH_4Clのような
弱塩基の陽イオンを含む塩の水溶液です。
アンモニウムイオンNH_4^+の加水分解によって酸性を示すので、
酸性側に変色域をもつメチルオレンジを選びましょう。

第6章のまとめ

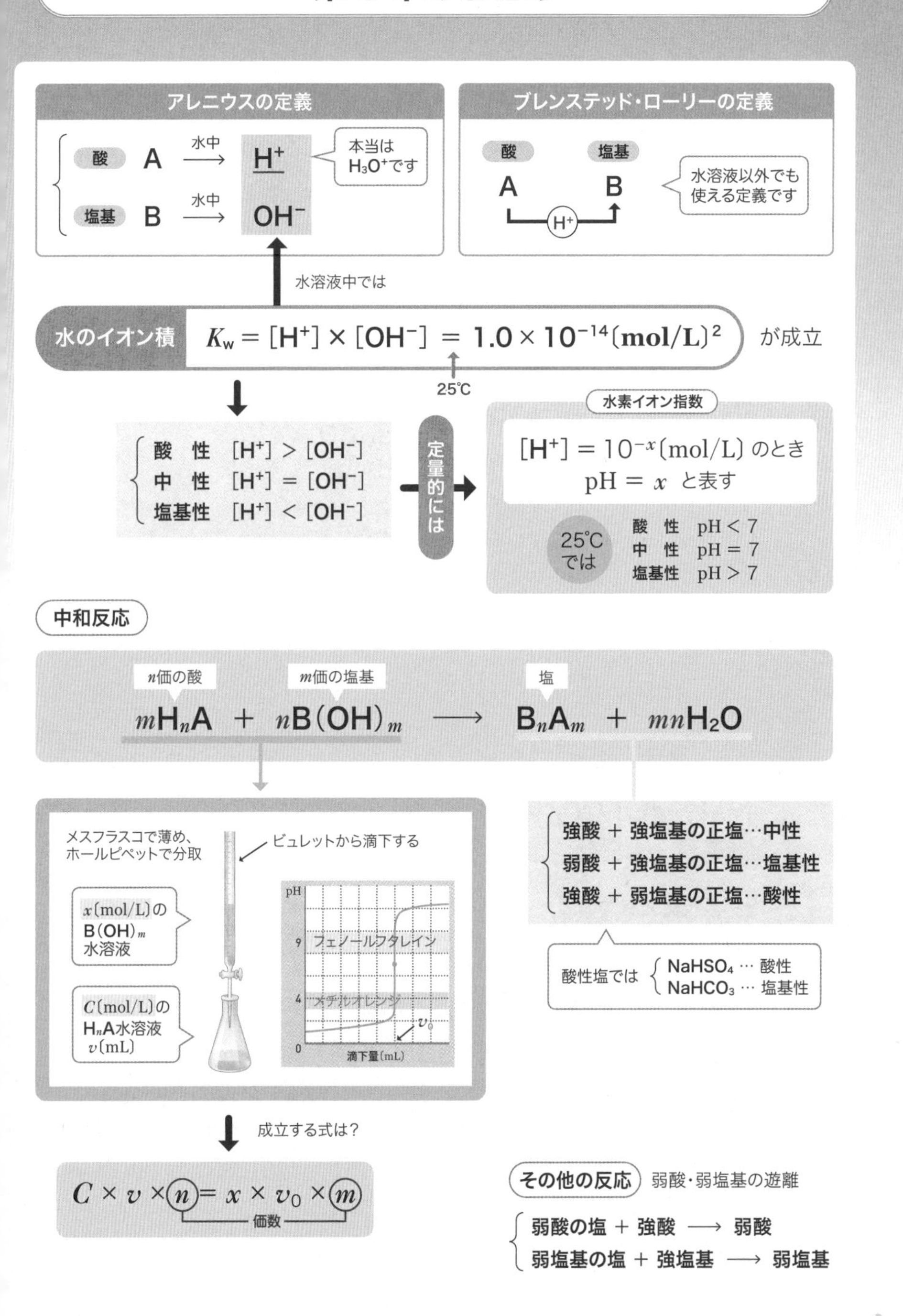

アレニウスの定義
酸 A 水中 ⟶ H⁺
本当は H₃O⁺です
塩基 B 水中 ⟶ OH⁻
ブレンステッド・ローリーの定義
酸 A
塩基 B
H⁺
水溶液以外でも使える定義です
水溶液中では
水のイオン積 $K_w = [H^+] \times [OH^-] = 1.0 \times 10^{-14}(mol/L)^2$ が成立
25℃
酸 性 $[H^+] > [OH^-]$
中 性 $[H^+] = [OH^-]$
塩基性 $[H^+] < [OH^-]$
定量的には
水素イオン指数
$[H^+] = 10^{-x}(mol/L)$ のとき
$pH = x$ と表す
25℃では
酸 性 $pH < 7$
中 性 $pH = 7$
塩基性 $pH > 7$
中和反応
n価の酸
m価の塩基
塩
$mH_nA + nB(OH)_m \longrightarrow B_nA_m + mnH_2O$
メスフラスコで薄め、ホールピペットで分取
ビュレットから滴下する
x(mol/L)の $B(OH)_m$ 水溶液
C(mol/L)の H_nA 水溶液 v(mL)
pH
9
4
0
フェノールフタレイン
メチルオレンジ
v_0
滴下量(mL)
強酸 ＋ 強塩基の正塩…中性
弱酸 ＋ 強塩基の正塩…塩基性
強酸 ＋ 弱塩基の正塩…酸性
酸性塩では $NaHSO_4$ … 酸性
$NaHCO_3$ … 塩基性
成立する式は？
$C \times v \times n = x \times v_0 \times m$
価数
その他の反応 弱酸・弱塩基の遊離
弱酸の塩 ＋ 強酸 ⟶ 弱酸
弱塩基の塩 ＋ 強塩基 ⟶ 弱塩基

練習問題

問1 酸および塩基の定義として、いくつか提唱されている中の一つは[a]によって提唱されたものであり、「酸とは水溶液中で電離して水素イオンを生じる物質であり、塩基とは[b]を生じる物質である」と述べている。また、ブレンステッドは、水素イオンの授受という視点から酸および塩基を定義している。

[1] 空欄[a]および[b]に適当な語句を記せ。

[2] アンモニアを水に溶かした時の電離平衡を反応式で示せ。さらに、ブレンステッドの定義に基づいて、酸または塩基として作用する物質はどれか、すべて示せ。

[3] 水溶液中の次の反応で、下線ア)～オ)の物質は酸または塩基のどちらとして作用しているか答えよ。

(1) ア) $\underline{Na_2CO_3} + HCl \longrightarrow NaCl + NaHCO_3$

(2) $CO_3^{2-} +$ イ) $\underline{H_2O} \rightleftarrows HCO_3^- + OH^-$

(3) ウ) $\underline{CuO} + 2H^+ \longrightarrow Cu^{2+} + H_2O$

(4) エ) $\underline{HSO_3^-} +$ オ) $\underline{H_2O} \rightleftarrows SO_3^{2-} + H_3O^+$

（神戸大）

[1] アレニウスは水中で電離してOH^-を生じる物質を塩基としましたね（→ p.161）。

[2] アンモニアは水溶液中で

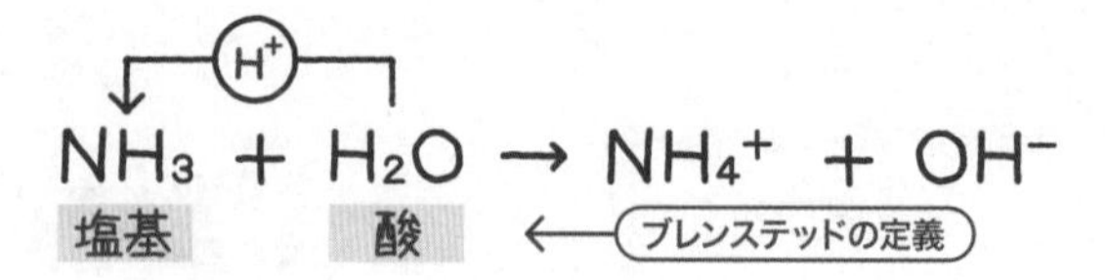

という反応だけでなく、逆向きの変化も起こります。

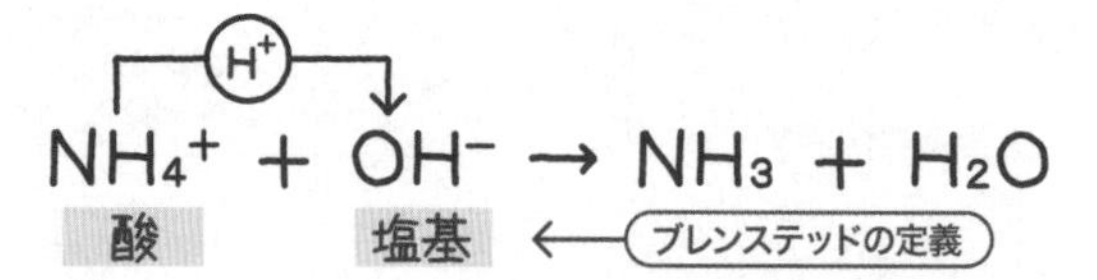

両方向の変化がつり合った時点で、見かけ上は止まって見えます。電離したイオンと電離していない分子が平衡状態にあり、これを電離平衡の状態といいます。

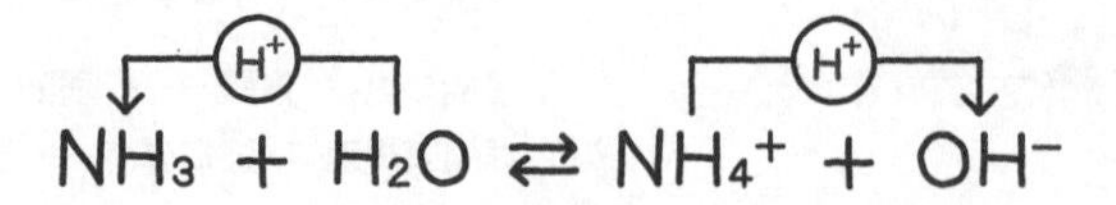

[3] (1)

塩基

$$Na_2CO_3 + HCl \rightarrow NaCl + NaHCO_3$$

(H^+ が HCl から Na_2CO_3 へ)

(2)

酸

$$CO_3^{2-} + H_2O \rightleftarrows HCO_3^- + OH^-$$

(H^+ が H_2O から CO_3^{2-} へ)

(3)

塩基

$$CuO + 2H^+ \rightarrow Cu^{2+} + H_2O$$

($2H^+$ から CuO へ)

(4)

酸　塩基

$$HSO_3^- + H_2O \rightleftarrows SO_3^{2-} + H_3O^+$$

(H^+ が HSO_3^- から H_2O へ)

解答 [1] a **アレニウス**　b **水酸化物イオン**

[2] (反応式) $NH_3 + H_2O \rightleftarrows NH_4^+ + OH^-$

酸 … H_2O、NH_4^+　塩基 … NH_3、OH^-

[3] (1) ア **塩基**　(2) イ **酸**　(3) ウ **塩基**　(4) エ **酸**　オ **塩基**

問2 次の(1)〜(6)の化学反応式を記せ。

(1) 希硫酸に水酸化ナトリウム水溶液を加えて中和する。
(2) 希塩酸に水酸化バリウム水溶液を加えて中和する。
(3) 希硫酸にアンモニア水を加えて中和する。
(4) シュウ酸に水酸化ナトリウム水溶液を加えて中和する。
(5) 炭酸カルシウムに希塩酸を十分に加える。
(6) 塩化アンモニウムと水酸化カルシウムの混合物を加熱する。

解説 (1)

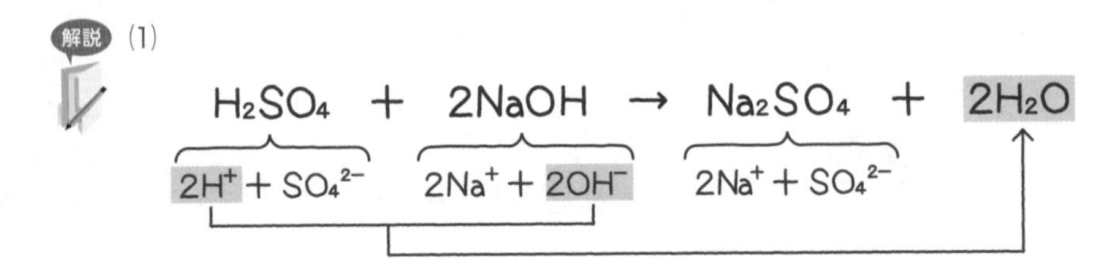

(2)

$$2HCl + Ba(OH)_2 \rightarrow BaCl_2 + 2H_2O$$

$2H^+ + 2Cl^-$　　$Ba^{2+} + 2OH^-$　　$Ba^{2+} + 2Cl^-$

(3) $NH_3$1分子がH^+1個を受け取ってNH_4^+に変化します。

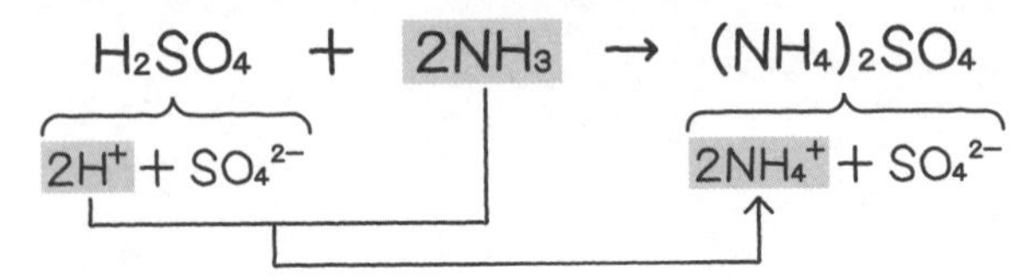

⑷シュウ酸は漢字では蓚酸と書き、ホウレンソウなどの植物に含まれる2価の弱酸です。示性式で$(COOH)_2$と表します。分子式で$H_2C_2O_4$と書くこともあります。

シュウ酸

```
    O
    ‖
    C-O-H
    |
    C-O-H
    ‖
    O
```

$$(COOH)_2 + 2NaOH \rightarrow (COONa)_2 + 2H_2O$$

$2H^+ + (COO)^{2-}$　　$2Na^+ + 2OH^-$　　$2Na^+ + (COO)^{2-}$

⑸ 弱酸の遊離によって$CO_3{}^{2-}$がH_2CO_3となり、すぐに分解して$CO_2 + H_2O$となるためCO_2が生じます。

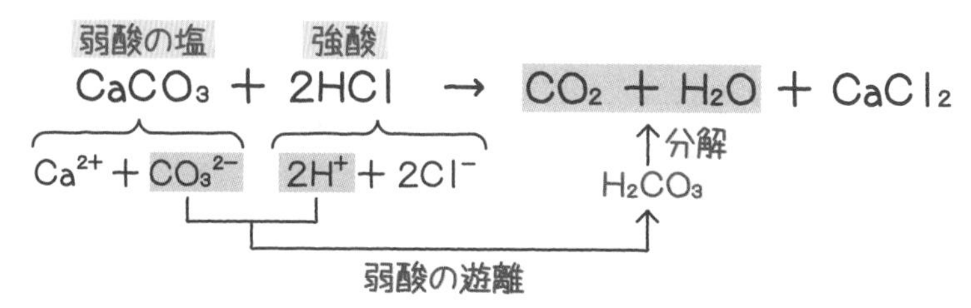

⑹ 弱塩基の遊離によって$NH_4{}^+ + OH^- \rightarrow NH_3 + H_2O$となり、加熱することで$NH_3$の気体が生じます。

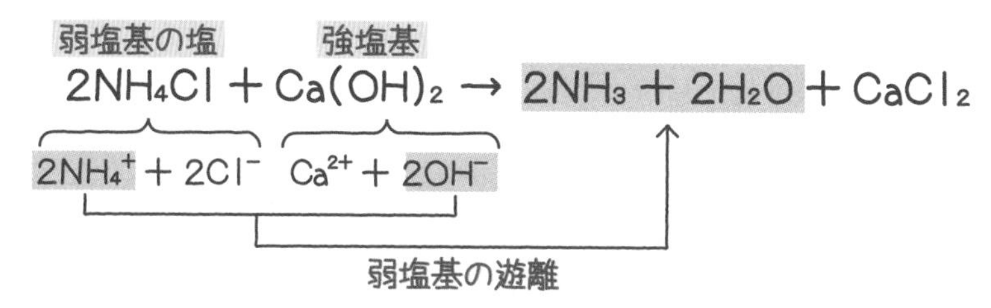

解答 ⑴ $H_2SO_4 + 2NaOH \longrightarrow Na_2SO_4 + 2H_2O$

⑵ $2HCl + Ba(OH)_2 \longrightarrow BaCl_2 + 2H_2O$

⑶ $H_2SO_4 + 2NH_3 \longrightarrow (NH_4)_2SO_4$

⑷ $(COOH)_2 + 2NaOH \longrightarrow (COONa)_2 + 2H_2O$

（または$H_2C_2O_4 + 2NaOH \longrightarrow Na_2C_2O_4 + 2H_2O$）

⑸ $CaCO_3 + 2HCl \longrightarrow CO_2 + H_2O + CaCl_2$

⑹ $2NH_4Cl + Ca(OH)_2 \longrightarrow 2NH_3 + 2H_2O + CaCl_2$

問3 次の塩の水溶液は中性、酸性、塩基性のいずれか。

(1) **硝酸カリウム**　(2) **硫酸水素ナトリウム**

(3) **炭酸ナトリウム**　(4) **硫酸アンモニウム**

(5) **炭酸水素ナトリウム**

解説 正塩

塩	もとの酸	もとの塩基	液性
(1) KNO_3	HNO_3 強酸	KOH 強塩基（アルカリ金属とBeとMg以外のアルカリ土類金属の水酸化物は強塩基）	中性
(3) Na_2CO_3	H_2CO_3 弱酸	NaOH 強塩基	塩基性
(4) $(NH_4)_2SO_4$	H_2SO_4 強酸	NH_3 弱塩基	酸性

酸性塩　これは覚えておきましょう。

(2) **$NaHSO_4$** …… 酸性

(5) **$NaHCO_3$** …… 塩基性

解答 (1) **中性**　(2) **酸性**　(3) **塩基性**　(4) **酸性**　(5) **塩基性**

問4　次の水溶液のpHを整数で求めよ。

水のイオン積 K_w は $[H^+] \times [OH^-] = 1 \times 10^{-14}$〔mol/L〕^{2} とし、(1)(2)では水の電離による H^+ の増加分、(3)(4)では水の電離による OH^- の増加分を無視してよい。またそれぞれの電離度は（　）の値を用いよ。

(1) **0.1mol/Lの希塩酸（電離度 $\alpha = 1$）**

(2) **0.1mol/Lの酢酸水溶液（電離度 $\alpha = 0.01$）**

(3) **0.01mol/Lの水酸化ナトリウム水溶液（電離度 $\alpha = 1$）**

(4) **0.1mol/Lのアンモニア水溶液（電離度 $\alpha = 0.01$）**

解説 (1)

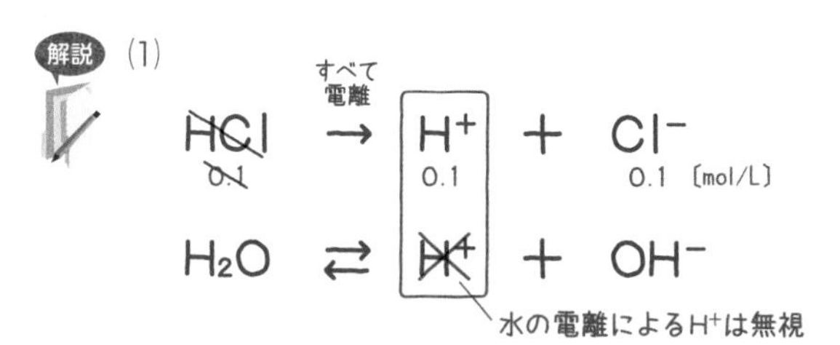

よって、$[H^+] = 0.1 = 1 \times 10^{-1}$〔mol/L〕
pHは1となります。

(2)

$$CH_3COOH \rightleftarrows CH_3COO^- + H^+$$

	CH_3COOH	CH_3COO^-	H^+	
電離前	0.1	0	0	〔mol/L〕
電離量	-0.1×0.01	$+0.1 \times 0.01$	$+0.1 \times 0.01$	〔mol/L〕
電離後	0.099	1×10^{-3}	1×10^{-3}	〔mol/L〕

水の電離による H^+ の増加分は無視してよいので、
$[H^+] = 1 \times 10^{-3}$〔mol/L〕となり、pHは3となります。

(3)

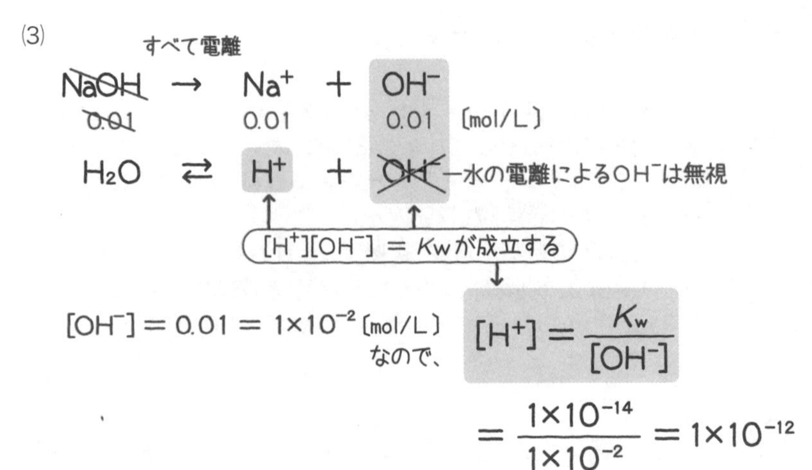

となり、pHは12となります。

(4)

$$NH_3 + H_2O \rightleftarrows NH_4^+ + OH^-$$

	NH_3	H_2O	NH_4^+	OH^-	
電離前	0.1	大量	0	0	〔mol/L〕
電離量	−0.1×0.01	−0.1×0.01	+0.1×0.01	+0.1×0.01	〔mol/L〕
電離後	0.099	大量	1×10^{-3}	1×10^{-3}	〔mol/L〕

水の電離による$\mathbf{OH^-}$の増加分は無視してよいため、
$[\mathbf{OH^-}] = 1\times10^{-3}$〔mol/L〕なので、

$$[\mathbf{H^+}] = \frac{K_w}{[\mathbf{OH^-}]} = \frac{1\times10^{-14}}{1\times10^{-3}} = 1\times10^{-11}$$

となり、pH＝11となります。

解答 (1) **1**　(2) **3**　(3) **12**　(4) **11**

問5　空欄に当てはまる数値を①～⑤から選べ。
なお、水のイオン積は25℃で1×10^{-14}〔mol/L〕^{2}とする。

0.02mol/Lの水酸化ナトリウム水溶液500mLに、0.005molの塩化水素を吸収させたとき、この溶液のpHは、25℃で［　　］となる。ただし、塩化水素を吸収させても溶液の体積は変化しないものとする。

① 2　② 3　③ 10　④ 11　⑤ 12

（センター試験）

解説　用意したNaOHの物質量は

$$0.02\text{mol/L}\times\frac{500}{1000}\text{L}=0.01\text{mol}$$ です。

反応による変化量は次のようになります。

	NaOH	+ HCl	⟶ NaCl	+ H_2O	
反応前	0.01		0	大量	〔mol〕
変化量	−0.005	−0.005	+0.005	+0.005	〔mol〕
反応後	0.005	0	0.005	大量	〔mol〕

反応後は水酸化ナトリウムと塩化ナトリウムの混合溶液であり、水酸化ナトリウムの濃度でpHが決まります。水酸化ナトリウムの濃度は、溶液の体積が500mLから変化していないことから

$$\text{反応後のNaOHのモル濃度〔mol/L〕}=\frac{0.005\text{〔mol〕}}{\frac{500}{1000}\text{〔L〕}}=0.01\text{〔mol/L〕}$$

であり、$[OH^-]\fallingdotseq0.01=1\times10^{-2}$〔mol/L〕です。

そこで $[H^+]=\frac{K_w}{[OH^-]}=\frac{1\times10^{-14}}{1\times10^{-2}}=1\times10^{-12}$ となり、pH=12

となります。

解答　⑤

問6 酢酸水溶液を水酸化ナトリウム水溶液で中和したときの滴定曲線は、次の（ア）～（エ）のいずれか。濃度はともに0.1mol/Lとする。

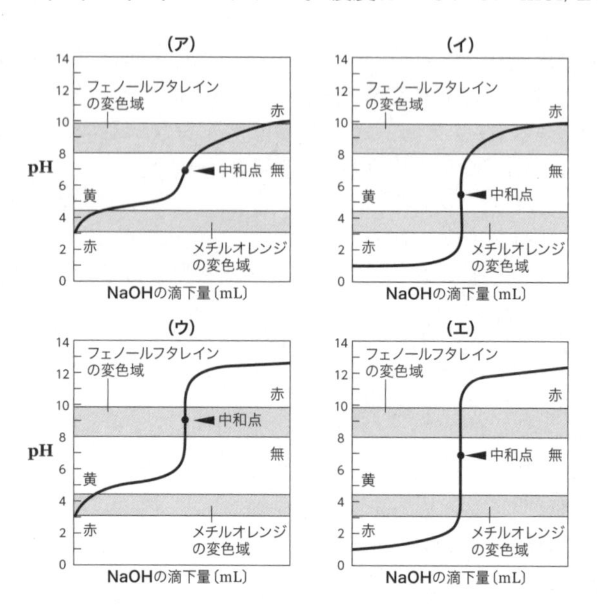

解説 次の①～③におけるpHをチェックしましょう。

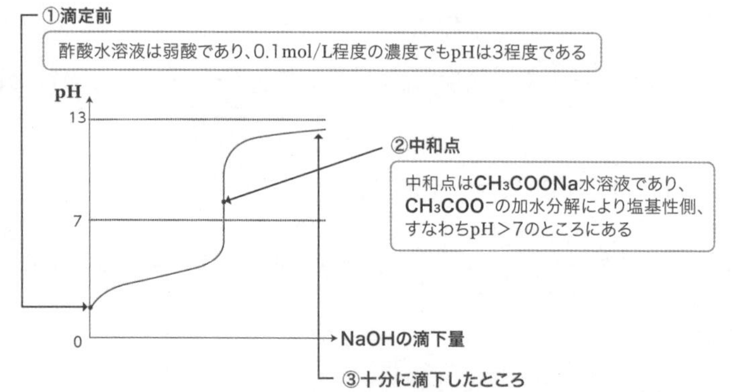

0.1mol/Lの水酸化ナトリウム水溶液の水酸化物イオン濃度$[OH^-]=0.1$mol/L

なので、$[H^+]=\frac{K_w}{[OH^-]}=\frac{1\times10^{-14}}{0.1}=1\times10^{-13}$、すなわちpH＝13である。

そこでこの水溶液をどんどん加えても、pHは13より大きくはならない

よって（ウ）が正しいということがわかります。

解答 **（ウ）**

問7 指示薬**a**の変色域はpH3.1～4.4であり、指示薬**b**はpH8.3～10.0である。これらを中和滴定に使用することに関して正しいものを、次の①～⑤のうちから一つ選べ。
ただし、滴定に用いる酸と塩基は0.1mol/Lの水溶液とする。

① **アンモニア水を硫酸で滴定するとき、aもbも使用できる。**
② **アンモニア水を塩酸で滴定するとき、aは使用できないが、bは使用できる。**
③ **硫酸を水酸化ナトリウム水溶液で滴定するとき、aは使用できるが、bは使用できない。**
④ **塩酸を水酸化ナトリウム水溶液で滴定するとき、aは使用できないが、bは使用できる。**
⑤ **酢酸を水酸化ナトリウム水溶液で滴定するとき、aは使用できないが、bは使用できる。**

（センター試験）

aはメチルオレンジ、**b**はフェノールフタレインです。

滴定の組み合わせ	メチルオレンジ	フェノールフタレイン
強酸＋強塩基	使用できる	使用できる
強酸＋弱塩基	使用できる	使用できない
弱酸＋強塩基	使用できない	使用できる

① $2NH_3 + H_2SO_4 \longrightarrow (NH_4)_2SO_4$ で、中和点は NH_4^+ の加水分解
（NH_3：弱塩基、H_2SO_4：強酸）
により酸性側にあり、**b**は使えません。

② $NH_3 + HCl \longrightarrow NH_4Cl$ で①と同様**b**は使えません。
（NH_3：弱塩基、HCl：強酸）

③ $H_2SO_4 + 2NaOH \longrightarrow Na_2SO_4 + 2H_2O$ で、中和点は中性であるが
（H_2SO_4：強酸、$NaOH$：強塩基）
中和点付近でpHが大きく変化するので、**a**、**b**両方とも使えます。

④ $HCl + NaOH \longrightarrow NaCl + H_2O$ で③と同様、**a**、**b**両方使えます。
（HCl：強酸、$NaOH$：強塩基）

⑤ $CH_3COOH + NaOH \longrightarrow CH_3COONa + H_2O$ で中和点は CH_3COO^-
（CH_3COOH：弱酸、$NaOH$：強塩基）
の加水分解により塩基性側にあり、**a**は使用できませんが**b**は使用できます。
よって、⑤が正しいということがわかります。

⑤

問8 次の文章を読み、下の問いに答えよ。
酢酸水溶液Aの濃度を中和滴定によって決めるために、あらかじめ純水で洗浄した器具を用いて、次の操作1～3からなる実験を行った。

操作1 ホールピペットでAを10.0mLとり、これを100mLのメスフラスコに移し、純水を加えて100mLとした。これを水溶液Bとする。
操作2 別のホールピペットでBを10.0mLとり、これをコニカルビーカーに移し、指示薬を加えた。これを水溶液Cとする。
操作3 0.110mol/L水酸化ナトリウム水溶液Dをビュレットに入れて、Cを滴定した。

[1] 操作1～3における実験器具の使い方として**誤りを含むもの**を、次の①～⑤のうちから一つ選べ。
① **操作1において、ホールピペットの内部に水滴が残っていたので、内部をAで洗ってから用いた。**
② **操作1において、メスフラスコの内部に水滴が残っていたが、そのまま用いた。**
③ **操作2において、コニカルビーカーの内部に水滴が残っていたので、内部をBで洗ってから用いた。**
④ **操作3において、ビュレットの内部に水滴が残っていたので、内部をDで洗ってから用いた。**
⑤ **操作3において、コック(活栓)を開いてビュレットの先端部分までDを満たしてから滴定を始めた。**

[2] 操作がすべて適切に行われた結果、操作3において中和点までに要したDの体積は7.50mLであった。
酢酸水溶液Aの濃度は何mol/Lか。最も適当な数値を、次の①～⑥のうちから一つ選べ。
① **0.0825** ② **0.147** ③ **0.165** ④ **0.825** ⑤ **1.47** ⑥ **1.65**

(センター試験)

[1] ①、④：ホールピペットとビュレットは、中に入れる溶液の濃度が変わらないようにするため、中に入れる液で洗います。よって①と④は正しいです。
②：メスフラスコは、あとから純水を標線まで加えるので純水で濡れたままでも大丈夫です。よって②は正しいです。

③：コニカルビーカーが純水で濡れていても、ホールピペットで取った10mLのBの水溶液中に含まれる酢酸の物質量に変化がなく、これを中和するのに必要な0.110mol/Lの水酸化ナトリウム水溶液の量も変わりません。なので、純水で濡れたまま使ってもかまいませんが、③のように中に入れる液で洗うと酢酸の物質量が増えて、水酸化ナトリウム水溶液の滴定量が増加してしまいます。よって③が誤りです。

⑤：ビュレットの先端に空気が入っていると、ビュレットからの滴下量が正確ではなくなるので、正しいです。

[2] Aの酢酸水溶液の濃度をx〔mol/L〕とします。まず操作1でAを10倍に薄めたものがBとなるので、Bの濃度は$\frac{x}{10}$〔mol/L〕です。

これをホールピペットで10.0〔mL〕分取したので、ここに含まれる酢酸の物質量〔mol〕は$\frac{x}{10}$〔mol/L〕×$\frac{10.0}{1000}$〔L〕と表せます。

化学反応式の係数より、**CH_3COOH**1mol中和するのに**NaOH**は1mol必要であることがわかります。

$$CH_3COOH + NaOH \longrightarrow CH_3COONa + H_2O$$

よって

$$\underbrace{\frac{x}{10} \times \frac{10.0}{1000}\text{〔mol〕}}_{\text{コニカルビーカーに移した}CH_3COOH\text{の物質量〔mol〕}} = \underbrace{0.110\left(\frac{\text{mol}}{\text{L}}\right) \times \frac{7.50}{1000}\text{〔L〕}}_{\text{中和に必要なNaOHの物質量〔mol〕}}$$

よって、$x = 0.825$〔mol/L〕

解答　[1] ③　[2] ④

イオン反応式

塩化水素や硫酸、硝酸のような強酸、アルカリ金属や**Be**と**Mg**以外のアルカリ土類金属の水酸化物のような強塩基、塩化ナトリウムなどの水によく溶ける塩は、水溶液中ではほぼ完全に電離していると考えてかまいません。

$$HCl \xrightarrow{水中} H^+ + Cl^-$$
強酸

$$NaOH \xrightarrow{水中} Na^+ + OH^-$$
強塩基

$$NaCl \xrightarrow{水中} Na^+ + Cl^-$$
水によく溶ける塩

たとえば、水酸化バリウム水溶液に希硫酸を加えたときの変化を考えてみましょう。化学反応式では次のように表すことができます。

$$Ba(OH)_2 + H_2SO_4 \longrightarrow BaSO_4 + 2H_2O$$

水酸化バリウムは強塩基、硫酸は強酸で水溶液中ではほぼ完全に電離しています。ただし、生じた塩である硫酸バリウムはあまり水に溶けない塩なので、ほとんどが沈殿してしまいます。また水もほとんど電離はしていませんから、反応物側だけ電離させて書き直してみましょう。

$$Ba^{2+} + 2OH^- + 2H^+ + SO_4^{2-} \longrightarrow BaSO_4 + 2H_2O$$

沈殿します

このようにイオンの動向に注目するために、水溶液中の強酸、強塩基、水溶性の塩を電離させて表した化学反応式を**イオン反応式**と呼ぶことがあります。現在の課程では重要語あつかいではないですが、知っておいてください。なおイオン反応式で表す場合、左辺と右辺に同じイオンがあるときは消去しておきましょう。

水酸化ナトリウム水溶液と希塩酸の中和では、次のようになります。本文中でも説明しましたね。

$$NaOH + HCl \longrightarrow NaCl + H_2O$$

$$Na^+ + OH^- + H^+ + Cl^- \longrightarrow Na^+ + Cl^- + H_2O$$

左辺と右辺にNa^+とCl^-が1個ずつあるので消去

イオン反応式

$$OH^- + H^+ \longrightarrow H_2O$$

イオン反応式では、左辺側と右辺側のもつ電荷の総和は等しくなっていますね。係数をチェックするときに注意しましょう。

第7章 酸化還元

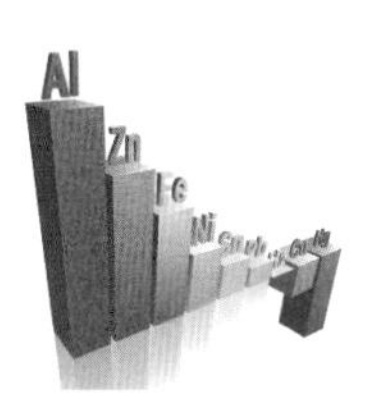

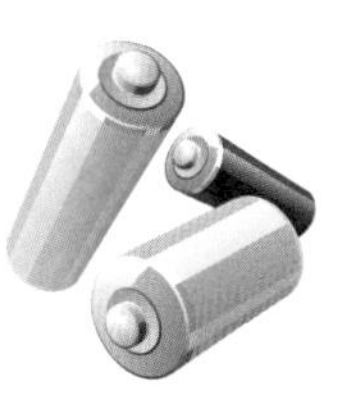

第1講

酸化と還元

中学校までの理科では、物質が酸素と結びつく反応を酸化、酸化物がもとの単体に戻る反応を還元と呼んでいました。高校では電子に注目し、より拡張した定義で酸化還元反応を学んでいきます。

01 定義

たとえば、銅線Cuをガスバーナーの炎の中に入れると、
空気中の酸素 O_2と反応して黒色の酸化銅(II) CuOが生じます。
このように、**酸素と化学的に結びつく変化**を**酸化**といいます。

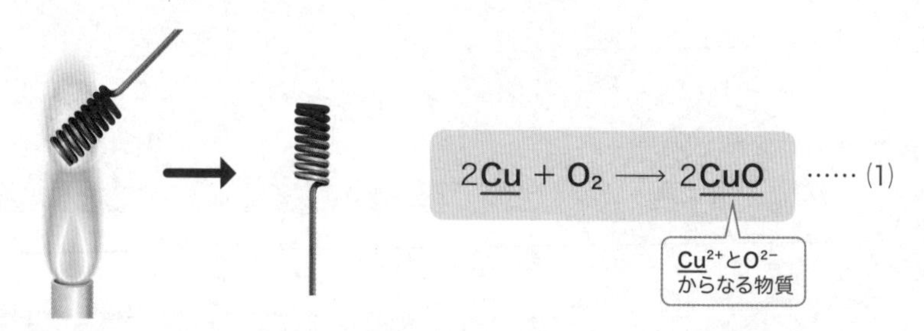

$$2\underline{Cu} + O_2 \longrightarrow 2\underline{CuO} \quad \cdots\cdots (1)$$

酸化銅(II)を高温で水素 H_2と反応させると、
再び単体の銅に戻ります。
酸化物が酸素を奪われ元の状態に還ることを**還元**といいます。

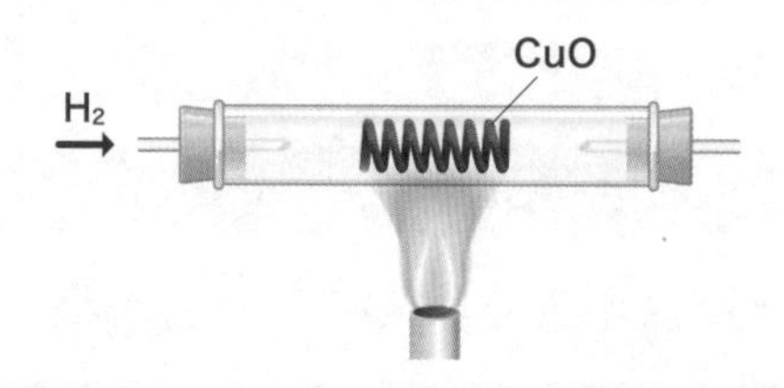

$$CuO + H_2 \longrightarrow Cu + H_2O \quad \cdots\cdots (2)$$

酸化銅 … 酸化した銅のこと。酸化数（→ p.210）が＋1の酸化銅(I) Cu_2Oと、＋2の酸化銅(II) CuOがある。天然には酸化銅(I)は赤色の、酸化銅(II)は黒色の銅鉱として産出される。

さて、銅は酸素としか反応しないわけではありません。
熱した銅線を塩素 Cl_2 中に入れても、
激しく反応して塩化銅(II) $CuCl_2$ が生じます。

Cu^{2+} と Cl^- からなる物質

$$Cu + Cl_2 \longrightarrow CuCl_2 \quad \cdots\cdots (3)$$

また、銅片を**熱濃硫酸**（ねつのうりゅうさん）に加えると、
二酸化硫黄 SO_2 を発生しながら銅が溶けていきます。

$$Cu + 2H_2SO_4 \longrightarrow CuSO_4 + SO_2 + 2H_2O \quad \cdots\cdots (4)$$

Cu^{2+} と SO_4^{2-} からなる物質

(1)、(3)、(4)の反応は、まったく異なった反応ですが、
銅だけに注目すると
電子が奪われて銅(II)イオン Cu^{2+} に変化しているという
共通点があります。

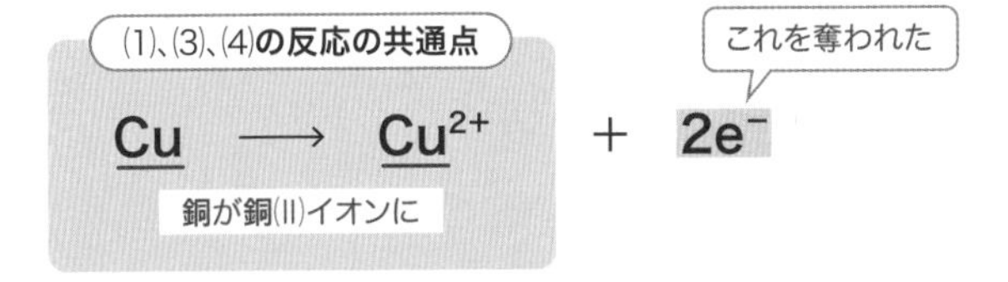

Reading Hints
熱濃硫酸 … 加熱した濃度の高い硫酸のこと。強い酸化作用がある。

高校化学では、この**電子の移動が注目ポイント**です。
先ほど、「酸素と化学的に結びつくことことを酸化」、
「酸化物が酸素を奪われ元の状態に還ることを還元」と述べましたが、
電子に着目して、**電子を奪われる変化を酸化**、
電子を獲得(かくとく)する変化を還元と定義します。
なぜ、電子に着目するかというと、酸素だけでなく
より広範囲の反応に使えるようにするためです。

すると、「酸化される」とは「電子を奪われる」ことであり、
「還元される」とは「電子を受け取る」ということになりますね。

	酸化される	還元される
狭い定義	酸素と結びつく	酸素を失う
広い定義	電子を奪われる	電子を受け取る

ただし、注意点が1つ。
ある物質が電子を奪われるということは、
必ずその電子をもらった物質があるはずですよね?
ということは、**酸化と還元は必ず同時に起こり、**
全体では電子が移動したような反応になるのです。
このような反応を**酸化還元反応**といいます。

酸化還元反応において、
相手に電子を与えて還元する物質を還元剤、
相手から電子を奪って酸化する物質を酸化剤といいます。

還元剤から酸化剤へと電子が移動するので「カンからサンへ」と覚えておきましょう。

還元剤は、相手を**還元し**自らは**電子を失って酸化されている**こと、
酸化剤は、相手を**酸化し**自らは**電子を受け取り還元されている**ことに
注意してください。
次表に整理しておきます。

	還元剤	酸化剤
相手を	還元する	酸化する
電子を	相手に与える（自らは失う）	相手から奪う（自らは受け取る）
自らは	酸化される	還元される

02 酸化数

電子の移動に注目した定義を使うと、少し困った問題が出てきます。
水素 H_2 や水 H_2O のように
イオンが集まってできていない物質が関与しているときは、
どうやって電子の移動を考えればよいのでしょうか？

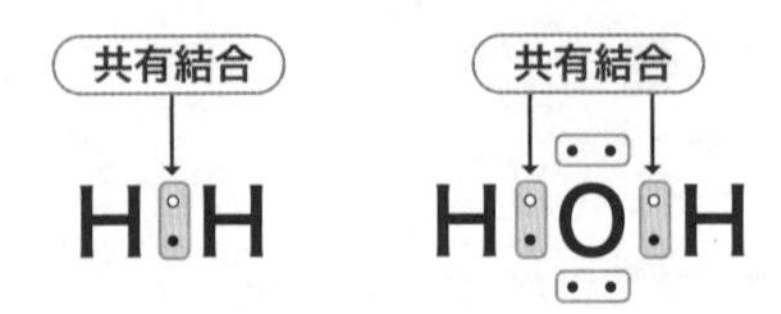

こうい う物質に対しても電子の授受をはっきりさせないといけませんね。
そこで登場するのが**酸化数**という指標です。
これは**酸化状態を表す数値**で、**電子が完全に移動したと仮定したときに物質に含まれる各元素の原子がもつ電荷**を表しています。

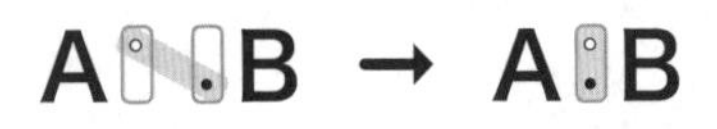

がA、Bどちらのものか
はっきりさせるために
酸化数を考えます

イオン結合でできた塩化ナトリウムNaClのような物質では
電子は完全に移動しているので、
イオンの価数がそのまま原子の酸化数となります。

NaCl —イオン結合→ Na^+ Cl^- →
Naの酸化数 ＝ ＋1
Clの酸化数 ＝ −1

一方、共有結合でできた物質は
2つの原子間の共有電子対が**電気陰性度の大きな元素のほうへ**
完全に移動したと仮定して、最後に残る電荷を考えます。
共有結合でできていても、**イオン結合だとしたら**
電荷はいくつになるかと考えるわけです。

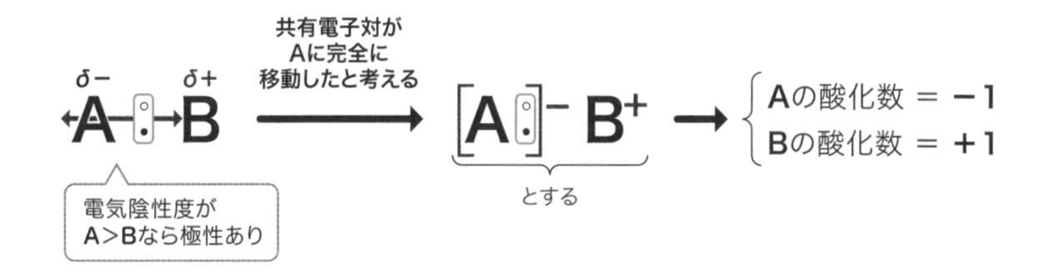

同じ元素の原子どうしが共有結合している場合は、電気陰性度が等しく
電荷の偏りがないので、電子の移動はないものとします。
均等に分けるわけですね。

電荷の偏りなし
A　A　均等に→　A　A　とする　→　Aの酸化数 ＝ 0（ゼロ）

そこで、H_2やH_2Oの場合は
次のように酸化数が決まります。

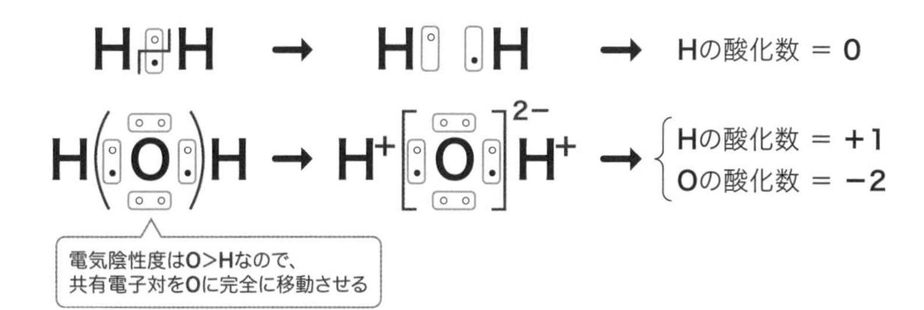

とはいえ、こうやって酸化数を求めるのは大変ですよね。
構造式が書けて、電気陰性度の大小も知っていて
ようやく求められるのですから。

そこで、より簡単に酸化数を求めるために
次のような規則にもとづいた計算方法があります。

酸化数を求めるときの規則

規則❶ H_2やCuのような単体を構成する元素の酸化数は0（ゼロ）である。

規則❷ 単原子イオンはイオン価数が酸化数である。

酸化数	−2	−1	+1	+2	+3
例	O^{2-}、S^{2-}	F^-、Cl^- Br^-、I^-	Na^+、K^+ Ag^+	Ca^{2+}、Ba^{2+} Mg^{2+}、Zn^{2+}	Al^{3+}

規則❸ 化合物中の水素**H**の酸化数は基本的に+1とする。
ただし水素化ナトリウム**NaH**のような金属の水素化合物では、
規則❷より水素の酸化数は−1となる。

規則❹ 化合物中の酸素**O**の酸化数は基本的に−2とする。
ただし、規則❸より過酸化水素H_2O_2では酸素の酸化数は−1となる。

規則❺ 化合物や多原子イオンでは、構成原子の酸化数の和が
全体の電荷に等しい。

(規則❸)で紹介した水素化ナトリウムNaHのような金属の水素化合物は、
あまりなじみのない物質かもしれません。
金属の陽イオンと、He型の電子配置をもつ水素化物イオンH^-の
イオン結合によってできた物質です。

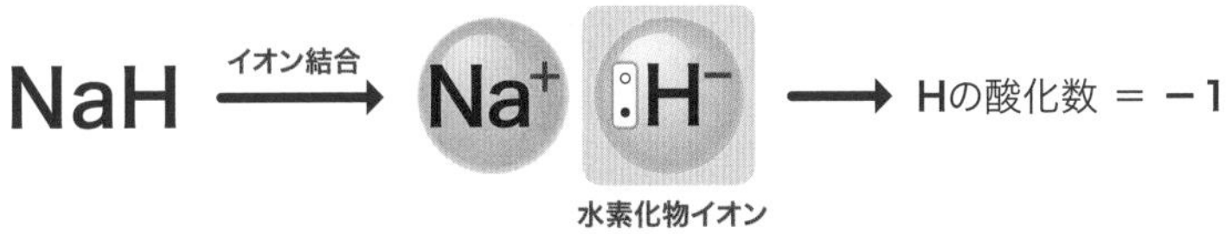

NaH —イオン結合→ Na^+ H^- → Hの酸化数 ＝ −1
水素化物イオン

(規則❹)で過酸化水素H_2O_2の酸素の酸化数が−1になるのは、
構造式を考えれば納得できるでしょう。

過酸化水素の構造式

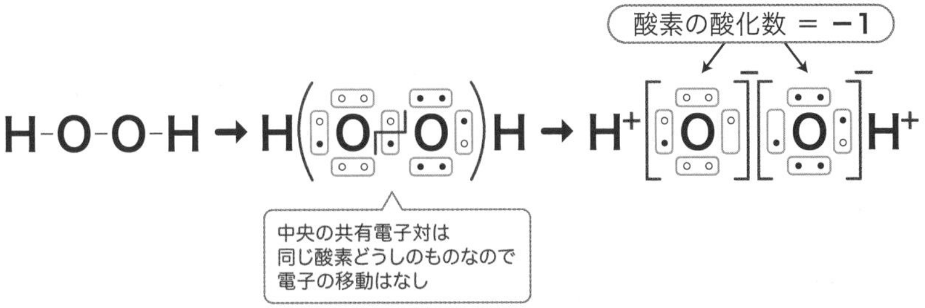

H-O-O-H → H(O O)H → H^+[O]$^-$[O]$^-$$H^+$
酸素の酸化数 ＝ −1
中央の共有電子対は
同じ酸素どうしのものなので
電子の移動はなし

過酸化水素のOの酸化数=−1、金属の水素化合物のHの酸化数=−1
のような例外に注意しながらこれらの規則を用いれば、
簡単な計算によって酸化数を求めることができます。
いくつか練習して慣れていきましょう。
次ページに進んでください。

例題

問1　硫酸H_2SO_4の硫黄Sの酸化数を示せ。

解説

Sの酸化数をxとします。Hの酸化数は+1、Oの酸化数は−2です。
H_2SO_4分子全体では電荷をもっていませんから

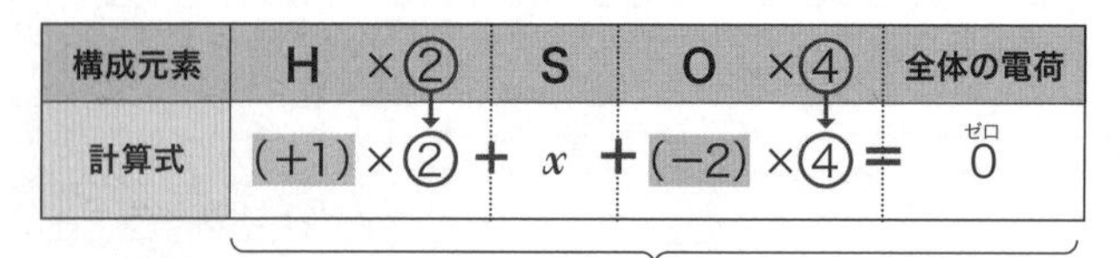

構成元素	H ×②	S	O ×④	全体の電荷
計算式	(+1)×② +	x +	(−2)×④ =	0（ゼロ）

酸化数の和は全体の電荷に等しい

(+1)×2+x+(−2)×4=0を解くと
x=+6となります。

問2　二クロム酸イオン$Cr_2O_7^{2-}$のクロムCrの酸化数を示せ。

解説

Crの酸化数をxとします。Oの酸化数は−2です。
$Cr_2O_7^{2-}$全体では電荷は−2なので

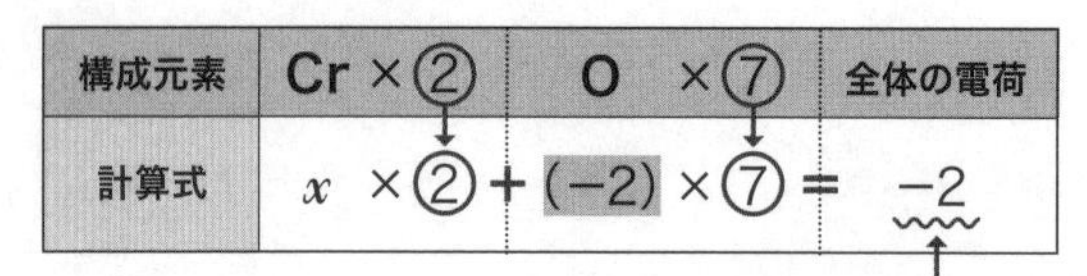

構成元素	Cr ×②	O ×⑦	全体の電荷
計算式	x ×② +	(−2)×⑦ =	−2

全体では2価の陰イオンです

2x+(−2)×7=−2を解くと
x=+6となります。

問3　硝酸カリウムKNO_3の窒素Nの酸化数を示せ。

解説

K^+とNO_3^-のイオン結合からなる物質で、Kの酸化数は+1です。
Nの酸化数をxとします。Oの酸化数は−2です。
KNO_3の単位では電荷をもっていませんから

構成元素	K	N	O ×③	全体の電荷
計算式	+1 +	x +	(−2) ×③ =	0

$(+1)+x+(-2)\times 3=0$を解いて
$x=+5$となります。

問4　過マンガン酸カリウム$KMnO_4$のマンガンMnの酸化数を示せ。

解説

K^+と過マンガン酸イオンMnO_4^-のイオン結合からなる物質です。
Mnの酸化数をxとします。Kの酸化数は+1、Oの酸化数は−2です。
$KMnO_4$の単位では電荷をもっていませんから

構成元素	K	Mn	O ×④	全体の電荷
計算式	+1 +	x +	(−2) ×④ =	0

$(+1)+x+(-2)\times 4=0$を解いて
$x=+7$となります。

酸化数を求めたら、酸化還元反応の前後における
各元素の酸化数の変化を見てみましょう。

たとえば、酸化銅(II)を高温の水素によって還元する
p.206の(2)で紹介した反応は、酸化数に注目すると次のようになります。

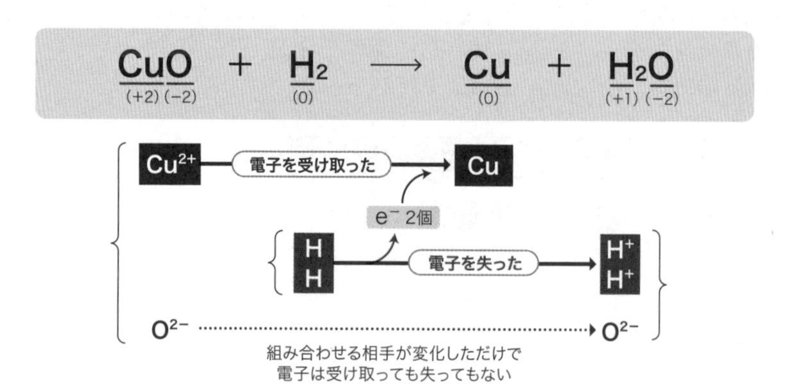

Cuの酸化数が＋2から0になり、
Hの酸化数が0から＋1になっています。
酸化銅(II)が酸化剤、水素が還元剤として働き、
水素から酸化銅(II)中の銅(II)イオンへと電子が移動する反応ですね。

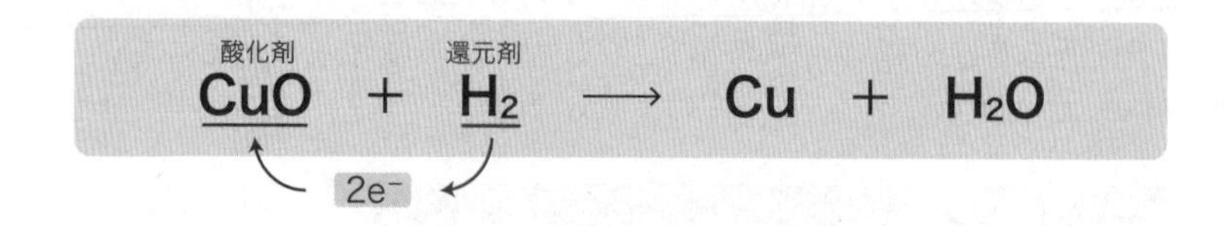

このように、酸化数という物質の酸化状態を表す数値を用いると
電子が原子レベルでどこからどこに移動したかよくわかります。
酸化数が増加した原子を含む物質は、電子を奪われて酸化されます。
一方、酸化数が減少した原子を含む物質は、
電子を受け取って還元されたと判断できるわけです。

酸化数	増加	減少
化学変化	電子を奪われて酸化されている	電子を受け取って還元されている
例	H_2 (0) ⟶ H_2O (+1)	CuO (+2) ⟶ Cu (0)

第2講

化学反応式のつくり方

酸化還元反応を表す化学反応式は、手順をふめば機械的に書くことができます。ここでは、その方法を紹介しましょう。

01 半反応式

酸化還元反応は、還元剤が相手を還元し自らは酸化される反応と、
酸化剤が相手を酸化し自らは還元される反応からできていますよね。
いきなり全体の化学反応式を書くのは難しいので、
はじめに、**酸化剤と還元剤のそれぞれの反応だけを化学式で表した半反応式**（はんはんのうしき）をつくります。

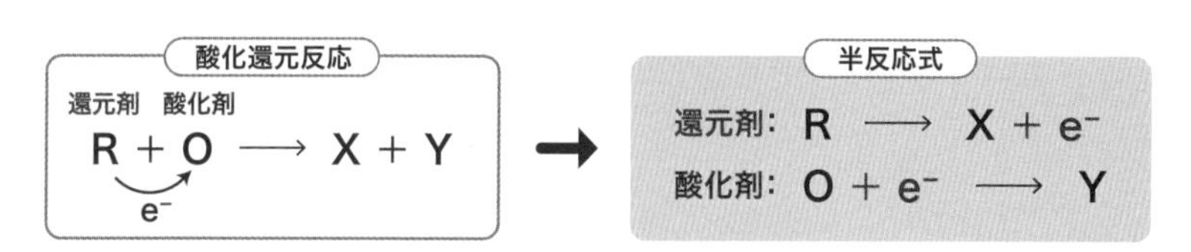

半反応式を書くためには、
代表的な酸化剤と還元剤の化学式と名称だけでなく、
温度や液性などの反応条件、さらに**反応後には基本的に何に変化するのか**
ということも記憶しておかなければなりません。

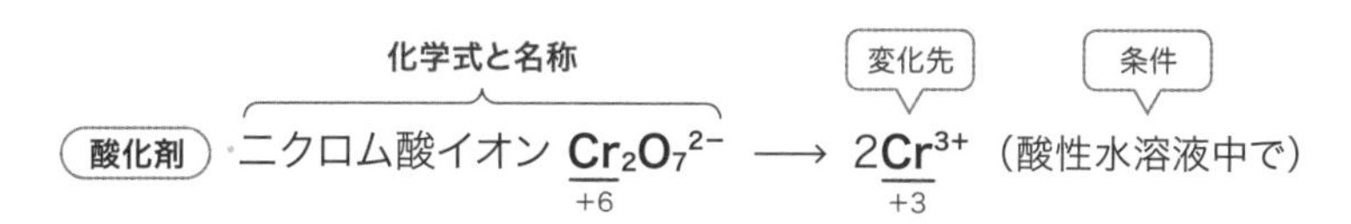

たとえば、硫黄 **S**を含むものには、硫化物イオンS^{2-}、硫黄の単体 **S**、
二酸化硫黄 SO_2、硫酸イオンSO_4^{2-}などがありますが、
これらの **S**の酸化数は次のページのようになります。

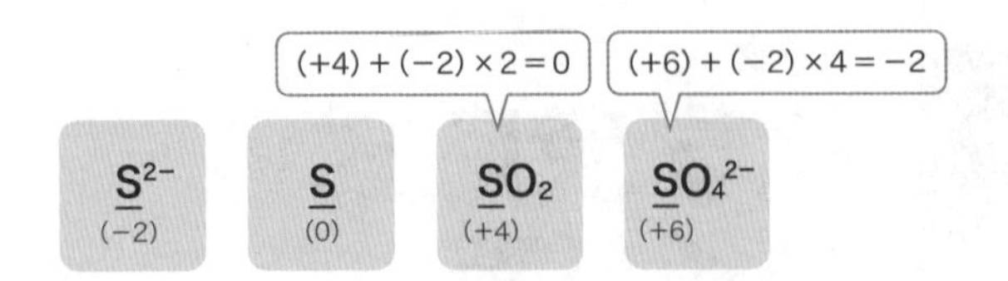

原子番号16の硫黄**S**の電子配置は、K殻（2）L殻（8）M殻（6）です。
酸化数−2である硫化物イオンS^{2-}は、
最外電子殻のM殻の電子数が8となったアルゴン**Ar**型の
電子配置で安定です。
電子数が8となると、もうこれ以上M殻を最外電子殻にして
電子を取り込むのは厳しいですよね。
ということで、硫黄の酸化数の最小値、最低酸化数は−2となります。

	K殻	L殻	M殻
S	2	8	6
S^{2-}	2	8	6+2 → 8

← Arと同じ電子配置

もう電子はほしくないよ

一方、酸化数+6である硫酸イオンSO_4^{2-}のS^{6+}は
M殻の電子をすべて失った状態ですから、
ネオン**Ne**型の電子配置です。
もうこれ以上、S^{6+}から電子を奪うのは困難ですね。
そこで、硫黄の酸化数の最大値、最高酸化数は+6です。

	K殻	L殻	M殻
SO_4^{2-}中のS^{6+}	2	8	~~6~~ なし

← Neと同じ電子配置

これ以上電子をあげられないよ

では、**S**の酸化数を横軸にとって整理してみましょう。

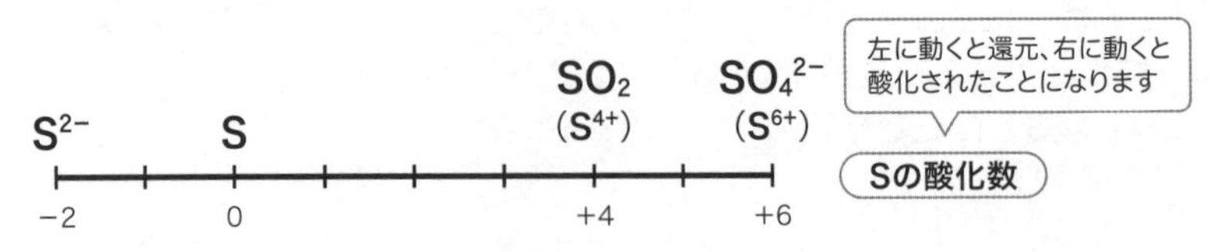

最低酸化数の状態にあるS^{2-}が
さらに電子を受け取って還元されたり、
最高酸化数の状態にあるSO_4^{2-}が
さらに電子を奪われて酸化されたりするのは難しいといえます。

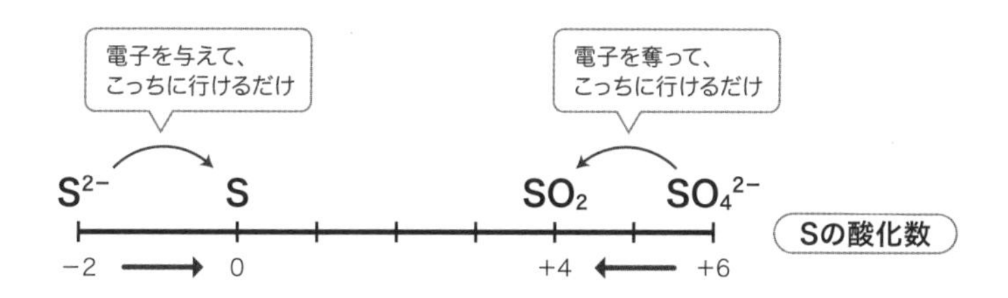

ということは、S^{2-}は還元剤として、SO_4^{2-}は酸化剤としてしか
働きようがないですね。
また、中間的な酸化数である＋4の二酸化硫黄SO_2ならば
酸化剤、還元剤のどちらにでも働くことができるともいえます。

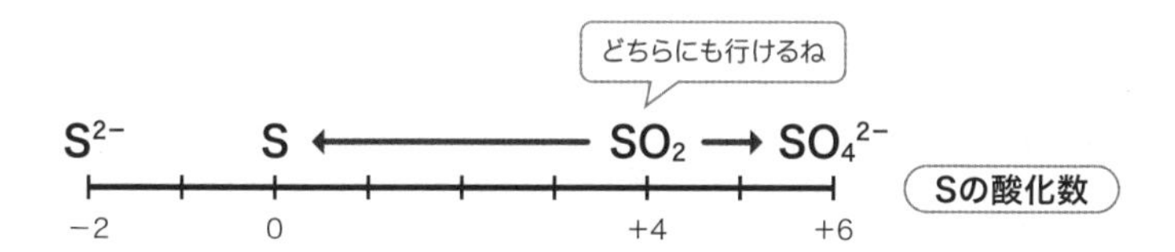

ただし、これらがどんなときも、何が相手でも還元剤や酸化剤として
働くわけではありません。**条件があるのです**。

たとえば、SO_4^{2-}は水溶液中で安定なイオンです。
たいていの状況では、酸化剤としてはほとんど働いてくれません。
水が少なく、水素イオンH^+が豊富で高温という
SO_4^{2-}が分解しやすい環境にあるとき、
すなわち熱濃硫酸の状態でやっと十分な強さをもった酸化剤として働きます。
そして、反応相手の還元剤が銅**Cu**、水銀**Hg**、銀**Ag**のときに
SO_2へと変化します。

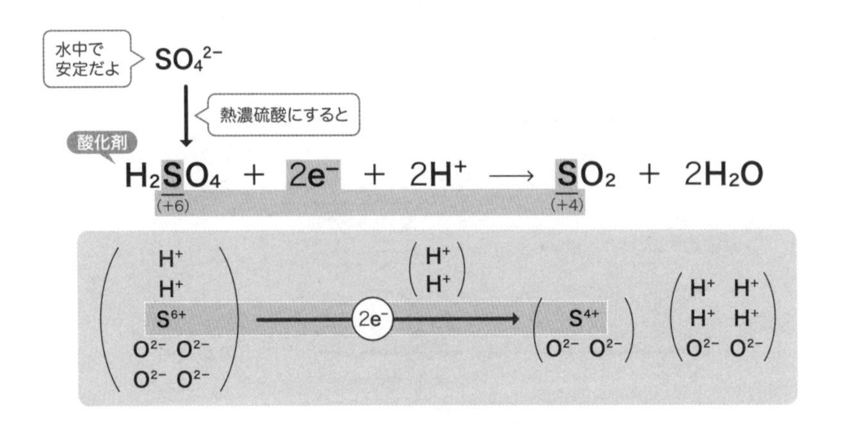

では、代表的な酸化剤と還元剤を紹介しましょう。
下線＿＿で表した原子の酸化数が変化しています。
一般的な変化先として、反応条件とともに記憶してください。

代表的な酸化剤

物質	主な変化先と条件	
① ハロゲンの単体	$\underset{0}{\underline{X}_2} \longrightarrow 2\underset{-1}{\underline{X}^-}$	酸化剤としての強さは $F_2 > Cl_2 > Br_2 > I_2$
② 酸素	$\underset{0}{\underline{O}_2} \longrightarrow 2\underset{-2}{\underline{O}^{2-}}$	酸性水溶液中では $O^{2-} + 2H^+ \longrightarrow H_2O$ となるので ②$O_2 \longrightarrow 2H_2O$ ③$O_3 \longrightarrow H_2O + O_2$
③ オゾン	$\underset{0}{\underline{O}_3} \longrightarrow \underset{-2}{\underline{O}^{2-}} + O_2$	
④ 過マンガン酸イオン	$\underset{+7}{\underline{Mn}O_4^-} \longrightarrow \underset{+2}{\underline{Mn}^{2+}}$	強い酸性水溶液中で左のように変化する MnO_4^-（赤紫色） $Cr_2O_7^{2-}$（橙赤色（とうせきしょく）） の色も覚えよう
⑤ 酸化マンガン(Ⅳ)	$\underset{+4}{\underline{Mn}O_2} \longrightarrow \underset{+2}{\underline{Mn}^{2+}}$	
⑥ ニクロム酸イオン	$\underset{+6}{\underline{Cr}_2O_7^{2-}} \longrightarrow 2\underset{+3}{\underline{Cr}^{3+}}$	
⑦ 濃硝酸	$H\underset{+5}{\underline{N}}O_3 \longrightarrow \underset{+4}{\underline{N}O_2}$	相手がCu、Hg、Agのとき、NO_2、NO、SO_2の気体が生じる 硝酸は濃度によって変化先が異なる
⑧ 希硝酸	$H\underset{+5}{\underline{N}}O_3 \longrightarrow \underset{+2}{\underline{N}O}$	
⑨ 熱濃硫酸	$H_2\underset{+6}{\underline{S}}O_4 \longrightarrow \underset{+4}{\underline{S}O_2}$	

代表的な還元剤

物質	主な変化先と条件	
① 金属の単体	$\underset{0}{\underline{M}} \longrightarrow \underset{+n}{\underline{M}^{n+}}$	①で $\begin{cases} n = 1 : (1族)、Ag \\ n = 3 : Al、Cr \end{cases}$ たいていはn=2である ただし、FeとSnは ②、③の変化を起こす
② 鉄(II)イオン	$\underset{+2}{\underline{Fe}^{2+}} \longrightarrow \underset{+3}{\underline{Fe}^{3+}}$	
③ スズ(II)イオン	$\underset{+2}{\underline{Sn}^{2+}} \longrightarrow \underset{+4}{\underline{Sn}^{4+}}$	
④ ヨウ化物イオン	$2\underset{-1}{\underline{I}^{-}} \longrightarrow \underset{0}{\underline{I}_2}$	I^-とS^{2-}は電子を 奪われやすい
⑤ 硫化水素 （硫化物イオン）	$H_2\underset{-2}{\underline{S}}(\underset{-2}{\underline{S}^{2-}}) \longrightarrow \underset{0}{\underline{S}}$	
⑥ シュウ酸 （シュウ酸イオン）	$(\underset{+3}{\underline{C}}OOH)_2 \longrightarrow 2\underset{+4}{\underline{C}}O_2$	$(COO)^{2-} \longrightarrow 2CO_2$

酸化剤、還元剤のどちらでも働く物質

物質	主な変化先と条件	
① 過酸化水素	（酸化剤として働くとき）$H_2\underset{-1}{\underline{O}_2} \longrightarrow 2H_2\underset{-2}{\underline{O}}$	基本的には酸化剤として働く MnO_4^-などに対して 還元剤として働く
	（還元剤として働くとき）$H_2\underset{-1}{\underline{O}_2} \longrightarrow \underset{0}{\underline{O}_2}$	
② 二酸化硫黄	（還元剤として働くとき）$\underset{+4}{\underline{S}}O_2 \longrightarrow \underset{+6}{\underline{S}}O_4^{2-}$	基本的には還元剤として働く H_2Sなどに対して 酸化剤として働く
	（酸化剤として働くとき）$\underset{+4}{\underline{S}}O_2 \longrightarrow \underset{0}{\underline{S}}$	

一般的な変化先を記憶していれば、
あとは単純な作業で半反応式がつくれます。

それでは、その手順を二クロム酸イオン$Cr_2O_7^{2-}$と
シュウ酸$(COOH)_2$を例にして半反応式のつくり方を説明しましょう。

半反応式のつくり方

（例）
酸性条件で、二クロム酸イオン$Cr_2O_7^{2-}$が酸化剤、シュウ酸$(COOH)_2$が還元剤として働くとき

手順1

まず、何に変化するか覚えておく必要があります。
p.220〜221の表で覚えてくださいね。
最初に酸化数の変化する元素の原子数を合わせておくことも忘れずに。

$$\begin{cases} \underline{Cr}_2O_7^{2-} \longrightarrow 2\underline{Cr}^{3+} \\ (\underline{C}OOH)_2 \longrightarrow 2\underline{C}O_2 \end{cases}$$

酸化数が変化するCrとCの数は、最初に合わせてください。CrとCは、左辺に2個あります

手順2

両辺の酸化数−2の酸素Oの数が同じになるようにH_2Oを書き加えます。

$$\begin{cases} Cr_2\underset{-2}{\underline{O}}{}_7^{2-} \longrightarrow 2Cr^{3+} + 7H_2\underset{-2}{\underline{O}} \\ (\underline{C}OOH)_2 \longrightarrow 2CO_2 \end{cases}$$

O^{2-}が左辺に7つあります

手順1の時点でOの数が同じ場合はそのまま

手順3

両辺の酸化数+1の水素Hの数が同じになるように、H^+を書き加えます。

$$\begin{cases} Cr_2O_7^{2-} + 14\underset{+1}{\underline{H}}{}^+ \longrightarrow 2Cr^{3+} + 7\underset{+1}{\underline{H}}{}_2O \\ (COO\underset{+1}{\underline{H}})_{②} \longrightarrow 2CO_2 + 2\underset{+1}{\underline{H}}{}^+ \end{cases}$$

H^+が右辺に$7 \times 2 = 14$個あります

H^+が左辺に2つあります

手順4

両辺の電荷の和が同じになるように電子 e^-を書き加えます。
このときe^-は酸化剤では左辺に、還元剤では右辺にくるはずなので
注意してください。

$(-1) \times 6 = -6$

$$Cr_2O_7^{2-} + 14H^+ + 6e^- \longrightarrow 2Cr^{3+} + 7H_2O$$

電荷は $(-2) + 14 \times (+1) = +12$　　電荷は $2 \times (+3) + 0 = +6$

$(+12) + (-6) = +6$です

$(-1) \times 2 = -2$

$$(COOH)_2 \longrightarrow 2CO_2 + 2H^+ + 2e^-$$

電荷は 0　　電荷は $2 \times 0 + 2 \times (+1) = +2$

$0 = (+2) + (-2)$ です

なお、酸化数の変化から考えても、出入りする電子の数は納得いきますね。

$$\underset{+6}{Cr}{}_2O_7^{2-} + 14H^+ + 6e^- \longrightarrow 2\underset{+3}{Cr}{}^{3+} + 7H_2O$$

Cr1個あたりe^-を3個受け取っている

$$(\underset{+3}{C}OOH)_2 \longrightarrow 2\underset{+4}{C}O_2 + 2H^+ + 2e^-$$

C1個あたりe^-を1個失っている

酸化剤と還元剤のそれぞれの半反応式を書いてしまえば、
化学反応式の完成まであと一息です。
次のページの例題の解説とともに説明します。

例題

> **問** 希硫酸を十分に加えて強酸性にしたシュウ酸 $(COOH)_2$ 水溶液に、過マンガン酸カリウム $KMnO_4$ 水溶液を加えたときの化学反応式を示せ。

解説

$(COOH)_2$ が還元剤、MnO_4^- が酸化剤です。
MnO_4^- が酸化剤として働いて Mn^{2+} になるためには
強い酸性条件が必要なので、希硫酸を十分に加えています。
この条件を**硫酸酸性**といいます。

手順1 半反応式を書く

$MnO_4^- \longrightarrow Mn^{2+}$
$MnO_4^- \longrightarrow Mn^{2+} + 4H_2O$
$MnO_4^- + 8H^+ \longrightarrow Mn^{2+} + 4H_2O$ としてから e^- で合わせます

酸化剤：$MnO_4^- + 8H^+ + 5e^- \longrightarrow Mn^{2+} + 4H_2O$ ……(1)

還元剤：$(COOH)_2 \longrightarrow 2CO_2 + 2H^+ + 2e^-$ ……(2)

手順2 イオン反応式（→p.204）をつくる

還元剤が出した電子の数と酸化剤が奪った電子の数は同じなので、
(1)と(2)を何倍かずつして電子の係数をそろえ、2つを足し合わせます。

$$2\times(MnO_4^- + 8H^+ + 5e^- \longrightarrow Mn^{2+} + 4H_2O) \quad \cdots\cdots(1)\times 2$$

$$+)\ 5\times((COOH)_2 \longrightarrow 2CO_2 + 2H^+ + 2e^-) \quad \cdots\cdots(2)\times 5$$

$$2MnO_4^- + \cancel{16}^{6}H^+ + \cancel{10e^-} + 5(COOH)_2 \longrightarrow 2Mn^{2+} + 8H_2O + 10CO_2 + \cancel{10H^+} + \cancel{10e^-}$$

e^- と両辺でダブっている H^+ を消去すると、イオン反応式が完成します。

イオン反応式

$$2MnO_4^- + 6H^+ + 5(COOH)_2 \longrightarrow 2Mn^{2+} + 8H_2O + 10CO_2$$

手順3 化学反応式として完成させる

左辺のMnO_4^-は過マンガン酸カリウム$KMnO_4$、
H^+は希硫酸H_2SO_4の電離によるものなので、
対となるイオンを考慮します。
両辺にK^+を２個、SO_4^{2-}を３個加えます。

$$\begin{array}{lllll} & 2MnO_4^- + & 6H^+ & +5(COOH)_2 \longrightarrow 2Mn^{2+} & +8H_2O+10CO_2 \\ +) & 2K^+ & 3SO_4^{2-} & \quad 2K^+ & 3SO_4^{2-} \\ \hline & 2KMnO_4 + & 3H_2SO_4 & +5(COOH)_2 \longrightarrow \boxed{2Mn^{2+}} + \boxed{2K^+} & +8H_2O+10CO_2 \\ & & & \quad \boxed{2SO_4^{2-}} + \boxed{SO_4^{2-}} & \end{array}$$

← 3個のSO_4^{2-}を2個と1個に分けます

右辺も価数に注意して、電離していないときの化学式にします。
化学反応式が完成しました。

化学反応式

$$2KMnO_4 + 3H_2SO_4 + 5(COOH)_2 \longrightarrow 2MnSO_4 + K_2SO_4 + 8H_2O + 10CO_2$$

このようにして、化学反応式をつくることができます。

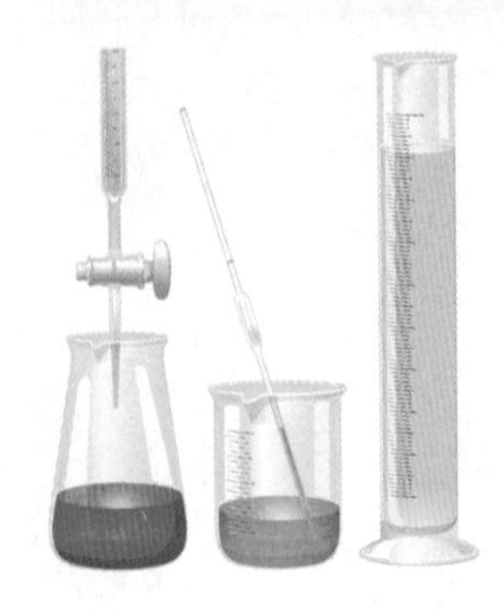

第3講

酸化還元反応と物質量

酸化還元反応でも、他の化学反応と同じように化学反応式の係数がわかれば反応によって変化する物質量を計算することができます。また、滴定によって濃度を求めることもできます。

01 量的関係

たとえば、前ページで作成した化学反応式からは
n_{KMnO_4}〔mol〕の過マンガン酸カリウム$KMnO_4$と
過不足なく反応するシュウ酸$(COOH)_2$の物質量$n_{(COOH)_2}$〔mol〕の間の
量的関係が化学反応式の係数からわかりますね。

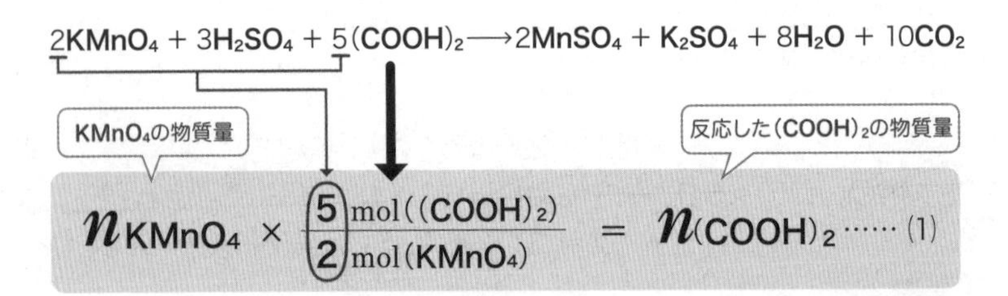

また酸化剤と過不足なく反応する還元剤の量的関係は、
化学反応式をつくるまでもなく、
それぞれの半反応式の係数からもわかります。
まず、酸化剤と還元剤それぞれの半反応式を書いてみると
次のようになりましたね。

$$
\begin{cases}
\text{酸化剤}\ MnO_4^- + 8H^+ + \underline{5}e^- \longrightarrow Mn^{2+} + 4H_2O \\
\text{還元剤}\ (COOH)_2 \longrightarrow 2CO_2 + 2H^+ + \underline{2}e^-
\end{cases}
$$

酸化剤が受け取った電子の物質量と、還元剤が失った電子の物質量は必ず同じである点に注目しましょう。

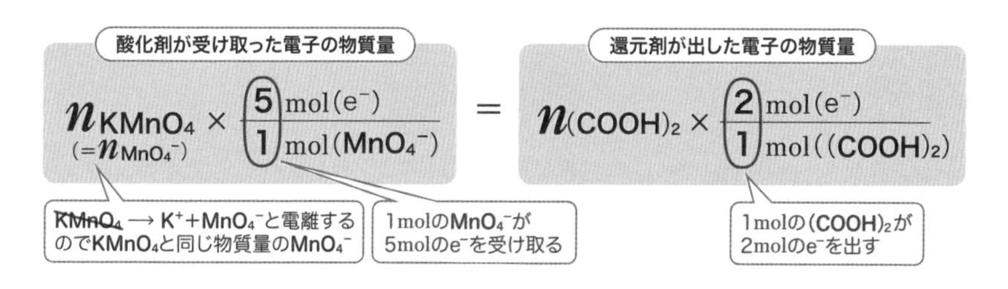

(1)と同じ関係式が得られますね。
単に量的関係を求めるだけなら、半反応式さえあれば十分です。

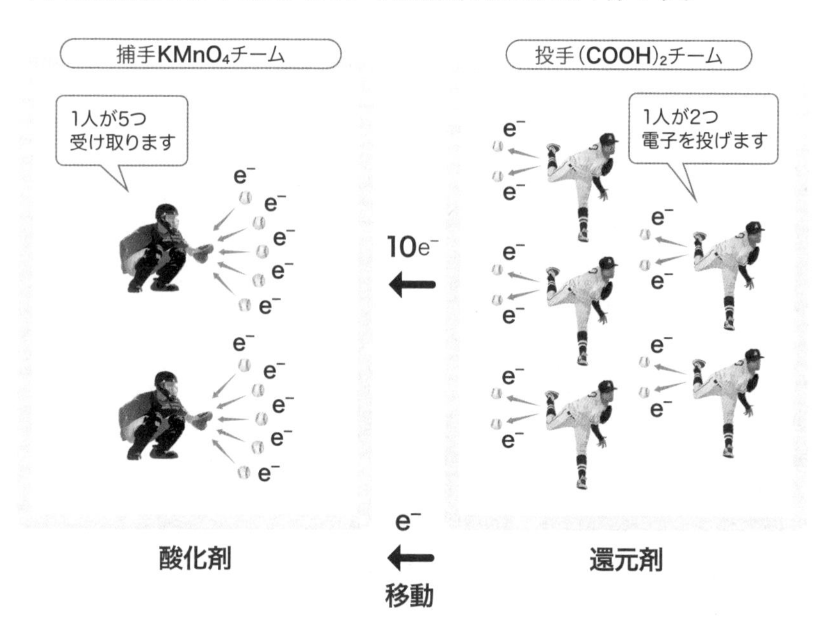

02 酸化還元滴定

p.183〜190で中和滴定を説明しましたね。
今回は酸化還元反応を利用した**酸化還元滴定**を紹介します。
濃度が正確にわかっている還元剤や酸化剤を
濃度がわからない還元剤や酸化剤へ滴下していき、
その反応をもとに溶液の濃度を求めます。
基本的な操作は中和滴定と同じです。

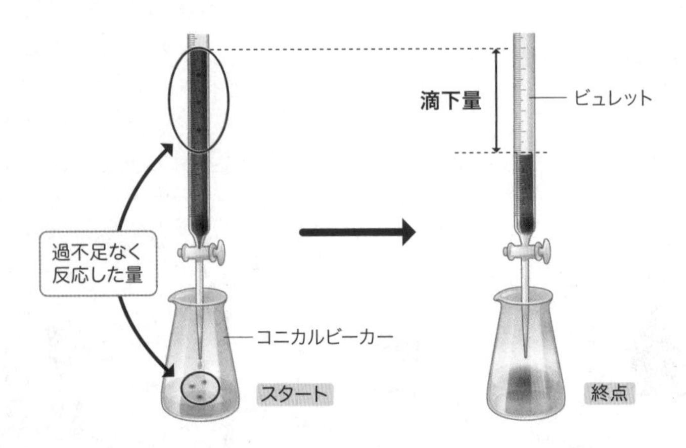

代表的な酸化還元滴定に、
過マンガン酸カリウム$KMnO_4$を用いた滴定があります。
赤紫色を示す過マンガン酸イオンMnO_4^-は、
強酸性水溶液中で強い酸化剤として働くと、
ほぼ無色のマンガン(II)イオンMn^{2+}に変化します。

赤紫色　　　　　　　　　　　　　　　　ほぼ無色

$$MnO_4^- + 5e^- + 8H^+ \longrightarrow Mn^{2+} + 4H_2O$$

$KMnO_4$水溶液をビュレットに入れて滴定実験を行うとしましょう。
ビュレットから滴下した$KMnO_4$水溶液が還元剤と反応すると、
赤紫色が消失します。
しかし、反応する還元剤がなくなると、
今度は赤紫色が消えなくなってしまいます。
この滴定では、赤紫色が消えなくなった点を終点とし、
指示薬を必要としません。

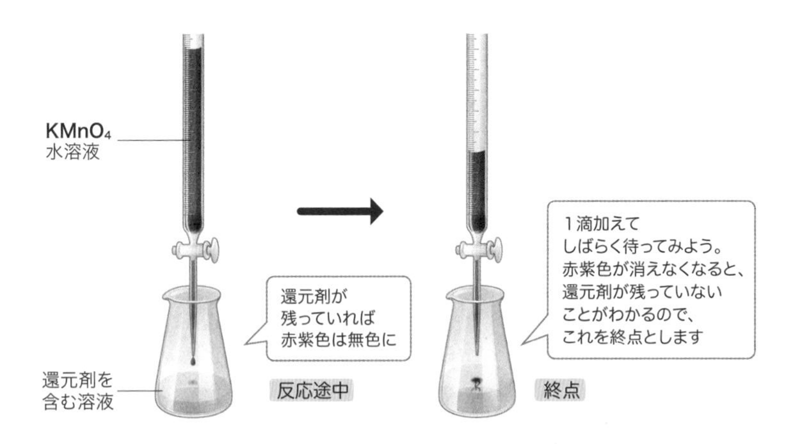

なお、被滴定液である還元剤の水溶液をホールピペットで一定量分取し、
三角フラスコやコニカルビーカーに移したら、
十分な量の希硫酸を加えてください。
MnO_4^-が酸化剤として働いてMn^{2+}に変わるには、
反応溶液を十分に強い酸性にする必要があるからです。
ただし、濃度が低くても強い酸化力をもつ硝酸や塩化物イオンCl^-が
MnO_4^-で酸化される塩酸を、硫酸の代わりに使うのはNGです。

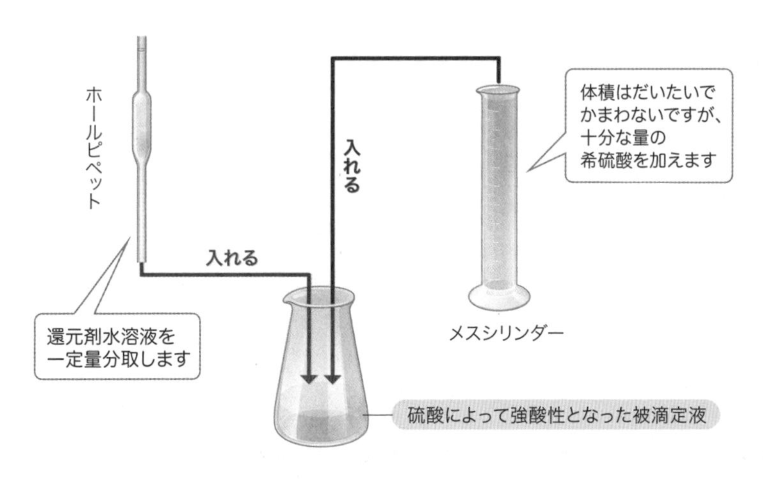

第4講

金属のイオン化傾向

金属の単体は基本的に還元剤として働くものの、陽イオンの種類によっては酸化剤として働いて単体に戻るものもあります。ここでは、金属の酸化還元反応について考えていきましょう。

01 イオン化傾向

金属の単体は**一般に還元剤として働き、**
自らは酸化され陽イオンになりましたね。

金属　　　n価の陽イオン

$$\mathrm{M} \longrightarrow \mathrm{M}^{n+} + n\mathrm{e}^-$$

また、陽イオンの種類によっては**酸化剤として働いて電子を受け取って、**
単体に戻る場合もあります。
先ほどとは逆の反応ですね。

$$\mathrm{M}^{n+} + n\mathrm{e}^- \longrightarrow \mathrm{M}$$

今回は、これらの変化の起こりやすさを考えてみましょう。

まず、金属の単体が水溶液中で陽イオンになるとしましょう。
このとき、金属は水や空気と反応しないという**仮想**的な環境を考えてください。
陽イオンは再び電子を受け取って単体に戻り、
最終的には次のような平衡状態になって落ち着いたとします。

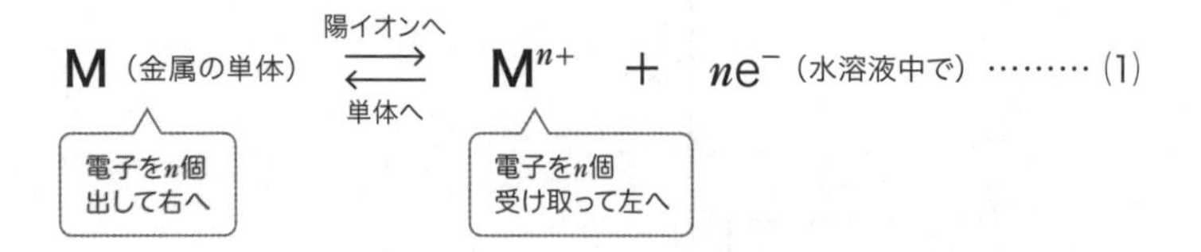

Reading Hints
仮想 … 実際にはないが頭の中で仮にあるものとして考えてみること。

この変化が右向きに進んだところで平衡状態になる金属ほど、
水溶液中で陽イオンになりやすく、単体に戻りにくい性質がある
といえますね。

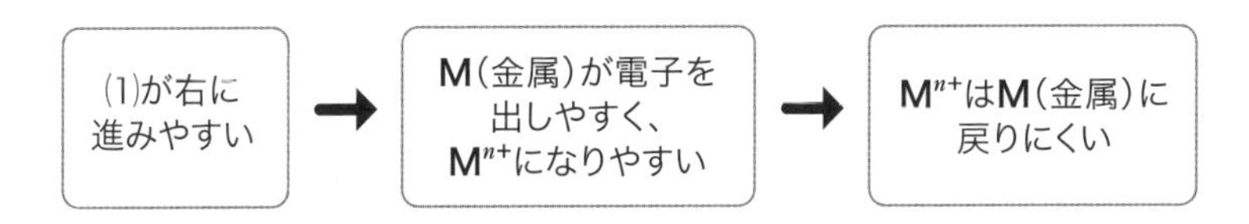

この性質を**金属のイオン化傾向**といいます。
また、**代表的な金属をイオン化傾向の大きいものから順に並べたもの**を、
金属のイオン化列といいます。
ゴロ合わせとともに紹介しましょう。
比較対象として、金属ではありませんが水素の単体 H_2 も入っています。

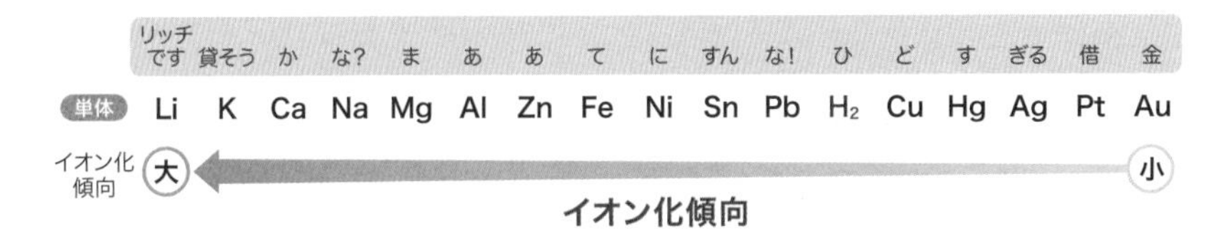

この表では、
左側の単体ほど水中で陽イオンになりやすく、還元剤として強いと
考えてください。
逆に、表の右側にある単体の陽イオンは元の単体に戻りやすく、
陽イオンが酸化剤として強いといえます。

では、イオン化列を利用して反応を考える練習をしてみましょう。
たとえば、硫酸銅(Ⅱ) $CuSO_4$ 水溶液に亜鉛板 Zn を浸して放置したとします。
すると、だんだんと水溶液の青色が薄くなり
亜鉛板の表面に銅 Cu が析出します。

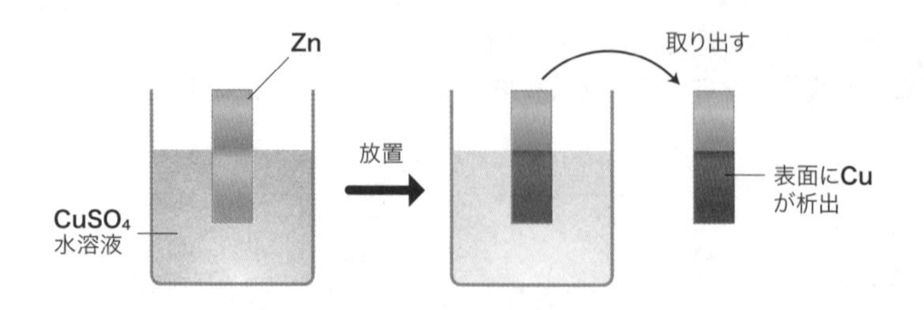

これは、ZnがCuよりイオン化傾向が大きく
Znのほうが陽イオンになりやすいからだと説明できます。
還元剤としてCuより強いZnが電子を与え亜鉛イオンZn^{2+}となり、
酸化剤としてZn^{2+}より強い銅(II)イオンCu^{2+}が電子を受け取って
Cuになったのですね。

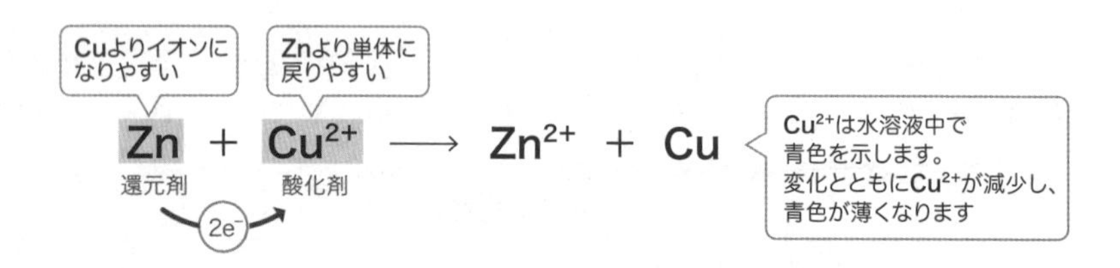

今度は、硫酸亜鉛$ZnSO_4$の水溶液に銅板Cuを浸して放置したとします。
どうなると思いますか？
正解は「特に変化はみられない」です。
イオン化傾向から考えて、Cuの電子を
Zn^{2+}が受け取らないからですね。

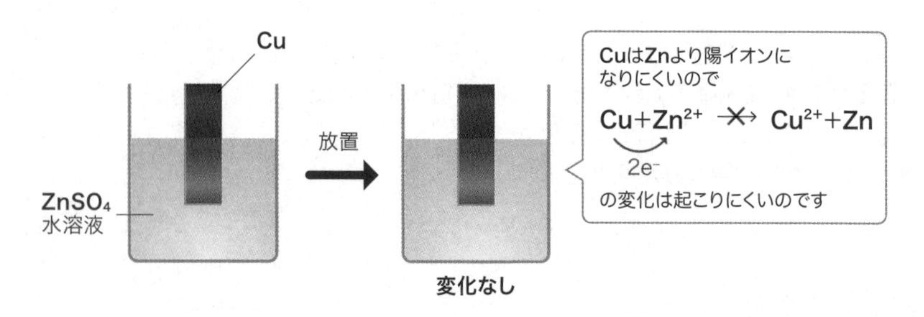

なお、イオン化列は、
仮想的な条件で求めた理論値をもとにして決めています。
実際は順序どおりにならないこともありますが、覚えておくと便利です。

02 金属の単体とその反応

イオン化傾向はあくまでも、仮想的な環境下にある水溶液中での話なので、
金属の単体の反応のすべてにこれを当てはめるのは乱暴ですが、
とりあえず、**イオン化傾向の大きな金属は還元剤として強い**とはいえそうです。
ここでは、イオン化列を利用して金属の反応性の違いを整理します。

1 空気中の酸素との反応

H_2 ↓（Pb と Cu の間）

単体	Li	K	Ca	Na	Mg	Al	Zn	Fe	Ni	Sn	Pb	Cu	Hg	Ag	Pt	Au
空気中のO_2との反応	常温でもすぐに酸化物に				加熱をすると酸化物に									加熱しても変化しない		

イオン化傾向の大きなリチウム**Li**、カリウム**K**、
カルシウム**Ca**、ナトリウム**Na**といったアルカリ金属、
および**Be**と**Mg**を除くアルカリ土類金属の単体は、
空気中ではすぐに酸素と反応して粉末状の酸化物へと変化します。
表面からどんどん反応して、内部まで反応が進んでいきます。

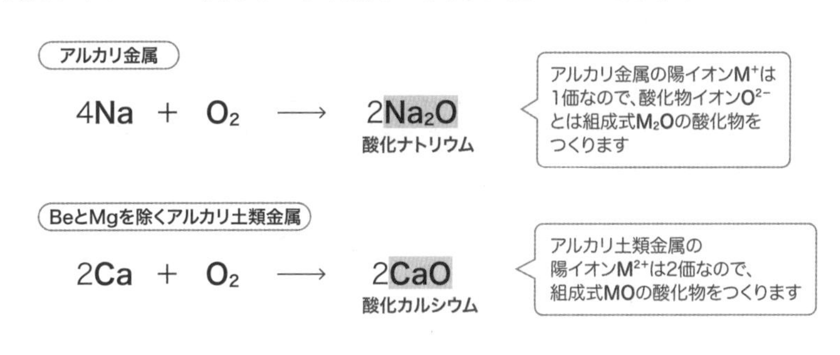

マグネシウム**Mg**～水銀**Hg**などは**空気中で加熱すると**、

$$
\begin{cases}
2Mg + O_2 \xrightarrow{\text{加熱}} 2\underset{\text{酸化マグネシウム}}{MgO} \\
4Al + 3O_2 \xrightarrow{\text{加熱}} 2\underset{\text{酸化アルミニウム}}{Al_2O_3} \\
2Cu + O_2 \xrightarrow{\text{加熱}} 2\underset{\text{酸化銅(II)}}{CuO}
\end{cases}
$$

のように、速(すみ)やかに表面が**酸化物に変化**します。
Mgや**Al**は光や熱を出しながら激しく反応するので気をつけてください。

銀**Ag**、白金**Pt**、金**Au**のように貴(き)金属と呼ばれる
イオン化傾向の小さい金属の単体は、**加熱しても酸化物には変化しません。**
逆に酸化銀などは加熱すると酸化物が単体にもどります。

$$
2\underset{\text{酸化銀}}{Ag_2O} \xrightarrow{\text{加熱}} 4Ag + O_2
$$

2 水との反応

H_2 ↓

単体	Li	K	Ca	Na	Mg	Al	Zn	Fe	Ni	Sn	Pb	Cu	Hg	Ag	Pt	Au
水との反応	常温でも				熱水なら	高温水蒸気なら			水とは反応しにくい							

金属が水と反応するときは、水**H_2O**分子中の酸化数＋1の**H**が還元されて
水素**H_2**が発生します。

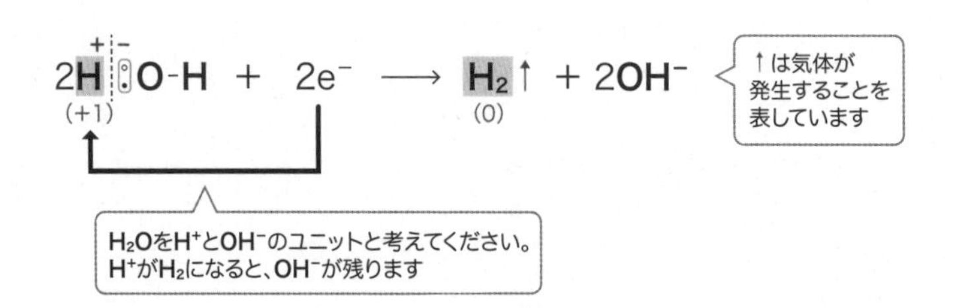

アルカリ金属やBeとMgを除くアルカリ土類金属の単体は、
常温でも水と反応して水酸化物に変化します。

$$\begin{cases} 2Na + 2H_2O \longrightarrow H_2\uparrow + 2NaOH \\ Ca + 2H_2O \longrightarrow H_2\uparrow + Ca(OH)_2 \end{cases}$$

$2H_2O + 2e^- \longrightarrow H_2 + 2OH^-$
+) $(Na \longrightarrow Na^+ + e^-) \times 2$
$2Na + 2H_2O \longrightarrow H_2 + 2NaOH$
のように化学反応式をつくるとよいでしょう

Mgは常温の水とは反応しにくいですが、
80〜90℃くらいの熱水なら速やかに反応します。

$$Mg + 2H_2O \longrightarrow H_2\uparrow + Mg(OH)_2$$
（熱水）

アルミニウム**Al**、亜鉛**Zn**、鉄**Fe**などは、
数百℃程度の高温水蒸気なら速やかに反応します。
このとき、水酸化物は高温で分解してしまい酸化物が生じます。

$$\begin{cases} 2Al + 3H_2O \longrightarrow 3H_2\uparrow + Al_2O_3 \\ Zn + H_2O \longrightarrow H_2\uparrow + ZnO \end{cases}$$
（H_2O：高温水蒸気）

$Al(OH)_3$や$Zn(OH)_2$は、高温では分解してAl_2O_3やZnOとなります

鉄の場合は、次のような可逆反応となり、完全には右に進みません。
逆向きの変化も起こります。

$$3Fe + 4H_2O \rightleftarrows 4H_2 + Fe_3O_4$$
（高温水蒸気）

可逆反応

四酸化三鉄（しさんかさんてつ）といいます。$Fe^{2+}:Fe^{3+}:O^{2-}=1:2:4$の組成でできた黒色の酸化物です

ニッケル**Ni**よりイオン化傾向の小さな金属は、**高温の水蒸気とも反応しません**。

3 酸との反応

単体	Li	K	Ca	Na	Mg	Al	Zn	Fe	Ni	Sn	Pb	Cu	Hg	Ag	Pt	Au
酸との反応	希塩酸や希硫酸のような薄い酸と反応してH_2を発生する											硝酸や熱濃硫酸のような酸化力の強い酸には溶ける			王水には溶ける	

（H_2 の矢印は Pb と Cu の間）

イオン化傾向が水素より大きい金属は酸のH^+に電子を与えて陽イオンとなり、水素が発生します。

$$
\begin{cases}
2Al + 6H^+ \longrightarrow 2Al^{3+} + 3H_2\uparrow \\
Zn + 2H^+ \longrightarrow Zn^{2+} + H_2\uparrow \\
Fe + 2H^+ \longrightarrow Fe^{2+} + H_2\uparrow
\end{cases}
$$

FeをH$^+$で酸化してもFe^{3+}までは進みません。
Fe^{2+}をFe^{3+}にするにはMnO_4^-のような強い酸化剤が必要です

ただし鉛**Pb**は、塩酸や硫酸と反応したときに生成する
塩化鉛(II) **$PbCl_2$**や硫酸鉛(II) **$PbSO_4$**が水に溶けにくいので、
これらが表面に付着し、反応が進まなくなります。

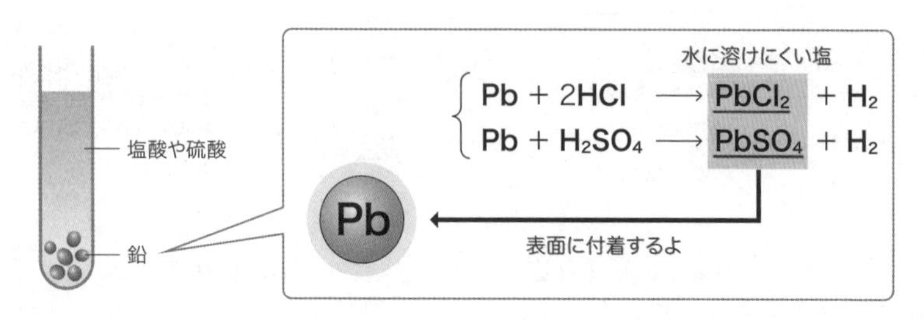

Cu、Hg、Agは水素よりイオン化傾向が小さく、
酸のH^+とは反応しません。
ただし、**硝酸HNO_3や熱濃硫酸H_2SO_4などの**
酸化剤として強い酸なら酸化されて溶けていきます。
このときp.220で紹介したように
一酸化窒素**NO**、二酸化窒素**NO_2**、二酸化硫黄**SO_2**などが発生します。

$$
\begin{cases}
3Cu + 8HNO_3 \longrightarrow 2NO\uparrow + 3Cu(NO_3)_2 + 4H_2O \quad (8HNO_3:\text{希硝酸}) \\
Cu + 4HNO_3 \longrightarrow 2NO_2\uparrow + Cu(NO_3)_2 + 2H_2O \quad (4HNO_3:\text{濃硝酸}) \\
Cu + 2H_2SO_4 \longrightarrow SO_2\uparrow + CuSO_4 + 2H_2O \quad (2H_2SO_4:\text{熱濃硫酸})
\end{cases}
$$

もちろん**Ag**よりイオン化傾向が大きな金属もこれらの酸で酸化されます。
ただし、**Al**、**Fe**、**Ni**は濃硝酸とは表面に**緻密**（ちみつ）な酸化物の被膜をつくるため酸化が内部まで進みません。
このような状態を**不動態**（ふどうたい）といいます。

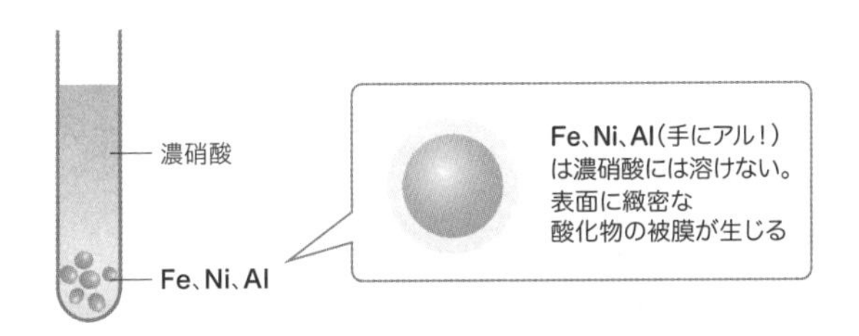

Ptや**Au**は硝酸や熱濃硫酸でも酸化されにくいですが、
濃硝酸と濃塩酸を体積比で1：3で混ぜた酸である**王水**と反応して溶けてしまいます。
濃硝酸と濃塩酸を混ぜると次のような反応が起こります。
化学反応式を覚える必要はありません。

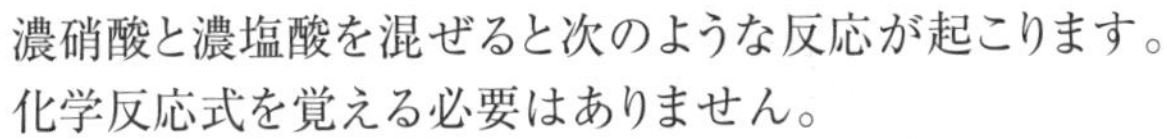

$$HNO_3 + 3HCl \longrightarrow \underset{\text{塩化ニトロシル}}{NOCl} + Cl_2 + 2H_2O$$

ここで生じた塩化ニトロシルと塩素が協力して、
金や白金を酸化して溶かすのです。

以上で、金属の反応についてはおしまいです。
次はいよいよ最後、電池について説明します。

緻密 … きめが細かいこと。

第5講
電池

酸化還元反応は私たちの生活に深く関わっており、その代表例が電池です。詳しい内容は化学基礎ではなく化学で学習しますが、化学基礎で取り上げられる3つの電池を説明します。

01 電池の原理とダニエル電池

電池は、**酸化還元反応によって生じるエネルギーを電気エネルギーとして取り出す装置**です。
化学基礎では、**ダニエル電池**、**鉛蓄電池**（なまりちくでんち）、**燃料電池**（ねんりょうでんち）について学びます。

まずは、電池の原理とダニエル電池について触れておきましょう。
1836年にイギリスの化学者ダニエルが発明した電池は、次のような構造をしています。

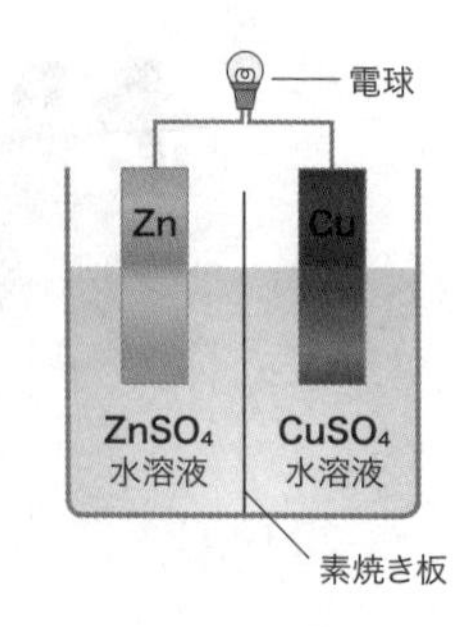

J.F.ダニエル
(1790–1845)

左右の水溶液の間に、**素焼き板**（すやきばん）がありますね。
両側の液が混ざらないようにする隔壁（かくへき）ですが、両側の液の電荷のバランスが崩れたときにイオンが通過できるような小さな穴が内部にたくさん存在しています。
電池の組成は、$Zn|ZnSO_4aq|CuSO_4aq|Cu$と書きます。
これを電池式といいます（aqは水溶液という意味です）。

Reading Hints
素焼き板 … 粘土などを板状に加工して焼いたもの。小さな穴を多数もつ。

ダニエル電池に電球などをつないで電気的に接続したとします。
まず、イオン化傾向の大きな金属である亜鉛板ZnがZn^{2+}となって溶け出し、電子が放出されます。
電子は導線を流れ、銅板Cuのほうへ流れていきます。

一方の銅板側は、硫酸銅(II)水溶液中のCu^{2+}が流れてきた電子を受け取り、単体のCuとなって極板に析出します。

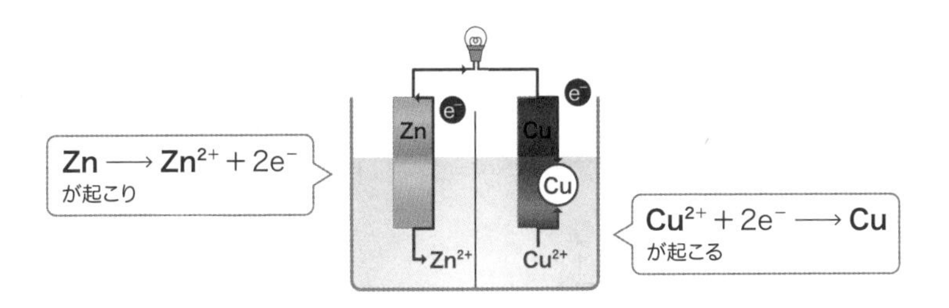

亜鉛板と銅板の2つの電極のうち、
亜鉛板のように**電子が流れ出す電位の低い電極**を**負極**(ふきょく)、
銅板のように**電子が流れ込む電位の高い電極**を**正極**(せいきょく)といいます。
負極では還元剤が、正極では酸化剤が反応していて、
負極から正極に向かって導線中を電子が流れているんですね。

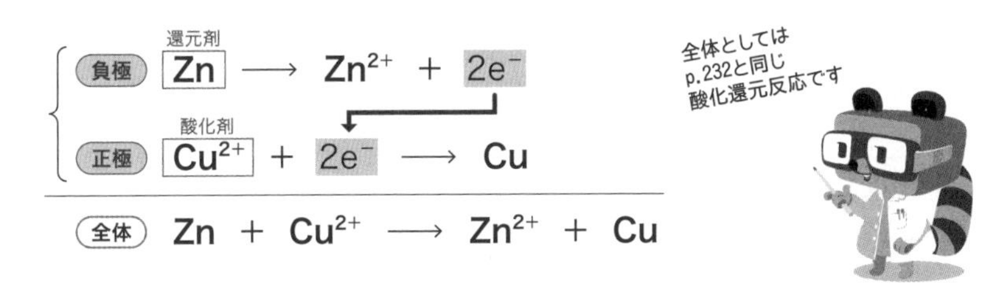

負極から正極へと負の電荷をもつ電子が導線を流れていますが、
電流の向きは正の電荷の移動方向で表すので、
“**正極から負極に電流が流れる**”と表現します。

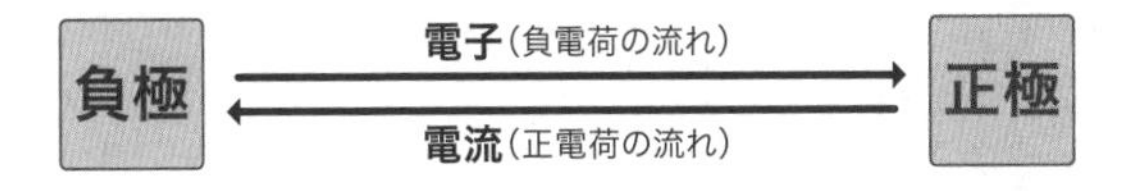

電位 … ＋1Cの正電荷がもつ静電気的な力による位置エネルギー。

さて、今度は素焼き板で仕切られた2つの溶液を見てみましょう。
負極側の$ZnSO_4$水溶液は、Zn^{2+}が増加して正電荷を帯びていきます。
正極側の$CuSO_4$水溶液は、Cu^{2+}が減少してペアだった硫酸イオンSO_4^{2-}が余るために負電荷が増えます。

そこで、Zn^{2+}が負極側から正極側に、
SO_4^{2-}が正極側から負極側に動くことによって
素焼き板を隔てた2つの水溶液の電荷のアンバランスを解消します。
溶液中はイオンの移動によって電流が流れているのですね。
このように、電池には電解液と呼ばれる
イオンを多く含んだ水溶液も必要です。

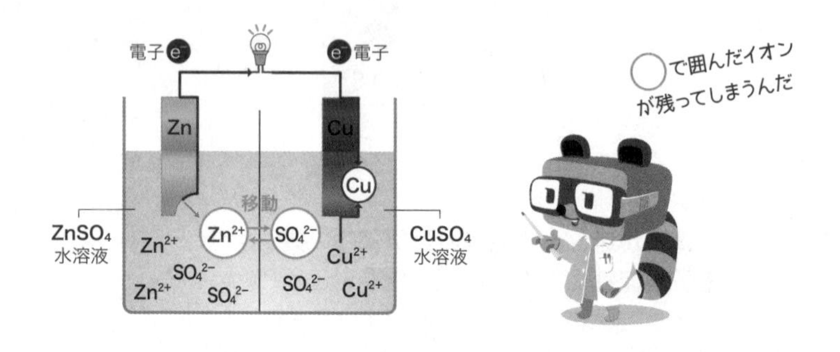

電池を導線でつなぎ、ここに電球などを電気が流れるように接続すると
1つの**回路**になります。
還元剤と酸化剤が別々の場所で反応することによって導線中を電子が流れ、
水溶液中のイオンが動くことによって回路全体に電流が流れるというわけです。
これを電池の**放電**（ほうでん）といいます。
また、電池の負極で還元剤として働くものを**負極活物質**（ふきょくかつぶっしつ）、
正極で酸化剤として働くものを**正極活物質**（せいきょくかつぶっしつ）と呼んでいます。

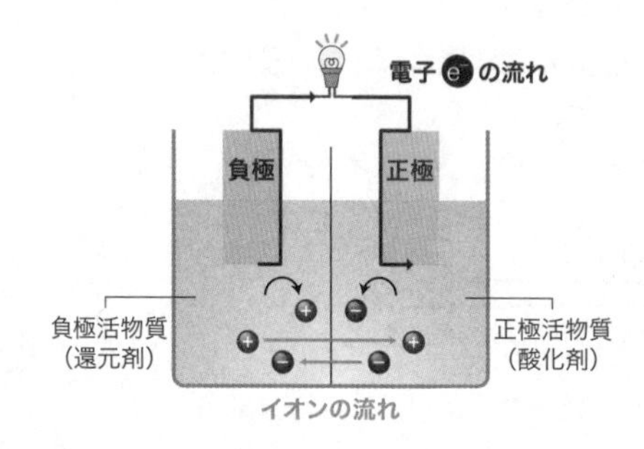

回路 … 電源から出て電源に戻るまでの電流が流れる道すじのこと。

放電時に自発的に流れる電子が電球を光らせるといった仕事をしてくれるんですね。
このような形で、私たちは生活の中で電気エネルギーを利用しているのです。

02 鉛蓄電池と燃料電池

次に、鉛蓄電池と燃料電池のしくみを説明しておきましょう。
鉛蓄電池は、車のバッテリーや家庭用蓄電池に使われています。
負極活物質が鉛**Pb**、正極活物質が酸化鉛(IV) PbO_2 で、
2つを電極にして希硫酸 H_2SO_4 に浸した構造をしています。

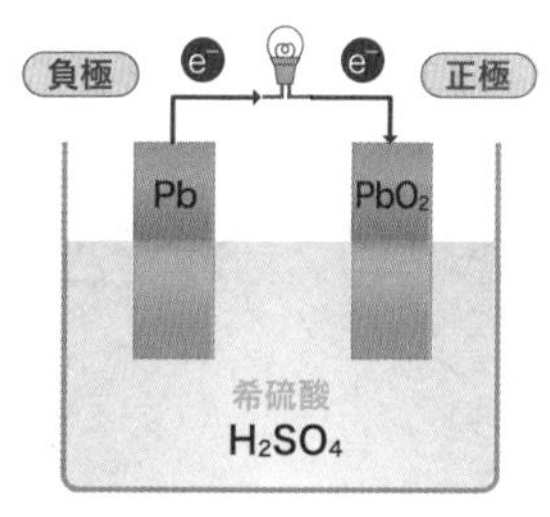

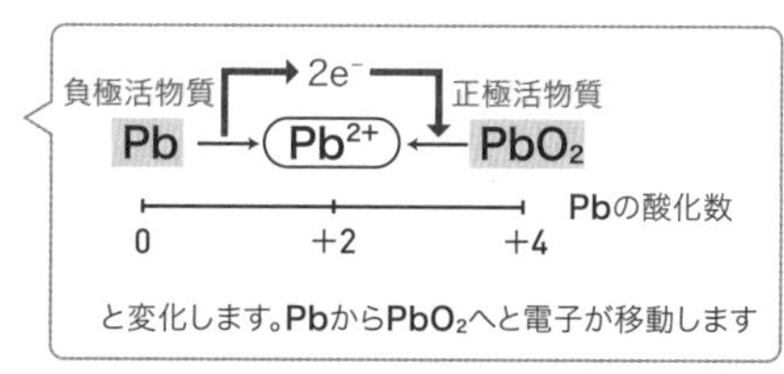

放電中は両極とも鉛(II)イオン Pb^{2+} が生じて、
H_2SO_4 中の SO_4^{2-} とすぐに結びついて硫酸鉛(II) $PbSO_4$ ができます。
$PbSO_4$ は水に溶けにくいので、極板の周りに付着し、
はがれないように極板の表面が加工されています。

負極　$Pb + SO_4^{2-} \longrightarrow PbSO_4 + 2e^-$

正極　$PbO_2 + 4H^+ + 2e^- + SO_4^{2-} \longrightarrow PbSO_4 + 2H_2O$

それぞれ

$$\begin{cases} \underset{0}{Pb} \longrightarrow \underset{+2}{Pb^{2+}} + 2e^- \\ \underset{+4}{PbO_2} + 4H^+ + 2e^- \longrightarrow \underset{+2}{Pb^{2+}} + 2H_2O \end{cases}$$

と変化したのち、$Pb^{2+} + SO_4^{2-} \longrightarrow PbSO_4$ によって極板に付着します

放電しなくなると、外部の電源を利用して
放電時と逆向きに電流を流し、もとの状態に戻すことができます。
この操作を**充電**といいます。
充電によって繰り返し利用できる電池を**蓄電池**（ちくでんち）もしくは**二次電池**（にじ）といいます。
一方、マンガン乾電池のように充電して再使用できない電池は、
一次電池（いちじ）と呼ばれています。

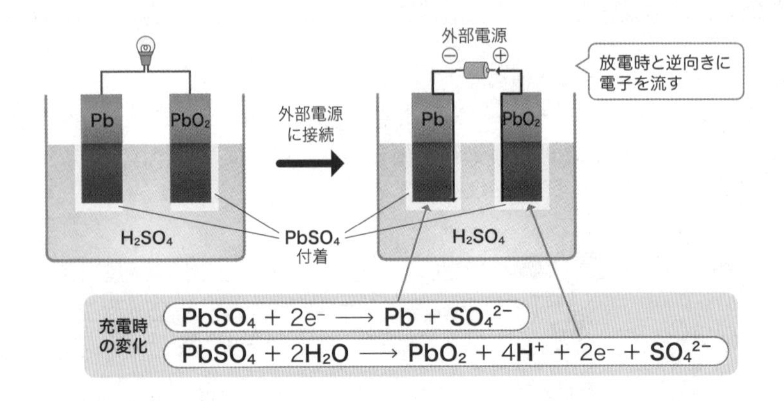

最後に、水素−酸素型の**燃料電池**について話しましょう。
水素と酸素が反応すると水が生じます。
これは次のように表される酸化還元反応ですね。

$$2H_2 + O_2 \longrightarrow 2H_2O$$

Hの酸化数：$\underset{0}{\underline{H}_2} \longrightarrow \underset{+1}{\underline{H}_2O}$
Oの酸化数：$\underset{0}{\underline{O}_2} \longrightarrow \underset{-2}{H_2\underline{O}}$
なのでH_2が還元剤、O_2が酸化剤です

この水素の燃焼によるエネルギーを
電気エネルギーとして取り出せるようにした装置が燃料電池です。
次ページの図で詳しく説明しましょう。

まず、気体が付着しやすいよう、特殊な素材でできた2つの極に、
それぞれ水素ガスと酸素ガスを連続的に送り込んでいきます。

両極の間の電解質は、リン酸 H_3PO_4 や
内部を H^+ が移動できる固体などを用います。

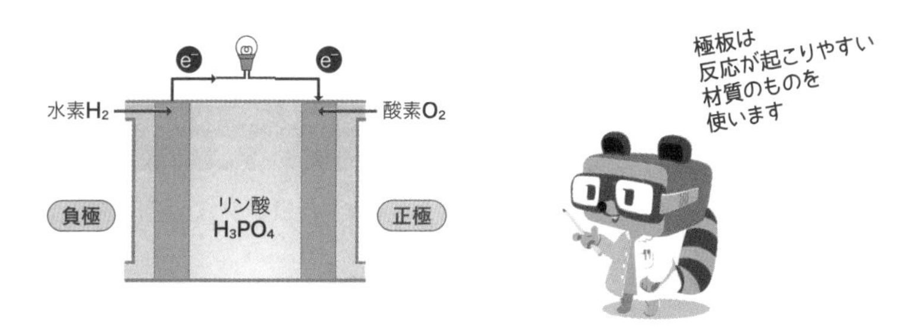

負極では H_2 が還元剤として働いて電子を放出するとともに、
水素イオン H^+ に変化します。
正極では O_2 が酸化剤として働いて電子を受け取るとともに、
最後は水 H_2O になります。

$$
\begin{cases}
\text{負極} & H_2 \longrightarrow 2H^+ + 2e^- \\
\text{正極} & O_2 + 4H^+ + 4e^- \longrightarrow 2H_2O
\end{cases}
$$

$O_2 + 4e^- \longrightarrow 2O^{2-}$
と変化したのち、
溶液が酸性なので、
O^{2-} が H^+ とくっついて
$O^{2-} + 2H^+ \longrightarrow H_2O$
と変化したと考えるとよいでしょう

負極の反応式を2倍して正極の反応式と足し合わせ電子を消去すると、
全体で起こっている酸化還元反応が得られます。
水素と酸素の反応で水しかできない反応なので、
クリーンで環境に優しい電池です。
水素自動車の動力源や家庭用燃料電池（エネファーム）に使われています。

$$
\begin{array}{ll}
 & (\ H_2 \longrightarrow 2H^+ + 2e^- \qquad\qquad)\times 2 \\
+) & (\ O_2 + 4H^+ + 4e^- \longrightarrow 2H_2O\ ) \\
\hline
\text{全体} & 2H_2 + O_2 + \cancel{4H^+} + \cancel{4e^-} \longrightarrow \cancel{4H^+} + \cancel{4e^-} + 2H_2O
\end{array}
$$

↓

$$2H_2 + O_2 \longrightarrow 2H_2O$$

電気を使っても
H_2O しか
できないね

第７章のまとめ

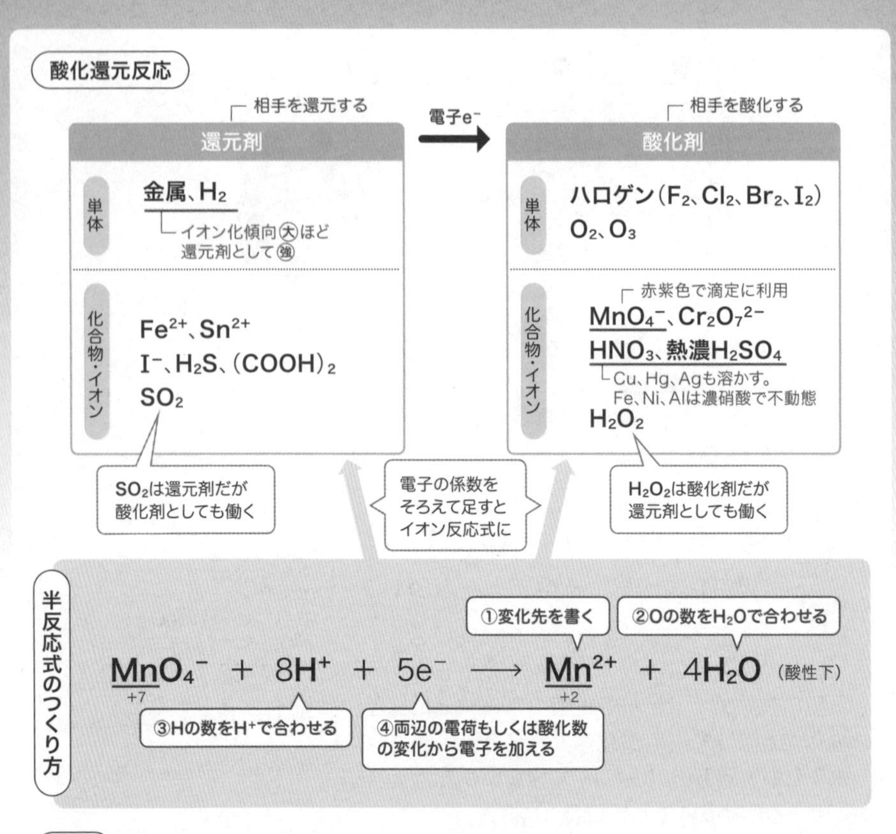

電池

名称	放電時の変化
ダニエル電池	負極：$Zn \longrightarrow Zn^{2+} + 2e^-$ ↓e^- 正極：$Cu^{2+} + 2e^- \longrightarrow Cu$
鉛蓄電池	負極：$Pb + SO_4^{2-} \longrightarrow PbSO_4 + 2e^-$ ↓e^- 正極：$PbO_2 + 4H^+ + 2e^- + SO_4^{2-} \longrightarrow PbSO_4 + 2H_2O$ （$PbSO_4$：極板に付着する）
水素ー酸素型燃料電池（リン酸型）	負極：$H_2 \longrightarrow 2H^+ + 2e^-$ ↓e^- 正極：$O_2 + 4H^+ + 4e^- \longrightarrow 2H_2O$

練習問題

問1　酸化還元反応においては、酸化数が①減少した原子（あるいはその原子を含む物質）は酸化され、②増加した原子（あるいはその原子を含む物質）は還元されている。電子の授受でいいかえると、酸化されている場合は電子を③失い、還元されている場合は電子を④受け取っている。例えば、電子を１個失うと、酸化数は１だけ⑤減少する。１つの酸化還元反応では、酸化と還元が常に同時に起こり、酸化数の増加量の和と酸化数の減少量の和は⑥等しい。

［問］　文章中の下線①～下線⑥について、正しいものをすべて選び、番号で示せ。

（岩手大）

解説

① ×：酸化されると酸化数は増加します。

② ×：還元されると酸化数は減少します。

③ ○

④ ○

⑤ ×：たとえば $Ag \rightarrow Ag^{+} + e^{-}$ では、酸化数は0から＋1へと1だけ増加します。

⑥ ○：還元剤が失った電子と酸化剤が奪った電子の数は等しいです。

解答　③、④、⑥

問2　下線をつけた原子の酸化数を求めよ。

(1) $K\underline{Mn}O_4$　(2) $H\underline{Cl}O_3$　(3) $Ca\underline{H}_2$　(4) $\underline{S}O_3^{2-}$

(5) $\underline{Fe}SO_4$　(6) $H_2\underline{O}_2$　(7) $\underline{N}H_4^{+}$　(8) $\underline{Mn}O_2$

解説

単体の酸化数は0（ゼロ）です。化合物中ではO（オー）の酸化数＝－2、Hの酸化数＝＋1として求めましょう。ただし、(3)のような金属の水素化合物ではH＝－1、(6)のような過酸化物ではO＝－1です。

(1) $\underset{+1}{\underline{K^{+}}}\ \underset{+7}{\underline{Mn}}\ \underset{-2}{\underline{O}_4^{-}}$　(2) $\underset{+1}{\underline{H}}\ \underset{+5}{\underline{Cl}}\ \underset{-2}{\underline{O}_3}$　(4) $\underset{+4}{\underline{S}}\ \underset{-2}{\underline{O}_3^{2-}}$

(5) $\underset{+2}{\underline{Fe}^{2+}}\ \underbrace{SO_4^{2-}}_{\text{2価の陰イオン}}$　(7) $\underset{-3}{\underline{N}}\ \underset{+1}{\underline{H}_4^{+}}$　(8) $\underset{+4}{\underline{Mn}}\ \underset{-2}{\underline{O}_2}$

解答 (1) +7　(2) +5　(3) −1　(4) +4
(5) +2　(6) −1　(7) −3　(8) +4

問3　次の(1)〜(5)の化学反応式を記せ。
(1) 硫酸酸性の過酸化水素水にヨウ化カリウム水溶液を加える。
(2) 硫化水素の水溶液に二酸化硫黄を吹き込む。
(3) カリウムを水に加える。
(4) 鉄に希硫酸を加える。
(5) 硝酸銀水溶液に銅を浸す。

(1) 還元剤：$2I^- \longrightarrow I_2 + 2e^-$ ……①
酸化剤：$H_2O_2 + 2H^+ + 2e^- \longrightarrow 2H_2O$ ……②

①+②より
$2I^- + H_2O_2 + 2H^+ \longrightarrow I_2 + 2H_2O$
両辺に$2K^+$、SO_4^{2-}を加えて整理しましょう。
$\underline{2KI + H_2O_2 + H_2SO_4 \longrightarrow I_2 + 2H_2O + K_2SO_4}$

(2) 還元剤：$H_2S \longrightarrow S + 2H^+ + 2e^-$ ……①
酸化剤：$SO_2 + 4e^- + 4H^+ \longrightarrow S + 2H_2O$ ……②

①×2+②より
$\underline{2H_2S + SO_2 \longrightarrow 3S + 2H_2O}$

(3) 還元剤：$K \longrightarrow K^+ + e^-$ ……①
酸化剤：$2H_2O + 2e^- \longrightarrow H_2 + 2OH^-$ ……②

①×2+②より
$\underline{2K + 2H_2O \longrightarrow H_2 + 2KOH}$

(4) 還元剤：$Fe \longrightarrow Fe^{2+} + 2e^-$ ……①
酸化剤：$2H^+ + 2e^- \longrightarrow H_2$ ……②

①+②より
$Fe + 2H^+ \longrightarrow Fe^{2+} + H_2$
両辺にSO_4^{2-}を加えて整理しましょう。

$\underline{Fe + H_2SO_4 \longrightarrow FeSO_4 + H_2}$

(5) イオン化傾向は$Cu > Ag$です。

$$\begin{cases} \text{還元剤}：Cu \longrightarrow Cu^{2+} + 2e^- & \cdots\cdots① \\ \text{酸化剤}：Ag^+ + e^- \longrightarrow Ag & \cdots\cdots② \end{cases}$$

①+②×2より

$Cu + 2Ag^+ \longrightarrow Cu^{2+} + 2Ag$

両辺に$2NO_3^-$を加えて整理しましょう。

$\underline{Cu + 2AgNO_3 \longrightarrow Cu(NO_3)_2 + 2Ag}$

解答 (1) $2KI + H_2O_2 + H_2SO_4 \longrightarrow I_2 + 2H_2O + K_2SO_4$
(2) $2H_2S + SO_2 \longrightarrow 3S + 2H_2O$
(3) $2K + 2H_2O \longrightarrow H_2 + 2KOH$
(4) $Fe + H_2SO_4 \longrightarrow FeSO_4 + H_2$
(5) $Cu + 2AgNO_3 \longrightarrow Cu(NO_3)_2 + 2Ag$

問4 金属銅は塩酸や希硫酸には溶けないが、希硝酸、濃硝酸、熱濃硫酸には溶ける。

(1) 希硝酸に銅が溶ける反応を化学反応式で表しなさい。
(2) 濃硝酸に銅が溶ける反応を化学反応式で表しなさい。
(3) 熱濃硫酸に銅が溶ける反応を化学反応式で表しなさい。

（京都府立医科大）

解説

(1) CuがHNO_3により酸化されてCu^{2+}になり、NOが発生します。

$$\begin{cases} Cu \longrightarrow Cu^{2+} + 2e^- & \cdots\cdots① \\ NO_3^- + 4H^+ + 3e^- \longrightarrow NO + 2H_2O & \cdots\cdots② \end{cases}$$

① × 3 + ② × 2としたあと、両辺に$6NO_3^-$を加えて整理しましょう。

$\underline{3Cu + 8HNO_3 \longrightarrow 3Cu(NO_3)_2 + 2NO + 4H_2O}$

(2) CuがHNO_3により酸化されてCu^{2+}になり、NO_2が発生します。

$$\begin{cases} Cu \longrightarrow Cu^{2+} + 2e^- & \cdots\cdots① \\ HNO_3 + H^+ + e^- \longrightarrow NO_2 + H_2O & \cdots\cdots② \end{cases}$$

①＋②×2としたあと、両辺に$2NO_3^-$を加えて整理しましょう。

$$\underline{Cu + 4HNO_3 \longrightarrow Cu(NO_3)_2 + 2NO_2 + 2H_2O}$$

⑶ Cuが熱濃H_2SO_4により酸化されてCu^{2+}になり、SO_2が発生します。

$$\begin{array}{rl} & Cu \longrightarrow Cu^{2+} + 2e^- \\ +) & H_2SO_4 + 2H^+ + 2e^- \longrightarrow SO_2 + 2H_2O \\ \hline & Cu + H_2SO_4 + 2H^+ \longrightarrow Cu^{2+} + SO_2 + 2H_2O \end{array}$$

両辺にSO_4^{2-}を加えて整理しましょう。

$$\underline{Cu + 2H_2SO_4 \longrightarrow CuSO_4 + SO_2 + 2H_2O}$$

解答 ⑴ $3Cu + 8HNO_3 \longrightarrow 3Cu(NO_3)_2 + 2NO + 4H_2O$
⑵ $Cu + 4HNO_3 \longrightarrow Cu(NO_3)_2 + 2NO_2 + 2H_2O$
⑶ $Cu + 2H_2SO_4 \longrightarrow CuSO_4 + SO_2 + 2H_2O$

問5 次の文章を読み、あとの⑴～⑶の問いに答えよ。

ある濃度の過酸化水素水10.0mLを硫酸酸性の0.0400mol/Lの過マンガン酸カリウム水溶液で滴定したところ、10.0mLで反応が完結した。

⑴ **この反応を化学反応式で記せ。**
⑵ **この反応が完結したことは、どのようなことから判断することができるかを記せ。**
⑶ **過酸化水素水の濃度は何mol/Lか。小数第3位まで求めよ。**

（倉敷芸術科学大）

解説

⑴ H_2O_2はMnO_4^-に対しては還元剤として働き、酸化されます。

$$\begin{cases} \text{還元剤}\ \underset{(+1)}{\underline{H}}{}_2\underset{(-1)}{\underline{O}}{}_2 \longrightarrow \underset{(0)}{\underline{O}}{}_2 + 2\underset{(+1)}{\underline{H}}{}^+ + 2e^- & \cdots\cdots① \\ \text{酸化剤}\ \underset{(+7)}{\underline{Mn}}\underset{(-2)}{\underline{O}}{}_4^- + 5e^- + 8\underset{(+1)}{\underline{H}}{}^+ \longrightarrow \underset{(+2)}{\underline{Mn}}{}^{2+} + 4\underset{(+1)}{\underline{H}}{}_2\underset{(-2)}{\underline{O}} & \cdots\cdots② \end{cases}$$

①×5＋②×2よりe^-を消去すると、

$$5H_2O_2 + 2MnO_4^- + \cancel{10e^-} + \overset{6}{\cancel{16}}H^+ \longrightarrow 5O_2 + 2Mn^{2+} + \cancel{10H^+} + \cancel{10e^-} + 8H_2O$$

両辺にK^+を2個、SO_4^{2-}を3個加えて整理すると、

$$5H_2O_2 + \begin{pmatrix} \overset{2KMnO_4}{2MnO_4^-} \\ 2K^+ \end{pmatrix} + \begin{pmatrix} \overset{3H_2SO_4}{6H^+} \\ 3SO_4^{2-} \end{pmatrix}$$

$$\longrightarrow 5O_2 + \begin{pmatrix} \overset{2MnSO_4}{2Mn^{2+}} \\ 2SO_4^{2-} \end{pmatrix} + 8H_2O + \begin{pmatrix} \overset{K_2SO_4}{2K^+} \\ SO_4^{2-} \end{pmatrix}$$

(2) 反応が起こっている間は②によりMnO_4^-がMn^{2+}となり、赤紫色が消失して無色に変わります。過不足なく反応した点から、ほんの少しでもMnO_4^-を加えると赤紫色が消えなくなるので、滴定の終点とします。

(3) H_2O_2の濃度をx〔mol/L〕とすると

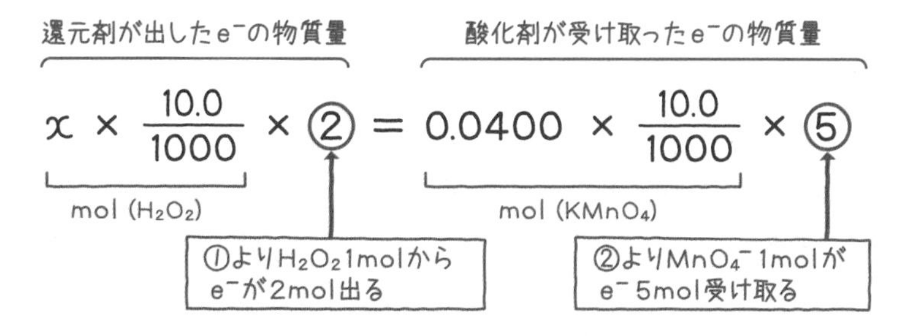

よって、$x = 0.100$〔mol/L〕

解答 (1) $5H_2O_2 + 2KMnO_4 + 3H_2SO_4 \longrightarrow 5O_2 + 2MnSO_4 + 8H_2O + K_2SO_4$

(2) **滴下した過マンガン酸カリウム水溶液の赤紫色が消えなくなることから判断できる。**

(3) **0.100mol/L**

問6 金属の単体が、水または水溶液中で陽イオンになろうとする性質を、金属の（　ア　）という。（　ア　）の大きい金属は水あるいは熱水と反応し、（　イ　）を発生しながら溶解する。また、（　ア　）の小さい金属の多くは酸に溶解し、陽イオンとなる。しかし、（　ア　）の非常に小さい金属である白金や金は、硝酸や熱濃硫酸とはほとんど反応せず、これらを陽イオンとして溶解させるには、（　ウ　）と（　エ　）を1：3の体積比で混合した（　オ　）などが必要である。

(1) **文中の（　ア　）～（　オ　）に当てはまる最も適当な語句を記せ。**

(2) **下線部に関連して、アルミニウム、鉄、ニッケルは塩酸には溶解するが、濃硝酸にはほとんど溶解しない。この理由を25字程度で説明せよ。**

（甲南大）

解説 p.230～237を参照してください。

解答 (1) ア イオン化傾向　　イ 水素　　ウ 濃硝酸
エ 濃塩酸　　オ 王水

(2) 表面に緻密な酸化物の膜が生じ、不動態となるから。（24字）

問7　金属Aの板を入れたAの硫酸塩水溶液と、金属Bの板を入れたBの硫酸塩水溶液を素焼き板で仕切って作製した電池を図1に示す。素焼き板は、両方の水溶液が混ざるのを防ぐが、水溶液中のイオンを通すことができる。この電池の全体の反応は、式(1)によって表される。

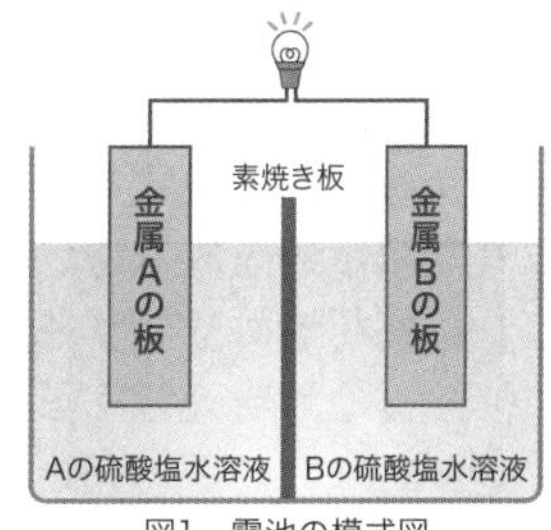

図1　電池の模式図

$$A + B^{2+} \rightarrow A^{2+} + B \quad (1)$$

この電池に関する記述として**誤りを含むもの**はどれか。最も適当なものを、次の①～④のうちから一つ選べ。

① 金属Aの板は負極としてはたらいている。
② 2molの金属Aが反応したときに、1molの電子が電球を流れる。
③ 反応によって、B^{2+}が還元される。
④ 反応の進行にともない、金属Aの板の質量は減少する。

（共通テスト）

解説

電池の放電時には、左側で$A \rightarrow A^{2+} + 2e^-$、右側で$B^{2+} + 2e^- \rightarrow B$が起こっています。A＝Zn、B＝Cuならばダニエル電池ですね。

①電子e^-は負極から正極に移動するので、金属板B＝正極で、金属板A＝負極です。正しい。

②A 1molあたりe^-が2mol生じるので、2mol のAが反応するとe^-は4mol流れます。誤り。

③B^{2+}はe^-を受け取っているので、還元されています。正しい。

④反応の進行に伴って、AからA^{2+}へと水溶液中に溶け出した分だけ、金属板Aの質量は減少します。正しい。

よって、誤りを含むものは②となります。

解答　②

問8 鉛蓄電池に関する次の記述①～⑤のうちから、正しいものを1つ選べ。

① 鉛蓄電池の電解液は、希塩酸である。

② 鉛蓄電池は放電するにつれて、両極の表面がともに白色になる。

③ 鉛蓄電池を放電させるとき、正極で酸化が起こる。

④ 鉛蓄電池は放電するにつれて、電解液の濃度が高くなる。

⑤ 鉛蓄電池を充電すると、一方の電極は鉛に、他方の電極は塩化鉛になる。

（センター試験）

解説 鉛蓄電池の放電時の変化は、

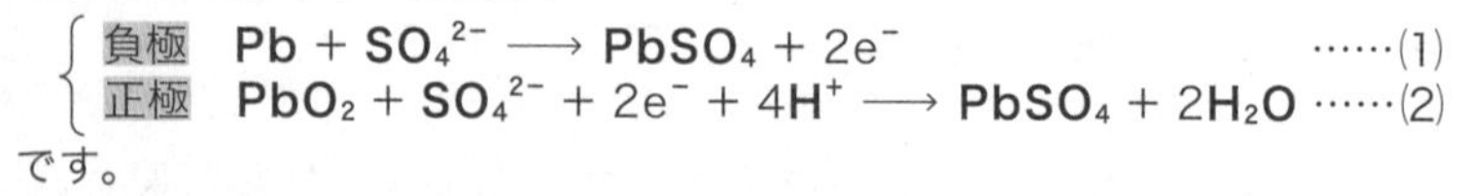

負極 $Pb + SO_4^{2-} \longrightarrow PbSO_4 + 2e^-$ ……(1)

正極 $PbO_2 + SO_4^{2-} + 2e^- + 4H^+ \longrightarrow PbSO_4 + 2H_2O$ ……(2)

です。

① 鉛蓄電池の電解液は希塩酸ではなく希硫酸なので誤りです。

② 硫酸鉛(II) $PbSO_4$は白色。これが両極の表面に付着するので正しいです。

③ 正極ではPbO_2が電子をもらうので還元が起こります。よって誤りです。

④ 電池全体で起こっている酸化還元反応は(1)+(2)より、

$$Pb + PbO_2 + \underbrace{2SO_4^{2-} + \cancel{2e^-} + 4H^+}_{2H_2SO_4} \longrightarrow 2PbSO_4 + 2H_2O + \cancel{2e^-}$$

↓

$$Pb + PbO_2 + 2H_2SO_4 \longrightarrow 2PbSO_4 + 2H_2O$$

と表せます。このとき、H_2SO_4が消費されH_2Oが生成されるので硫酸の濃度は低くなります。よって誤りですね。

⑤ 充電時は外部電源によって放電時の逆向きの変化が進みます。

$PbSO_4 + 2e^- \longrightarrow Pb + SO_4^{2-}$

$PbSO_4 + 2H_2O \longrightarrow PbO_2 + SO_4^{2-} + 2e^- + 4H^+$

一方の電極は鉛、もう一方の電極は酸化鉛(IV)になります。よって誤りだとわかりますね。

解答 ②

07 Column

ボルタ電池

電池は古代文明の頃にはすでに存在していたといわれていますが、いまの電池の原点になっているのは、1800年にイタリアの化学者**ボルタ**が発明した電池です。希硫酸に亜鉛と銅を浸しただけの単純な構造をしています。

負極板かつ負極活物質（還元剤）は**Zn**です。正極活物質（酸化剤）は希硫酸中の**H^+**で、銅板上で電子を受け取り**H_2**へと変化します。銅板は電気を流しているだけですが、こちらが正極です。

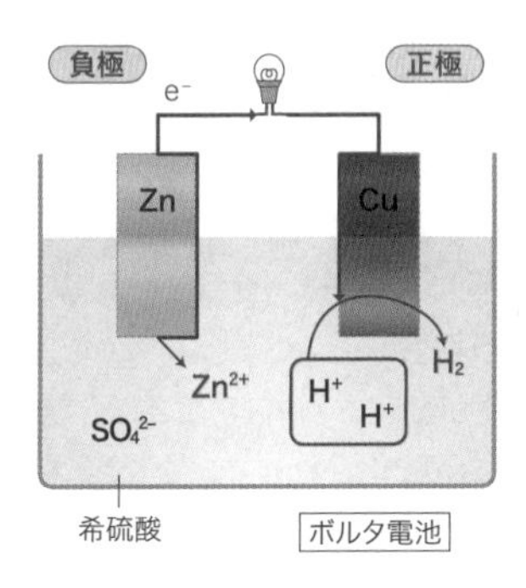

ボルタ電池

負極 $Zn \longrightarrow Zn^{2+} + 2e^-$

正極 $2H^+ + 2e^- \longrightarrow H_2$

ボルタ電池によって、人類は適当な物質さえ用意すれば自由に電気を使える装置を手に入れました。電気エネルギーを用いて自発的には進まない酸化還元反応を起こすことを**電気分解**といいますが、電気分解によって新しい物質を簡単につくることができるようになったのです。19世紀に一気に化学が発達したのは、ボルタのおかげといっても過言ではありません。

ただ、ボルタ電池は、放電時に**起電力**が低下する**分極**（ぶんきょく）という欠点がありました。これは高校の化学では説明できない電気化学的な事象を含むので、現在の高校課程ではボルタ電池は参考程度のあつかいになっています。

Alessandro Volta
(1745-1827)

起電力 … 電池の正極と負極の電位の差のこと。単位はボルト。

電気分解

ひとりでに進みにくい酸化還元反応を、電気エネルギーを用いて進ませる操作を**電気分解**といいましたね(→p.253)。

電解質水溶液や高温で融解した塩(溶融塩(ようゆうえん))に電極を入れて、外部の直流電源につないだ装置を組み立てます。

直流電源の+端子(正極)につないだ電極を**陽極**、−端子につないだ電極(負極)を**陰極**といいます。

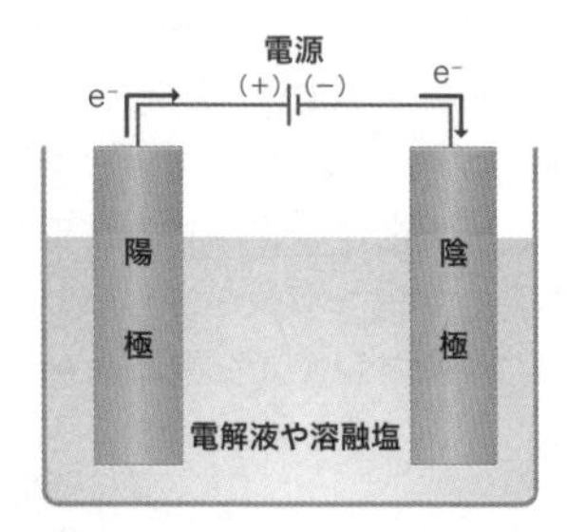

反応が起こるのに十分な電圧をかけたとしましょう。**陰極**では最も還元されやすい物質に電子を与えて**還元反応**、**陽極**では最も酸化されやすい物質から電子を回収する**酸化反応**が起こります。

(1) 陰極で起こる反応

一般的には、イオン化傾向の小さな単体の陽イオンから還元されていきます。

① Ag^+とCu^{2+}を含む水溶液の場合

次の(i)・(ii)の順で起こる。

(i) $Ag^+ + e^- \longrightarrow Ag$

(ii) $Cu^{2+} + 2e^- \longrightarrow Cu$

② 水素よりイオン傾向の大きな陽イオンを含む水溶液の場合

(iii) $2H^+ + 2e^- \longrightarrow H_2$ (酸性水溶液の場合)

(iv) $2H_2O + 2e^- \longrightarrow H_2 + 2OH^-$ (中性〜塩基性水溶液の場合)

③ 溶融塩の場合

イオン化傾向の大きな金属イオンでも還元して単体が得られる。

(2) 陽極で起こる反応

最も酸化されやすい物質から酸化されます。電極に酸化されやすい金属を用いると、電極が反応の対象になるので注意しましょう。

① イオン化傾向がAg以上の金属の電極を使う場合

M(陽極に用いた金属) $\longrightarrow M^{n+}$(陽イオン)$+ne^-$

② 電極に白金Pt、金Au、炭素Cを使う場合

電極が酸化されにくいときは、電解液の物質が酸化されます。たいていは次の順序で起こります。

(i) $2Cl^- \longrightarrow Cl_2 + 2e^-$

(ii) $4OH^- \longrightarrow O_2 + 4e^- + 2H_2O$ (塩基性水溶液の場合)

(iii) $2H_2O \longrightarrow O_2 + 4e^- + 4H^+$ (中性〜酸性水溶液の場合)

Sの酸化数が+6の硫酸イオンSO_4^{2-}とNの酸化数が+5の硝酸イオンNO_3^-は、これ以上は酸化するのが困難なので、陽極の酸化対象になりません。

電気分解は電池とともに"化学"の範囲で詳しくあつかう分野ですが、このコラムの内容くらいのことは"化学基礎"の範囲でも知っておくとよいでしょう。

07 Column

金属の製錬

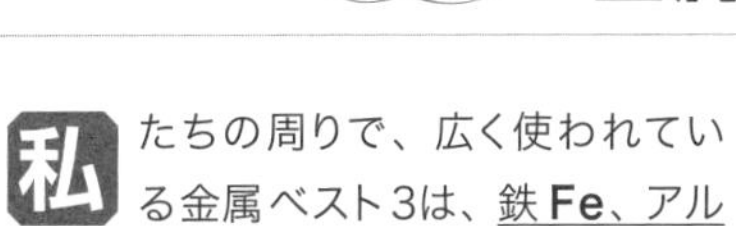

私たちの周りで、広く使われている金属ベスト3は、鉄 **Fe**、アルミニウム **Al**、銅 **Cu** です。

酸化還元反応を利用して、金属の化合物から金属の単体を取り出すことを、金属の**製錬**といいます。詳しくは"化学"で学習する内容ですが、"化学基礎"でも以下の知識は頭に入れておきましょう。

(1) 鉄の製錬

溶鉱炉の中でコークス（石炭から得られる炭素の塊）に空気を吹き込んで燃焼させ、一酸化炭素をつくります。

$$2C+O_2 \longrightarrow 2CO$$

高温の一酸化炭素が、鉄鉱石に含まれる鉄の酸化物を還元して、ドロドロに融解した鉄が得られます。

$$Fe_2O_3+3CO \longrightarrow 2Fe+3CO_2$$

溶鉱炉から得られた鉄には、炭素が多く含まれていて、これを**銑鉄**といいます。銑鉄の炭素含有量をさらに減らして、延性・展性を大きくした鉄を、私たちは**鋼**と呼んでいます。

(2) アルミニウムの製錬

ボーキサイトという鉱石から**アルミナ**と呼ばれる純粋な酸化アルミニウム Al_2O_3 を取り出します。酸化アルミニウムは融点（2054℃）が高すぎるので、より低い温度で融解する**氷晶石**（Na_3AlF_6）も使用します。約1000℃で氷晶石は溶融状態になり、ここにアルミナを加えると Al^{3+} と O^{2-} に電離して溶けていきます。炭素電極を用いて、この溶融塩を電気分解すると、陰極でアルミニウムが得られます。

$$\text{(陰極)}\ Al^{3+}+3e^- \longrightarrow Al$$

製造に大量の電気エネルギーを使うので、アルミニウムは"電気の缶詰"と呼ばれることがあります。

(3) 銅の製錬

黄銅鉱という鉱石を溶鉱炉で還元すると、**粗銅**（Cuの含有率約99%）が得られます。粗銅を**陽極**、**純銅**（Cuの含有率99.99%）を**陰極**にして電解液として硫酸銅(II)水溶液を用いて電気分解を行います。

すると、　粗銅中の銅が酸化されて Cu^{2+} となり、陰極で Cu^{2+} が還元されて Cu が析出します。

$$\boxed{\text{陽極}}\ Cu \longrightarrow Cu^{2+}+2e^-$$
$$\boxed{\text{陰極}}\ Cu^{2+}+2e^- \longrightarrow Cu$$

粗銅中の Cu を一旦 Cu^{2+} にして、再び純銅の表面で単体の Cu として回収できるわけですね。このようにして純度を上げていく操作を銅の**電解精錬**と呼んでいます。

おわりに

何かを学習するときに大切なのは、わからないときの対処方法だと思います。大事なポイントだけを抜き出して丸暗記し、やりすごすのも一つの手です。ただし、わからないのは悪いことだとか考える必要などありません。わからないことだらけのこの世界で、わからないことに一生で一度も遭遇しない人など皆無です。

わからないときに、そこで捨てるのもいいでしょう。その選択肢を選ぶのも自由です。もしかしたらいずれどこかでわかる日がくるのかもしれませんし、永遠にこないかもしれません。

ただ、もしわかりたかったら、対象をよく観察し、どういうふうにわからないかよく分析し、わからないことそのものを受け入れて、わからないことと戯(たわむ)れるしかありません。そして、自分の頭にそれを飼っておいて、空き時間に取り出し、意識的に観察と分析を繰り返してください。

みなさんも、自分が好きなジャンルや人物のことなら自然とそうしているのではありませんか？　気づいたら調べたり、他の人に話したり、過去に経験した似たものと比較したりしているはずです。それと同じです。

やがて、突然ハッとわかるときがきます。その瞬間、確実に世界が違って見えます。その瞬間のもつ快感こそが、学ぶという行為の最大の喜びであり、継続と進歩の原動力なのだと私は思います。

最後まで目を通してくださってありがとうございました。これからもたくさん学んでください。

索引 Index

重要用語 ※太字は特に重要な用語です

索引 Index

化学式(50音順)

※赤シートで赤文字を隠しながら化学式を覚えましょう。

索引 Index

化学式(アルファベット順)

大学受験　名人の授業シリーズ

鎌田の化学基礎をはじめからていねいに【改訂版】

発行日：2024年　3月31日 初版発行
2024年　7月17日 第2版発行

著者：鎌田真彰
発行者：永瀬昭幸

編集担当：中島亜佐子
発行所：株式会社ナガセ
〒180-0003 東京都武蔵野市吉祥寺南町1-29-2
出版事業部（東進ブックス）
TEL:0422-70-7456　FAX:0422-70-7457
URL:http://www.toshin.com/books/（東進WEB書店）
※本書を含む東進ブックスの最新情報は，東進WEB書店をご覧ください。

編集協力：鈴木恭輔　小林朱夏　金井淳太

カバーデザイン：山口勉
カバーイラスト（影絵）：新谷圭子
本文デザイン・図版・DTP：株式会社ダイヤモンド・グラフィック社
イラスト：李大石
印刷・製本：シナノ印刷株式会社

Printed in Japan
ISBN 978-4-89085-953-5　C7343

合格の秘訣1 全国屈指の実力講師陣

東進の実力講師陣 数多くのベストセラー参考書を執筆!!

東進ハイスクール・東進衛星予備校では、そうそうたる講師陣が君を熱く指導する！

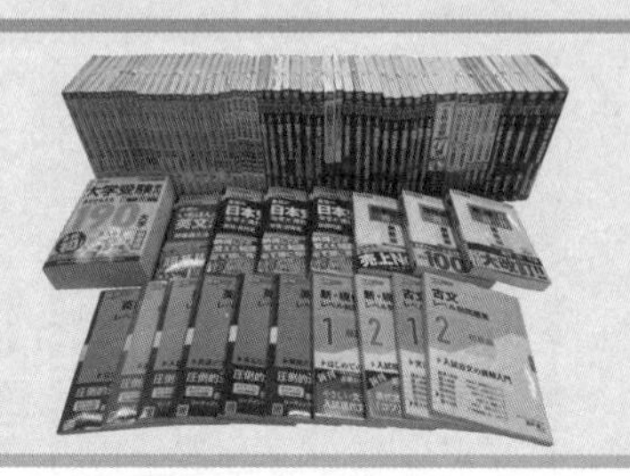

本気で実力をつけたいと思うなら、やはり根本から理解させてくれる一流講師の授業を受けることが大切です。東進の講師は、日本全国から選りすぐられた大学受験のプロフェッショナル。何万人もの受験生を志望校合格へ導いてきたエキスパート達です。

英語

本物の英語力をとことん楽しく！日本の英語教育をリードするMr.4Skills.

安河内 哲也先生 [英語]

100万人を魅了した予備校界のカリスマ。抱腹絶倒の名講義を見逃すな！

今井 宏先生 [英語]

爆笑と感動の世界へようこそ。「スーパー速読法」で難解な長文も速読即解！

渡辺 勝彦先生 [英語]

雑誌『TIME』やベストセラーの翻訳も手掛け、英語界でその名を馳せる実力講師。

宮崎 尊先生 [英語]

いつのまにか英語を得意科目にしてしまう、情熱あふれる絶品授業！

大岩 秀樹先生 [英語]

全世界の上位5%(PassA)に輝く、世界基準のスーパー実力講師！

武藤 一也先生 [英語]

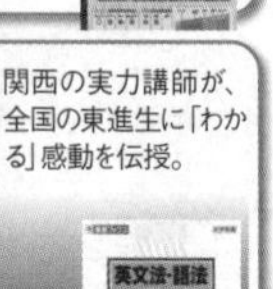

関西の実力講師が、全国の東進生に「わかる」感動を伝授。

慎 一之先生 [英語]

数学

数学を本質から理解し、あらゆる問題に対応できる力を与える珠玉の名講義！

志田 晶先生 [数学]

論理力と思考力を鍛え、問題解決力を養成。多数の東大合格者を輩出！

青木 純二先生 [数学]

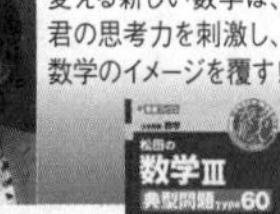

「ワカル」を「デキル」に変える新しい数学は、君の思考力を刺激し、数学のイメージを覆す！

松田 聡平先生 [数学]

明快かつ緻密な講義が、君の「自立した数学力」を養成する！

寺田 英智先生 [数学]

WEBで体験	東進ドットコムで授業を体験できます！ 実力講師陣の詳しい紹介や、各教科の学習アドバイスも読めます。 **www.toshin.com/teacher/**

国語

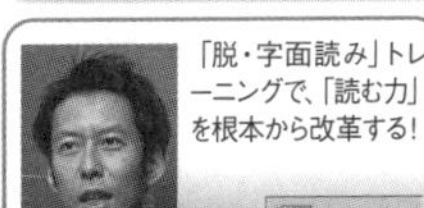
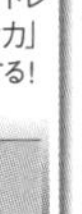

「脱・字面読み」トレーニングで、「読む力」を根本から改革する！

輿水 淳一先生
［現代文］

明快な構造板書と豊富な具体例で必ず君を納得させる！「本物」を伝える現代文の新鋭。

西原 剛先生
［現代文］

東大・難関大志望者から絶大なる信頼を得る本質の指導を追究。

栗原 隆先生
［古文］

ビジュアル解説で古文を簡単明快に解き明かす実力講師。

富井 健二先生
［古文］

縦横無尽な知識に裏打ちされた立体的な授業に、グングン引き込まれる！

三羽 邦美先生
［古文・漢文］

幅広い教養と明解な具体例を駆使した緩急自在の講義。漢文が身近になる！

寺師 貴憲先生
［漢文］

小論文、総合型、学校推薦型選抜のスペシャリストが、君の学問センスを磨き、執筆プロセスを直伝！

正司 光範先生
［小論文］

文章で自分を表現できれば、受験も人生も成功できますよ。「笑顔と努力」で合格を！

石関 直子先生
［小論文］

理科

正しい道具の使い方で、難問が驚くほどシンプルに見えてくる！

宮内 舞子先生
［物理］

化学現象を疑い化学全体を見通す“伝説の講義”は東大理三合格者も絶賛。

鎌田 真彰先生
［化学］

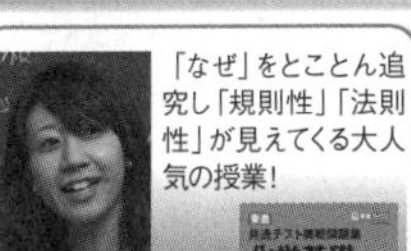

「なぜ」をとことん追究し「規則性」「法則性」が見えてくる大人気の授業！

立脇 香奈先生
［化学］

「いきもの」をこよなく愛する心が君の探究心を引き出す！生物の達人。

飯田 高明先生
［生物］

地歴公民

歴史の本質に迫る授業と、入試頻出の「表解板書」で圧倒的な信頼を得る！

金谷 俊一郎先生
［日本史］

つねに生徒と同じ目線に立って、入試問題に対する的確な思考法を教えてくれる。

井之上 勇先生
［日本史］

“受験世界史に荒巻あり”と言われる超実力人気講師！世界史の醍醐味を。

荒巻 豊志先生
［世界史］

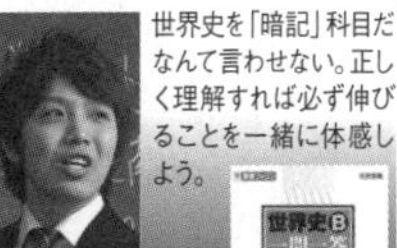

世界史を「暗記」科目だなんて言わせない。正しく理解すれば必ず伸びることを一緒に体感しよう。

加藤 和樹先生
［世界史］

どんな複雑な歴史も難問も、シンプルな解説で本質から徹底理解できる。

清水 裕子先生
［世界史］

わかりやすい図解と統計の説明に定評。

山岡 信幸先生
［地理］

政治と経済のメカニズムを論理的に解明しながら、入試頻出ポイントを明確に示す。

清水 雅博先生
［公民］

「今」を知ることは「未来」の扉を開くこと。受験に留まらず、目標を高く、そして強く持て！

執行 康弘先生
［公民］

※書籍画像は2024年3月末時点のものです。

合格の秘訣2

ココが違う 東進の指導

01 人にしかできないやる気を引き出す指導

夢と志は志望校合格への原動力！

夢・志を育む指導

東進では、将来を考えるイベントを毎月実施しています。夢・志は大学受験のその先を見据える、学習のモチベーションとなります。仲間とワクワクしながら将来の夢・志を考え、さらに志を言葉で表現していく機会を提供します。

一人ひとりを大切に 君を個別にサポート

担任指導

東進が持つ豊富なデータに基づき君だけの合格設計図をともに考えます。熱誠指導でどんな時でも君のやる気を引き出します。

受験は団体戦！ 仲間と努力を楽しめる

チーム制

東進ではチームミーティングを実施しています。週に1度学習の進捗報告や将来の夢・目標について語り合う場です。一人じゃないから楽しく頑張れます。

現役合格者の声

東京大学 文科一類
中村 誠雄くん
東京都 私立 駒場東邦高校卒

林修先生の現代文記述・論述トレーニングは非常に良質で、大いに受講する価値があると感じました。また、担任指導やチームミーティングは心の支えでした。現状を共有でき、話せる相手がいることは、東進ならではで、受験という本来孤独な闘いにおける強みだと思います。

02 人間には不可能なことをAIが可能に

学力×志望校 一人ひとりに最適な演習をAIが提案！

AI演習

東進のAI演習講座は2017年から開講していて、のべ100万人以上の卒業生の、200億題にもおよぶ学習履歴や成績、合否等のビッグデータと、各大学入試を徹底的に分析した結果等の教務情報をもとに年々その精度が上がっています。2024年には全学年にAI演習講座が開講します。

AI演習講座ラインアップ

高3生 苦手克服&得点力を徹底強化！

「志望校別単元ジャンル演習講座」
「第一志望校対策演習講座」
「最難関4大学特別演習講座」

高2生 大学入試の定石を身につける！

「個人別定石問題演習講座」

高1生 素早く、深く基礎を理解！

「個人別基礎定着問題演習講座」 2024年夏 新規開講

現役合格者の声

千葉大学 医学部医学科
寺嶋 伶旺くん
千葉県立 船橋高校卒

高1の春に入学しました。野球部と両立しながら早くから勉強をする習慣がついていたことは僕が合格した要因の一つです。「志望校別単元ジャンル演習講座」は、AIが僕の苦手を分析して、最適な問題演習セットを提示してくれるため、集中的に弱点を克服することができました。

合格の秘訣3 # 東進模試

申込受付中
※お問い合わせ先は付録7ページをご覧ください。

学力を伸ばす模試

本番を想定した「厳正実施」
統一実施日の「厳正実施」で、実際の入試と同じレベル・形式・試験範囲の「本番レベル」模試。
相対評価に加え、絶対評価で学力の伸びを具体的な点数で把握できます。

12大学のべ42回の「大学別模試」の実施
予備校界随一のラインアップで志望校に特化した"学力の精密検査"として活用できます(同日・直近日体験受験を含む)。

単元・ジャンル別の学力分析
対策すべき単元・ジャンルを一覧で明示。学習の優先順位がつけられます。

最短中5日で成績表返却
WEBでは最短中3日で成績を確認できます。※マーク型の模試のみ

合格指導解説授業
模試受験後に合格指導解説授業を実施。重要ポイントが手に取るようにわかります。

2024年度

東進模試 ラインアップ

共通テスト対策
- 共通テスト本番レベル模試 …… 全4回
- 全国統一高校生テスト〈全学年統一部門〉〈高2生部門〉〈高1生部門〉 …… 全2回

同日体験受験
- 共通テスト同日体験受験 …… 全1回

記述・難関大対策
- 早慶上理・難関国公立大模試 全5回
- 全国有名国公私大模試 …… 全5回
- 医学部82大学判定テスト …… 全2回

基礎学力チェック
- 高校レベル記述模試〈高2〉〈高1〉 …… 全2回
- 大学合格基礎力判定テスト 全4回
- 全国統一中学生テスト〈全学年統一部門〉〈中2生部門〉〈中1生部門〉 …… 全2回
- 中学学力判定テスト〈中2生〉〈中1生〉 …… 全4回

※ 2024年度に実施予定の模試は、今後の状況により変更する場合があります。
最新の情報はホームページでご確認ください。

大学別対策
- 東大本番レベル模試 …… 全4回
- 高2東大本番レベル模試 全4回
- 京大本番レベル模試 …… 全4回
- 北大本番レベル模試 …… 全2回
- 東北大本番レベル模試 …… 全2回
- 名大本番レベル模試 …… 全3回
- 阪大本番レベル模試 …… 全3回
- 九大本番レベル模試 …… 全3回
- 東工大本番レベル模試[第1回] 東京科学大本番レベル模試[第2回] 全2回
- 一橋大本番レベル模試 …… 全2回
- 神戸大本番レベル模試 …… 全2回
- 千葉大本番レベル模試 …… 全1回
- 広島大本番レベル模試 …… 全1回

同日体験受験
- 東大入試同日体験受験 …… 全1回
- 東北大入試同日体験受験 …… 全1回
- 名大入試同日体験受験 …… 全1回

直近日体験受験 …… 各1回
- 京大入試 直近日体験受験
- 北大入試 直近日体験受験
- 阪大入試 直近日体験受験
- 九大入試 直近日体験受験
- 東京科学大入試 直近日体験受験
- 一橋大入試 直近日体験受験

2024年 東進現役合格実績
受験を突破する力は未来を切り拓く力!

東大現役合格実績日本一※1 6年連続800名超!

※1 2023年東大現役合格実績をホームページ・パンフレット・チラシ等で公表している予備校の中で最大(2023年JDnet調べ)。

東大834名

文科一類 118名　理科一類 300名
文科二類 115名　理科二類 121名
文科三類 113名　理科三類 42名
学校推薦型選抜 25名

東進生現役占有率 834/2,284 36.5%

全現役合格者に占める東進生の割合

2024年の東大全体の現役合格者は2,284名。東進の現役合格者は834名。東進生の占有率は36.5%。現役合格者の2.8人に1人が東進生です。

学校推薦型選抜も東進!

東大25名

学校推薦型選抜 現役合格者の27.7%が東進生!

推薦入試でも東進生現役占有率 27.7%

法学部 4名　工学部 8名
経済学部 1名　理学部 4名
文学部 1名　薬学部 2名
教育学部 1名　医学部医学科 1名
教養学部 3名

京大493名 昨対+21名

総合人間学部 23名
文学部 37名
教育学部 10名
法学部 56名
経済学部 49名
理学部 52名
医学部医学科 28名
医学部人間健康科学科 20名
薬学部 14名
工学部 161名
農学部 43名
特色入試(上記に含む) 24名

468名 '22　472名 '23　493名 '24
史上最高!※2
現役生のみ! 講習生を含まず!

早慶5,980名 昨対+239名

早稲田大 3,582名 史上最高!※2
政治経済学部 472名
法学部 354名
商学部 297名
文化構想学部 276名
理工3学部 752名
他 1,431名

慶應義塾大 2,398名 史上最高!※2
法学部 290名
経済学部 368名
商学部 487名
理工学部 576名
医学部 39名
他 638名

医学部医学科 1,800名 昨対+9名

国公立医・医 1,033名 防衛医科大学校を含む
私立医・医 767名 史上最高!

国公立医・医1,033名 防衛医科大学校を含む

東京大 43名　京都大 28名　北海道大 18名　東北大 28名
名古屋大 28名　大阪大 23名　九州大 23名
筑波大 21名　千葉大 25名　東京医科歯科大 21名
横浜市立大 14名　浜松医科大 19名　大阪公立大 12名
神戸大 30名　その他国公立医・医 700名

私立医・医 767名 昨対+40名 史上最高!※2

自治医科大 32名　国際医療福祉大 80名
慶應義塾大 39名　順天堂大 52名
東京慈恵会医科大 30名　日本医科大 42名
関西医科大 49名
その他私立医・医 443名

旧七帝大+東工大・一橋大・神戸大 4,599名

東京大 834名　京都大 493名　北海道大 450名
東北大 389名　名古屋大 379名　大阪大 646名
九州大 487名　東京工業大 219名
一橋大 219名　神戸大 483名

上理明青立法中 21,018名

上智大 1,605名　東京理科大 2,892名　明治大 4,949名
青山学院大 2,154名　立教大 2,730名
法政大 3,833名　中央大 2,855名

国公立大16,320名

※2 史上最高…東進のこれまでの実績の中で最大。

関関同立 13,491名

関西学院大 3,139名　関西大 2,776名
同志社大 3,099名　立命館大 4,477名

国公立 総合・学校推薦型選抜も東進!

旧七帝大+東工大・一橋大・神戸大 434名
国公立医・医 319名

東京大 25名　京都大 24名　北海道大 24名　東北大 119名　名古屋大 65名
大阪大 57名　九州大 38名　東京工業大 30名　一橋大 10名　神戸大 42名

国公立大学の総合型・学校推薦型選抜の合格実績は、指定校推薦を除く、早稲田塾を含まない東進ハイスクール・東進衛星予備校の現役生のみの合同実績です。

日東駒専 9,582名

日本大 3,560名　東洋大 3,575名　駒澤大 1,070名　専修大 1,377名

産近甲龍 6,085名

京都産業大 614名　近畿大 3,686名　甲南大 669名　龍谷大 1,116名

ウェブサイトでもっと詳しく　東進　検索

2024年3月31日締切

各大学の合格実績は、東進ネットワーク(東進ハイスクール、東進衛星予備校、早稲田塾)の現役生のみ、高3時在籍者のみの合同実績です。一人で複数合格した場合は、それぞれの合格者数に計上しています。

※2024年4月現在

元素の周期表

周期＼族	1	2	3	4	5	6	7	8
1	1 H 水素							
2	3 Li リチウム	4 Be ベリリウム						
3	11 Na ナトリウム	12 Mg マグネシウム						
4	19 K カリウム	20 Ca カルシウム	21 Sc スカンジウム	22 Ti チタン	23 V バナジウム	24 Cr クロム	25 Mn マンガン	26 Fe 鉄
5	37 Rb ルビジウム	38 Sr ストロンチウム	39 Y イットリウム	40 Zr ジルコニウム	41 Nb ニオブ	42 Mo モリブデン	43 Tc テクネチウム	44 Ru ルテニウム
6	55 Cs セシウム	56 Ba バリウム	57~71 ランタノイド	72 Hf ハフニウム	73 Ta タンタル	74 W タングステン	75 Re レニウム	76 Os オスミウム
7	87 Fr フランシウム	88 Ra ラジウム	89~103 アクチノイド	104 Rf ラザホージウム	105 Db ドブニウム	106 Sg シーボーギウム	107 Bh ボーリウム	108 Hs ハッシウム

典型元素 遷移元素

アルカリ金属　アルカリ土類金属

※12族元素は，遷移